【全国职业教育改革发展示范学校建设规划教材(…】

数控车编程与操作教程

SHUKONGCHE BIANCHENG YU CAOZUO JIAOCHENG

（理论部分）

主　编　查正卫

副主编　吴炜

参　编　李元博　卫东节　黄　忠
段胜月　周庆利　李　燕
陈治国　斯　桃　郝结来
张忍东

主　审　李开龙

时代出版传媒股份有限公司
安徽科学技术出版社

图书在版编目(CIP)数据

数控车编程与操作教程. 理论部分/查正卫主编. —合肥:安徽科学技术出版社,2008.7(2013.9重印)
ISBN 978-7-5337-4075-7

Ⅰ. 数… Ⅱ. ①查… Ⅲ. ①数控机床:车床-程序设计-职业教育-教材②数控机床:车床-操作-职业教育-教材 Ⅳ. TG519.1

中国版本图书馆CIP数据核字(2008)第101727号

数控车编程与操作教程. 理论部分 查正卫 主编

出 版 人:黄和平
责任编辑:王菁虹 文字编辑:戚革惠
封面设计:王 艳
出版发行:安徽科学技术出版社(合肥市政务文化新区翡翠路1118号出版传媒广场,邮编:230071)
电 话:(0551)63533330
网 址:www.ahstp.net
经 销:新华书店
排 版:安徽事达科技贸易有限公司
印 刷:合肥晓星印刷有限责任公司
开 本:787×1092 1/16
印 张:17
字 数:410千
版 次:2013年9月第2次印刷
定 价:36.00元

编　委　会

前　言

本书以人力资源和社会保障部颁发的《数控车国家职业标准》和教育部职业与成人教育司颁发的《数控技术应用专业教学指导方案》为指导，在总结近年来中等职业学校数控车编程与操作教学经验的基础上编写而成。

本书在内容的选择、安排和编写上，坚持以“必需、够用、可教”为原则，突出体现培养高技能型人才的特点，强调基本技能的掌握，提高学生的基本专业素质，为学生从事工作和继续深造奠定良好的基础，注重理论联系实际，激发和培养学生的科学精神和创新精神，提高学生的实际动手能力。

本书在紧扣国家职业标准的同时，紧密联系中等职业学校的实际，注重与数控专业教学计划相结合。主要内容包括数控技术基础知识、数控车床手工编程、CAXA 数控车自动编程和数控加工仿真系统四大部分。与本书配套使用的实训教材《数控车编程与操作教程(实训部分)》主要介绍了西门子、发那科、广州数控和华中数控系统的操作和数控车工初级、中级、高级考级试题，可供中等职业学校数控技术应用专业教学使用，也可作为数控车床操作人员培训教材和自学读物。

本书若在中等职业学校使用，建议第一学期学习数控技术基础知识、数控车手工编程部分，第二学期学习 CAXA 数控车自动编程部分。数控加工仿真系统部分自第四章起穿插使用。

本书由安徽科技贸易学校查正卫主编，合肥工业大学工程实践教学中心吴炜任副主编。其中查正卫编写第一、四、五、八、九章，安徽理工学校卫东节、安徽省第一轻工业学校张忍东编写第二章，安徽商贸工程技师学院黄忠编写第三章，南京浦口中等专业学校斯桃、合肥工业经济学校周庆利编写第六章，桐城望溪高级职业学校段胜月、安徽省汽车工业学校郝结来编写第七章，河南省经济管理学校李元博编写第十章，安徽科技贸易学校李燕、陈治国编写第十一章。全书由查正卫、吴炜统稿，由解放军装甲兵学院李开龙副教授审稿。

本书在编写过程中参考和借鉴了不少国内同类教材及有关著作文献，得到了各方面领导和有关专家的大力支持，在此一并表示感谢！

由于编者水平有限，时间仓促，书中难免存在疏漏和不妥之处，恳请广大读者和同行不吝批评指正。

编　者

目 录

第一章　数控技术基础知识

学习目标：

1. 了解数控技术与数控机床的基本概念。
2. 熟悉数控机床的组成及功能。
3. 熟悉数控机床分类方法。
4. 了解数控机床的特点及主要技术指标。
5. 了解数控技术常用术语。

第一节　数控技术与数控机床的基本概念

一、数控技术与机床数控技术

数控技术，简称数控(Numerical Control，NC)，它是利用数字化的信息对机床运动及加工过程进行控制的一种方法。数控技术在机床控制中应用广泛，形成了数控技术发展主流——机床数控技术和机床数控系统。机床数控系统能够逻辑地处理使用代码或者其他符号编码指令规定的程序，能够自动完成机床加工信息的输入、译码、运算，从而控制机床的运动和加工过程。

应用数控技术或装有数控系统的机床称为数字控制机床(Numerically Control Machine，NCM)，简称数控机床。随着电子技术的发展，数控机床采用了计算机数控(Computerized Numerical Control，CNC)系统，因此也称为计算机数控机床或CNC机床。

数控机床产生于20世纪50年代，它综合了计算机技术、自动控制、精密检测和精密制造等方面的科技成果，是集机、电、液、气、光于一体的新型自动化机床。要实现对机床的控制，需要用几何信息描述刀具和工件间的相对运动以及用工艺信息来描述机床加工必须具备的一些工艺参数。例如：进给速度、主轴转速、主轴正反转、换刀、冷却液的开关等。这些信息按一定的格式形成加工文件(即数控加工程序)，存放在信息载体(如磁盘、穿孔纸带、磁带等)上，然后由机床上的数控系统读入(或直接通过数控系统的键盘输入，或通过通信方式输入)，通过对其译码，从而控制机床动作和加工零件。

二、数控技术的产生

随着电子技术的发展，1946年世界上第一台电子计算机问世，由此掀开了信息自动化的新篇章。数控技术由此产生，并一步步发展壮大，其性能也越来越可靠，功能越来越强大。总的来说，数控技术的发展经历了以下几个阶段。

1. 第一代数控系统的产生

1948 年美国密歇根州的一个小型飞机工业承包商帕森斯公司(Parsons Corporation)在制造飞机的框架及直升机的转动机翼轮廓样板时,提出了采用电子计算机对加工轨迹进行控制和数据处理的设想,后来得到美国空军的支持,并与美国麻省理工学院合作,于 1952 年研制出第一台三坐标数控铣床。帕森斯的设想考虑到刀具直径对加工路径的影响,使得加工精度达到 ±0.003 8 cm(这在当时水平是相当高的),因而获得了专利。1954 年底,美国本迪克斯公司(Bendix Corporation)在帕森斯专利的基础上生产出了第一台工业用的数控机床。数控机床的控制系统(专用电子计算机)采用的是电子管,其体积庞大,功耗高,仅在一些军事部门中承担普通机床难以加工、形状复杂的零件的加工。这时数控机床的控制系统是第一代数控系统。

2. 第二代数控系统

1959 年晶体管出现,电子计算机应用晶体管元件和印制电路板,从而使机床数控系统跨入了第二代。而且 1959 年克耐·杜列克公司(Keaney & Trecker Corporation)在数控机床上设置了刀库,并在刀库中装有丝锥、钻头、铰刀等刀具,根据穿孔带的指令自动选择刀具,并通过机械手将刀具装在主轴上,以缩短刀具的装卸时间和减少零件的定位装夹时间。人们把这种带自动交换刀具功能的数控机床称为加工中心(Machining Center, MC)。加工中心的出现,把数控机床的应用推上了一个更高的层次,它一般都集铣、钻、镗等功能于一身,为以后立式加工中心、卧式加工中心、车削中心、磨削中心、五面体加工中心、板材加工中心等的发展打下了基础。今天加工中心已成为市场上非常畅销的一个数控机床品种。从 1960 年开始,美国、日本等工业国家都陆续开发、生产及使用数控机床。

3. 第三代数控系统

1965 年,出现了小规模集成电路,它的应用使数控系统的可靠性进一步提高,数控系统发展到第三代。

以上三代,都是采用专用控制计算机的硬逻辑系统,因此都属于硬逻辑数控系统(称为 NC)。装有这类系统的机床为普通数控机床,简称 NC 机床。由于点位控制的数控系统比轮廓控制的数控系统要简单得多,在该阶段,点位控制的数控机床得到很大发展。1967 年英国 Mollin Corporation 公司将 7 台机床用 IBM 1360/140 计算机集中控制,组成 Mollin24 系统。该系统首开柔性制造系统(Flexible Manufacturing System,FMS)的先河,能执行生产调度程序和数控程序,具有工件储存、传送和自动检验的功能,能加工小于 300 mm×300 mm 的工件,适合于几件到上百件的小规模生产。

4. 第四代数控系统

1970 年,在美国芝加哥国际机床展览会上,首次展出了利用小型计算机取代专用数控计算机且数控的许多功能由软件程序实现的计算机数控系统。数控系统进入第四代。

5. 第五代数控系统

1974 年,美、日等国首先研制出以微处理器为核心的数控系统,简称微机数控(Microcomputer Numerical Control ,MNC),这就是第五代数控系统。自此,开始了数控机床大发展时代。进入 20 世纪 80 年代,微处理器发展更加迅速,极大地促进了数控机床向柔性制造单元(Flexible Manufacturing Cell,FMC)、柔性制造系统(FMS)方向发展,并奠定了向规模更大、层次更高的生产自动化系统,如计算机集成制造系统(CIMS)、自动化工厂(FA)方向发展的坚实基础。

随着个人计算机(PC)技术性能和可靠性的不断提高,20 世纪 80 年代末期,又出现了以 PC 机为基础的计算机数控系统,由于其具有良好的开放性,发展速度很快,从 90 年代开始不断推出该系统的新产品。

三、数控技术在我国的研究与发展

我国从 1958 年开始研制数控机床，一些高等院校、科研单位、企业从采用电子管着手，到 60 年代曾研究出部分样机。1965 年开始研制晶体管数控系统，60 年代末到 70 年代初曾成功研究出非圆齿轮插齿机、数控立铣床以及数控车床、数控镗床、数控磨床、加工中心等。这一时期国产数控系统的稳定性、可靠性尚未得到很好的解决，因而也限制了国产数控机床的发展。而数控线切割机床由于结构简单、价格低廉、使用方便等优势，得到了较快的发展。据资料统计，1973 年至 1979 年，我国共生产数控机床 4 180 台，其中数控线切割机床占 86%左右。

20 世纪 80 年代，我国开始走技术引进和自行研制相结合的道路，从国外引进新技术和以日本 FANUC 系列为主的数控系统，开始批量生产微处理器数控系统，掀起了我国数控机床新的发展高潮，我国开发了立式、卧式加工中心，立式、卧式数控车床，数控铣床，数控钻、镗床，数控磨床等，同时还在立式、卧式加工中心基础上，配置有 10 个工件位置的自动交换工作台（Automatic Pallet Change），组成柔性制造单元。可以进行夜间（二、三班）无人（或少人）看管自动加工，可以安装不同工件，实现混流加工，用软件控制工作台的任选交换，识别工件并按工件自动调出相应的加工程序，还相应地建造了规模较大的 FMS。80 年代末期，我国在一定范围内探索实施 CIMS，且取得了一些有益的经验。90 年代，我国加强了自主知识产权数控系统的研制工作，而且取得一定的成效，如在五轴联动数控系统（分辨率为 0.02μm）、高精度车床数控系统、数字仿形系统、中低档数控系统等方面都取得了较大的成果。

目前，我国已有几十家机床厂能生产不同类型的数控机床和数控加工中心机床，建立了以中、低档数控机床为主的数控产业体系，在高档数控机床的研制方面也有了较大的进展。在数控技术领域，我国和先进工业国之间仍存在着不小的差距，但这种差距正在不断缩小。

四、数控技术的发展趋势

随着世界先进制造技术的兴起和不断成熟，对数控加工技术提出了更高的要求。超高速切削、超精密加工等技术的应用，对数控机床的各个组成部分提出了更高的性能指标要求。数控技术的典型应用是 FMC、FMS、CIMS。其发展趋势具体表现在以下几个方面。

1. 向高速度、高精度加工方向发展

速度和精度是数控机床的两个重要指标，它直接关系到加工效率和产品的质量，特别是在超高速切削、超精密加工技术的实施中，它对机床各坐标轴位移速度和定位精度提出了更高的要求；另外，这两项技术指标又是相互制约的。目前主要研究集中在以下几个方面。

（1）数控装置。随着数控机床向高速度、高精度方向发展的需要，数控装置要能高速处理输入的指令数据并计算出伺服机构的位移量，而且要求伺服电机能快速作出反应。目前高速主轴单元（电主轴）转速已达 15 000～100 000 r/min；进给运动部件不但要求高速度，且要求具有高的加速、减速功能，其快速移动速度达 60～120 m/min，工作进给速度已高达 60 m/min 以上。微处理器芯片的迅速发展，为数控系统采用高速处理技术提供了保障。CPU 已由 20 世纪 80 年代的 16 位（如 FANUC－6M 等）发展为现今的 32 位（如 FANUC－15 等）以及 64 位。20 世纪 90 年代还出现了精简指令集（RISC）芯片的数控系统（如 FANUN－16 等）。CPU 的频率由原来的 5 MHz、10 MHz，提高到几百兆赫、上千兆赫，甚至更高，进一步提高了系统的运算速度。由于运算速度极大提高，在分辨率为 0.1 μm、0.01 μm 的状况下，仍能获得很高的进给速度(100～240 m/min)。

(2)伺服系统。伺服驱动技术是数控技术的重要组成部分。与数控装置相配合,伺服系统的静态和动态特征直接影响机床的位移速度、定位精度和加工精度。现在,直流伺服系统被交流数字伺服系统所取代;伺服电机的位置、速度及电流环都实现了数字化;并采用了新的控制理论,出现了不受机械负荷变动影响的高速响应系统。这样就提升了数控机床的加工速度与加工精度。

①前馈控制技术。过去采用的把检测器发出的信号与位置指令的差值乘以位置环增益作为速度指令的伺服系统,总是存在着跟踪滞后误差,这使得在加工拐角及圆弧时加工精度恶化。目前,在原来的控制系统上加上速度指令的控制方式,即所谓的前馈控制,使伺服系统的跟踪滞后误差大大减小。

②机床静、动摩擦的非线性补偿控制技术。机械静、动摩擦的非线性会导致机床爬行。除了在机械结构上采取措施降低摩擦外,新型的数控伺服系统具有自动补偿机械系统静、动摩擦非线性的控制功能。

③伺服系统的位置环和速度环(包括电流环)均采用软件控制,如数字调解和矢量控制等。为适应不同类型机床、不同精度和不同速度的要求,预先调整加速、减速性能。

④采用高分辨率的位置检测装置。如高分辨率的脉冲编码器,内有微处理器组成的细分电路,使得分辨率大大提高,增量位置检测分辨为 1 000 p/r(脉冲数/转)以上,绝对位置检测分辨率为 1 000 000 p/r 以上。

⑤补偿技术得到了发展和应用。现代数控系统都具有补偿功能,可以对伺服系统进行多种补偿,如丝杠螺距误差补偿、齿侧间隙补偿、轴向运动误差补偿、空间误差补偿和加热变形补偿等。

2. 向多功能化与复合化加工方向发展

(1)配置多种遥控接口和智能接口,具有更高的通信功能。系统除配置 RS232 串行接口、RS422 等接口外,还有 DNC(Direct Numerical Control,直接数控,也称群控)接口。为适应网络技术的需要,许多数控系统带有与工业局域网(LAN)通信功能,而且近年来不少数控系统还带有 MAP(Manufacturing Automation Protocol,制造自动化协议)等高级工业控制网络接口,以实现不同厂家和不同类型机床联网的需要。

(2)数控机床一机多能,以最大限度地提高设备利用率。机械结构技术更多地采用机电一体化结构。为了提高自动化程度,采用自动交换刀具,自动交换工件,主轴立、卧自动转换,工作台立、卧自动转换,主轴带 C 轴控制,万能回转铣头,以及数控夹盘、数控回转工作台、动力刀架和数控夹具等。为了提高数控机床的动态特性,将伺服系统和机床主机进行很好的机电匹配,同时主机也借助计算机进行模块化、优化设计。

3. 向基于个人计算机(PC)的开放式数控系统方向发展

由于 PC 机具有良好的人机界面,软件资源特别丰富,近年来 CPU 主频高达2 000 MHz以上、内存 256MB 以上、外存 80 GB 以上已是常见之事;相应的 Windows 界面更加友好,功能更趋完善,其通信功能、联网功能、远程诊断和维修功能将更加普遍具备。在系统的操作性能方面,具有友好的人机界面,普遍采用薄膜软按钮的操作面板,减少指示灯和按钮数量,使操作一目了然;大量采用菜单选择操作方式,使操作越来越方便。CRT(Cathode Ray Tube,阴极射线管)显示技术大大提高,彩色图像显示已很普遍,不仅能显示字符、平面图形,还能显示三维图形,甚至显示三维动态图形。更重要的是 PC 机成本低廉,可靠性高。日本、美国、欧盟各国等正在开放式的PC平台上进行“开放式数控系统”的研究，包括标准、结构、编程、通信、操作系统以及样机的研制等。

4. 向高可靠性方向发展

数控机床的可靠性一直是用户最关心的主要指标，它取决于数控系统和各伺服驱动单元的可靠性。

(1)大量采用高集成度的芯片、专用芯片及混合式集成电路，提高了硬件质量，减少了元器件数量，这样就降低了功耗，提高了可靠性。新型大规模集成电路采用表面贴装技术，实现了三维高密度安装工艺。元器件经过严格筛选，建立由设计、试制到生产的一整套质量保证体系。这使得数控系统的平均无故障时间达到10 000～36 000h。

(2)增强故障自诊断、自恢复和保护功能。

5. 向智能化方向发展

随着人工智能在计算机领域的不断渗透和发展，数控系统的智能化将不断提高。

(1)引进自适应控制(Adaptive Control)技术。在加工过程中，数控系统可检测一些重要信息，如工作状态、特性等，并自动调整系统的有关参数，以达到或接近最佳工作状态。

(2)引入专家系统。将熟练工人和专家的经验、加工的一般规律与特殊规律存入系统中，以工艺参数数据库为支撑，建立具有人工智能的专家系统。当前已开发出模糊逻辑控制和带自学习功能的人工神经网络的数控系统和其他数控加工系统。

(3)引入故障自诊断、自修复系统。利用CNC系统的内装程序实现在线故障诊断，一旦出现故障，立即采取停机等措施，并通过CRT进行故障报警，提示发生故障的部位、原因等。并利用“冗余”技术，自动使故障模块脱机，接通备用模块。

(4)引进模式识别技术。应用图像识别和声控技术，使机器自己辨识图样，按照自然语言命令进行加工。

(5)应用智能化伺服驱动装置。可以通过自动识别负载而自动调整参数，使驱动系统获得最佳的运行状态。

6. 向数控编程自动化方向发展

数控编程技术是实现数控加工的主要环节，当前其发展趋势有如下几点：

(1)从脱机编程发展到在线编程。传统的编程是脱机进行的，由人工、计算机以及编程机来完成，然后再输入到数控装置。现代的CNC装置有很强的存储和运算能力，把很多自动编程机具有的功能移植到数控装置的计算机中来，在人工操作键盘和彩色显示器的作用下，在线以人机对话方式进行编程，并具有前台操作、后台编程的功能。

(2)具有机械加工技术中的特殊工艺和组合工艺方法的程序编制功能。除了具有圆切削、固定循环和图形循环功能外，还有宏程序设计、子程序设计功能，会话式自动编程、蓝图编程和实物编程功能。

(3)编程系统由只能处理几何信息发展到几何信息和工艺信息同时处理的新阶段。新型的CNC系统中装入了小型工艺数据库，在在线程序编制过程中可以自动选择最佳切削用量和适合的刀具。

第二节　数控机床的组成及功能

一、数控机床的组成

数控机床是数值控制的工作母机的总称。一般由输入输出设备、数控装置、伺服系统、测量反馈系统和机床主机等部分组成,如图 1-1 所示。

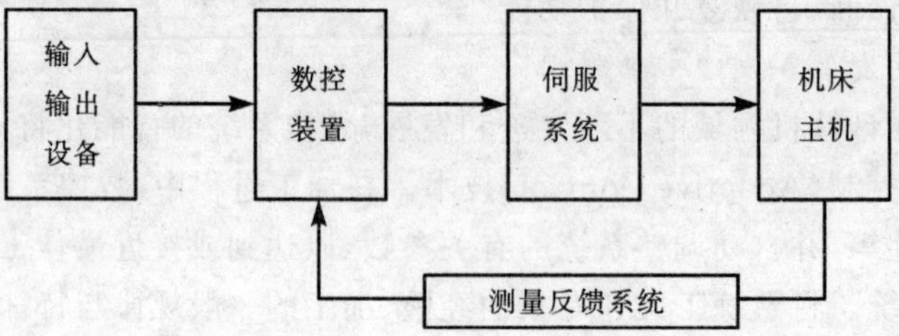

图 1-1　数控机床的组成

1. 输入输出设备

输入输出设备主要实现程序编制、程序和数据的输入以及显示、存储和打印等功能。这一部分硬件配置视需要而定,功能简单的机床可能只配有键盘和发光二极管(LED)显示器;功能普通的机床则可能加上纸带阅读机和纸带穿孔机、磁带和磁盘读入器、人机对话编程操作键盘和视频信号显示器;功能较多的机床可能还包含一套自动编程或计算机辅助设计/计算机辅助制造(CAD/CAM)系统。

2. 数控装置

数控装置是数控机床的核心,现代数控机床都采用计算机数控装置。数控装置一般由输入、信息处理和输出三大部分构成。控制介质通过输入单元(如纸带阅读机、磁带机、磁盘机等)输入,转换成数控机床可以识别的信息,由信息处理单元按照程序的规定将接收的信息加以处理(如插补计算、刀具补偿等)后,通过输出单元发出位置、速度等指令给伺服系统,从而实现各种控制功能(如多坐标控制、插补功能、故障自诊断功能等)。

3. 伺服系统

伺服(Servo)系统的作用是把来自数控装置的各种指令,转换成机床执行部件的运动。它包括主轴驱动单元、进给驱动单元、主轴电机和进给电机等。伺服系统直接决定刀具和工件的相对位置,其性能是决定数控机床加工精度和生产力的主要因素。一般要求数控机床的伺服系统具有较好的快速响应性能,能灵敏而准确地跟踪由数控装置发出的指令。

4. 测量反馈系统

测量反馈系统由检测元件和相应的电路组成,其作用是检测机床的实际位置、速度等信息,并将其反馈给数控装置与指令信息进行比较和校正,构成系统的闭环控制。没有测量反馈装置的系统称为开环控制系统。

5. 机床主机

机床主机包括床身、主轴、进给机构等部件,是用于完成各种切削加工的机械部分。由于数控机床是高精度和高生产率的自动化机床,它与普通机床相比,其主机应具有更好的刚性和抗振性，相对运动面摩擦系数要小，传动部件之间的间隙要小，还应具有较好的动态特性、动态刚度、阻尼精度、耐磨性以及抗热变形性能等。为了保证数控机床功能的充分发挥，还有一些配套部件（如冷却、排屑、防护、润滑、照明、储运等一系列装置）和辅助装置（编程机和对刀仪等）。因此，数控机床的结构必须根据其性能要求进行专门设计，才能充分发挥其性能与优势。

二、数控机床的加工过程

数控机床工作时根据所输入的数控加工程序（NC 程序），由数控装置控制机床部件的运动形成零件加工轮廓，从而满足零件形状的要求。机床运动部件的运动轨迹取决于所输入的数控加工程序。数控加工程序是根据零件图样及加工工艺要求编制的。

利用数控机床完成零件数控加工的过程如图 1－2 所示。

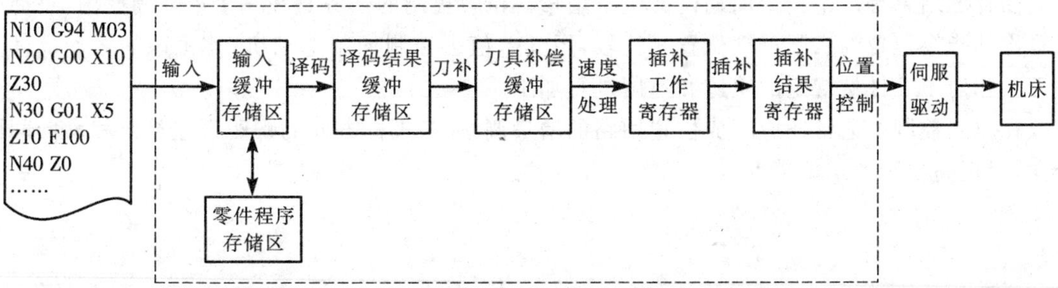

图 1－2　数控机床的加工过程

1. 数控加工程序的编制

在零件加工前，首先根据被加工零件图样所规定的零件形状、尺寸、材料及技术要求等，确定零件的工艺过程、工艺参数、几何参数以及切削用量等，然后根据数控机床编程手册规定的代码和程序格式编写零件加工程序单。早期的数控机床还需将零件加工程序单由穿孔机制成穿孔带以备加工零件用。

对于较简单的零件，通常采用手工编程；对于形状复杂的零件，则在编程机上进行自动编程，或者在计算机上用 CAD/CAM 软件自动生成零件加工程序。

2. 输入

输入的任务是把零件程序、控制参数和补偿数据输入到数控装置中去。输入的方法因输入设备而异，有纸带阅读机输入、键盘输入、磁带和磁盘输入以及通信方式输入。输入工作方式通常有两种。一种是边输入边加工，即在前一个程序段加工时，输入后一个程序段的内容；另一种是一次性地将整个零件加工程序输入到数控装置的内部存储器中，加工时再把一个个程序段从存储器中调出进行处理。

3. 译码

数控装置接受的程序是由程序段组成的，程序段中包含零件轮廓信息（如直线还是圆弧、线段的起点和终点等）、加工进给速度（F 代码）等加工工艺信息和其他辅助信息（M、S、T 代码等）。计算机不能直接识别它们，译码程序就像一个翻译，按照一定的语法规则将上述信息解译成计算机能够识别的数据形式，并按一定的数据格式存放在指定的内存专用区域。在译码过程中对程序段还要进行语法检查，有错则立即报警。

4. 刀具补偿

零件加工程序通常是按零件轮廓轨迹编制的。刀具补偿的作用是把零件轮廓轨迹转换成刀具中心轨迹,运动加工出所要求的零件轮廓。刀具补偿包括刀具半径补偿和刀具长度补偿。

5.插补

插补的目的是控制加工运动,使刀具相对于工件作出符合零件轮廓轨迹的相对运动。具体地说,插补就是数控装置根据输入零件轮廓数据,通过计算把零件轮廓描述出来,边计算边根据计算结果向各坐标轴发出运动指令,使机床在响应的坐标方向上移动一个单位位移量,将工件加工成所需的轮廓形状。所以说,插补就是在已知曲线的种类、起点、终点和进给速度的条件下,在曲线的起点、终点之间进行"数据点的密化"。在每个插补周期内运行一次插补程序,形成一个个微小的直线数据段。插补一个程序段(即加工一条曲线)通常需要经过若干次插补周期。需要说明的是,只有辅助功能(换刀、换挡、换冷却液等)完成之后才允许插补。

6.位置控制和机床加工

插补的结果是产生一个周期内的位置增量。位置控制的任务是在每个采样周期内,将插补计算出的指令位置与实际反馈位置相比较,用其差值去控制伺服电动机,使机床的运动部件带动刀具相对于工件按规定的轨迹和速度进行加工。

在位置控制中通常还应完成位置回路的增量调整、各坐标方向的螺距误差补偿和反向间隙补偿,以提高机床的定位精度。

第三节　数控机床的分类

数控机床品种众多、功能各异,可以从不同的角度对其进行分类。

一、按采用的加工方法分类

1.切削加工类数控机床

切削加工类数控机床主要采用切削的方法切除零件表面的多余材料层。根据切削加工方法的不同,又可分为如下几个类型。

(1)数控车床:主要用于轴类和盘类回转体零件加工,能自动完成内外圆柱面、锥面、圆弧、螺纹等工序的切削加工,并能进行切槽、钻孔、扩孔、铰孔等工艺内容,特别适合形状复杂零件的加工,使用较为广泛。

(2)数控铣床:主要用于各类较复杂的平面、曲面和壳体类零件的加工。

(3)数控钻床及镗床:主要用于形状复杂零件及箱体类零件的孔及孔系的加工。这类机床有逐渐被加工中心取代的趋势。

(4)加工中心:是目前应用最广泛的数控机床。它是在数控铣床、钻床及镗床的基础上,配置了自动换刀系统而发展起来的。主要用于箱体类零件及复杂曲面零件的铣、钻、镗及螺纹加工等工序,由于具有自动换刀功能,可在一次装夹后自动完成多道工序甚至全部工序的加工。有镗铣加工中心和钻铣加工中心,习惯上都称为加工中心。还有另一类加工中心是以轴类零件为主要加工对象的,称为车削中心。它在数控车床的基础上增加了C轴控制,配置了刀库。除了能完成数控车床的加工内容外,还可以在端面及圆周上任意部位进行钻削、铣削及攻丝加工。

(5)数控磨床:主要用于零件表面的磨削加工,有数控外圆磨床、数控平面磨床及数控坐标磨床等。

2. 电加工类数控机床

电加工类数控机床主要有数控线切割机床和数控电火花加工机床。

3. 其他加工类数控机床

除了以上所介绍的数控车床外，还有数控板材和管料加工机床（如数控冲床、数控板料折弯机等）、数控火焰切割机和数控三坐标测量机等。

二、按机械加工的运动轨迹分类

1. 点位控制数控机床

点位控制的特点是只需控制机床实现由一个坐标点到另一个坐标点的精确定位，移动和定位过程中不进行任何加工。一般采用快速运动，并不考虑其运动轨迹，只要求刀具能最终准确到达目标位置，其运动轨迹误差不影响加工精度，可不作严格控制。其移动过程可以是先沿一个坐标方向移动，再沿另一个坐标方向移动到目标位置，也可沿两个坐标同时移动。为保证定位精度和减少移动时间，一般先高速运行，当接近目标位置时，再分级降速，慢速趋近目标位置。

采用点位控制的数控机床主要有数控钻床、数控镗床、数控冲床和数控测量机等。

2. 直线控制数控机床

这类数控机床不仅要保证点与点之间的精确定位，而且还要求点到点的运动过程是直线切削加工过程，其运动轨迹一般是平行于坐标轴的直线或与坐标轴成45°的斜线，运动时的速度可以控制。由于刀具在移动过程中要切削，所以对于不同的刀具和工件，需要选用不同的切削用量和进给量。这类数控机床通常具备刀具半径和长度补偿功能以及主轴转速控制功能，以便在刀具磨损或换刀后能得到合格的零件。但是这类数控机床各坐标轴无联动功能，一般只能作单坐标切削进给运动，因此只能加工轮廓较简单的工件。

采用直线控制系统的数控机床有早期的简易数控车床、简易数控铣床、加工中心等。

3. 轮廓控制数控机床

轮廓控制也常称为轨迹控制或连续控制。这类机床的数控装置能够同时控制两个或两个以上的轴联动，具有插补功能，对运动轨迹和速度进行严格的不间断控制。它具有直线和圆弧插补功能、刀具补偿功能、机床轴向运动误差补偿、丝杠的螺距误差和齿轮的反向间隙误差补偿等功能。这类机床可加工曲面、叶轮等形状复杂的零件。

典型机床有：数控车床、数控铣床、数控磨床和加工中心等。

三、按伺服系统的控制原理分类

1. 开环控制的数控机床

开环控制的数控机床没有位置检测装置，数控装置每发出一个指令（脉冲），放大后驱动步进电机转动一个步距角，再经过减速齿轮带动丝杠旋转，通过丝杠螺母副传动带动工作台移动。指令信号的流程是单向的，如图1-3所示。

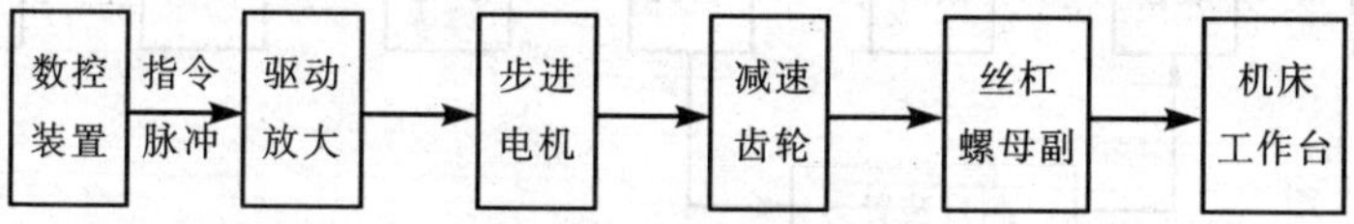

图1-3　开环控制系统

这类数控机床的伺服驱动部件通常选用步进电机。受步进电机的步距精度和工作频率以及传动机构的传动精度的影响,开环控制的数控机床的速度和精度都较低。但由于其具有结构简单、成本较低、调试维修方便等优点,适用于经济型、中小型数控机床。

2. 闭环控制的数控机床

这类机床带有检测装置,它随时接受在工作台端测得的实际位置反馈信号,将其与数控装置发来的指令位置信号相比较,用差值进行运动控制和误差修正,最终实现移动部件的精确定位,其原理框图如图 1-4 所示。

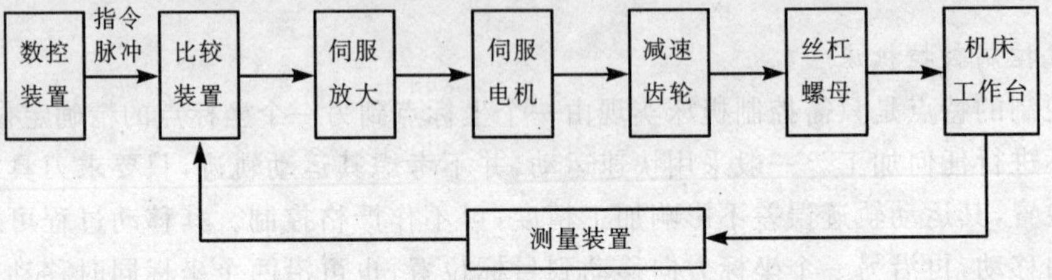

图 1-4 闭环数控系统

安装在工作台的位置传感器(比如光栅)把机械位移转变为电量,反馈到位置比较电路与指令位移量相比较,得到的差值经过放大和变换,驱动工作台向减少误差的方向移动。如果不断有指令信号输入,那么工作台就不断地跟随信号移动,只有在指令信号与反馈信号的差值为零时,工作台才静止,即工作台的实际位移量与指令位移量相等时,工作台才停止运动。在闭环系统中还装有增加系统阻尼的速度测量元件,将实际速度与进给速度相比较,并通过速度控制电路对电机运动状态随时进行校正,从而减少因负载等因素变动而引起的进给速度波动,提高位置控制的质量。因为机床工作台也被纳入了控制环,所以这类数控机床称为闭环控制的数控机床。

闭环控制可以消除包括工作台传动链在内的误差,因此定位精度高、速度调节快。从理论上说,闭环系统的运动精度主要取决于检测装置的精度,与传动链误差无关。实际上,机床的结构、传动装置以及传动间隙等非线性因素都会影响其精度,严重的还会使闭环系统的品质下降甚至引起振荡。此外,该类数控机床的系统设计和调整比较困难。

闭环控制系统主要用于一些精度要求很高的数控铣床、超精车床和超精铣床等。

3. 半闭环控制的数控机床

半闭环控制的数控机床与闭环控制的数控机床的区别在于检测反馈信号不是来自工作台,而是来自与电机端或丝杠端连接的测量元件,即检测元件装在电机或丝杠的端头,采用角位移测量元件测量电机或丝杠的转动量,间接地测量工作台的移动量,如图 1-5 所示。实际位置的反馈值是通过间接测得的伺服电机的角位移算出来的,因而控制精度没有闭环控制系统的精度高。但由于闭环路径内不包括或较少包括机械传动环节,可获得较稳定的控制特性,通过高分辨率测量元件也能获得较满意的控制精度,且有调试方便、价廉等特点,因而广泛用于数控机床中。

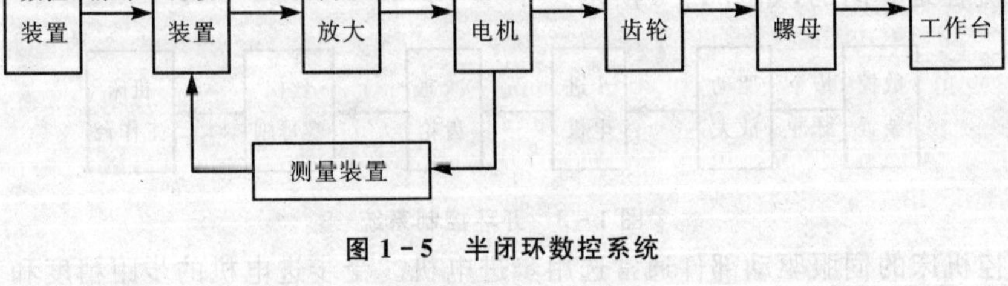

图 1-5 半闭环数控系统

四、按照功能水平和用途分类

按数控系统的功能强弱分为高档数控机床、中档数控机床和低档数控机床。对每一种数控机床的分类主要看其主要技术参数、功能指标和关键部件的功能水平。分类见表1-1。

表1-1 数控机床的主要技术指标

类型	主控机	进给驱动	联动轴数	进给分辨率(μm)	进给速度(m/min)	自动化程度
高级型	32位微处理器	交流伺服驱动	5轴以上	0.1	≥24	具有通信、联网、监控管理功能
普及型	16位或32位微处理器	交流或直流伺服驱动	4轴及4轴以上	1	≤24	具有人机对话接口
经济型	单板机、单片机	步进电机	3轴及3轴以下	10	6～8	功能较简单

第四节 数控机床的特点及主要技术指标

一、数控机床的特点

数控机床能在机械加工中得到广泛的应用，主要是由于与其他加工设备相比，数控机床具有如下一些特点。

(1)适用范围广，易于加工形状复杂的零件，适应性强。由于数控机床具有多坐标轴联动功能，并可按零件加工的要求变换加工程序，能完成很多普通机床难以胜任或者根本不可能加工出来的复杂型面零件的加工。因此，数控机床首先在航空航天等领域获得应用，在复杂曲面的模具加工、螺旋桨及涡轮叶片的加工中也得到了广泛的应用。

(2)加工精度高，产品质量稳定。现代数控机床按照预定的程序自动加工，不受人为因素的影响，其加工精度由机床来保证，并且具有较强的插补功能和自动编程功能，可方便地对复杂轮廓进行自动编程及加工处理。因此，能够获得比机床本身精度还要高的加工精度(可达微米级)及重复精度。

(3)工件加工周期短，生产效率高。使用数控机床加工零件，对工模具、专用工装夹具、划线加工准备等要求大幅度降低；由于加工中有较高的重复精度，检验工作也得以简化；零件变更调整时间、刀具变更调整时间减少；加工中能合理选用切削用量，机加工时间短。这些方面的变化使工件加工周期大为缩短，生产效率显著提高。数控机床的生产率比普通机床的生产率高2～3倍。尤其是某些复杂零件的加工，生产率可提高十几倍甚至几十倍。

(4)减少工人劳动强度。数控机床主要是自动加工，能自动换刀、起停切削液、自动变速等，其大部分操作不需人工完成，大幅度减轻了操作工人的劳动强度，同时减少了人为因素的影响，使产品加工质量比较稳定，一致性好，也降低了废品、次品率。

(5)可实现精确的成本计算和科学管理。数控加工可正确计算出加工工时和生产进度等，简化和减少了检验、工具准备、半成品调度等管理工作。并可实现一机多用、多机看管，具有广泛的适应性和较大的灵活性。数控机床具有的通信接口，可实现计算机之间的连接，组成工业局部网络,采用制造自动化协议(MAP)规范,实现生产过程的计算机管理与控制。这些均为降低成本、提高管理水平创造了有利的条件。

(6)有利于实现优化控制和生产系统的集成。计算机数字控制、标准代码编程等数控机床的基本控制形式,非常有利于多机之间或与计算机管理系统进行连接,实现生产系统的信息集成。

二、数控机床的主要技术指标

1. 主要规格尺寸

数控车床主要规格尺寸有床身与刀架最大回转直径、最大车削长度、最大车削直径等,数控铣床主要有工作台面尺寸、工作台行程等规格尺寸。

2. 主轴系统技术指标

数控机床主轴采用直流或交流电动机驱动,具有较宽调速范围和较高回转精度,主轴本身刚度与抗振性比较好。现在数控机床主轴普遍达到5 000～10 000 r/min甚至更高的转速,对提高加工质量和加工各种小孔极为有利;主轴可以通过操作面板上的转速倍率开关直接改变转速,每挡转速间隔5%,其调节范围为50%～120%;在加工端面时主轴具有恒定切削速度。

3. 进给系统技术指标

该系统有进给速度范围、快进(空行程)速度范围、运动分辨率(最小移动增量)、定位精度和螺距范围等主要技术参数。

(1)进给速度。进给速度是影响加工质量、生产效率和刀具寿命的主要因素,直接受到数控装置运算速度、机床动特性和工艺系统刚度限制。数控机床的进给速度可达到10～30 m/min,其中最大进给速度为加工的最大速度,最大快进速度为不加工时移动的最快速度。进给速度可通过操作面板上的进给倍率开关调整,每挡间隔10%,其调整范围为10%～200%。

(2)脉冲当量(分辨率)。脉冲当量是数控机床的重要精度指标,包括两方面的内容:一是机床坐标轴可达到的控制精度(可以控制的最小位移增量),表示数控机床每发出一个脉冲时坐标轴移动的距离,称为实际脉冲当量或外部脉冲当量;二是内部运算的最小单位,称之为内部脉冲当量,一般内部脉冲当量比实际脉冲当量设置得要小,为的是在运算过程中不损失精度,数控系统在输出位移量之前,自动将内部脉冲当量转换成外部脉冲当量。

实际脉冲当量决定于丝杠螺距、电动机每转脉冲数和机械传动链的传动比,其计算公式为:

实际脉冲当量=传动比×丝杠螺距/电动机每转脉冲数

数控机床的加工精度和表面质量取决于脉冲当量数的大小。普通数控机床的脉冲当量一般为0.001 mm。简易数控机床的脉冲当量一般为0.01 mm,精密或超精密数控机床的脉冲当量一般为0.000 1 mm。脉冲当量越小,数控机床的加工精度和表面质量越高。

4. 定位精度和重复定位精度

定位精度是指数控机床工作台或其他运动部位的实际运动位置与指令位置的一致程度,其不一致的差量即为定位误差。引起定位误差的因素包括伺服系统、检测系统、进给系统误差,以及运动部件导轨的几何误差等。定位误差直接影响加工零件的尺寸精度。

重复定位精度是指在相同的操作方法和条件下,完成规定操作次数过程中得到结果的一致程度。重复定位精度一般是呈正态分布的偶然性误差,它会影响批量加工零件的一致性,是一项非常重要的性能指标。一般数控机床的定位精度为±0.01 mm,重复定位精度为±0.005 mm。

5. 刀具系统技术指标

数控车床的刀具系统的技术指标包括刀架工位数、工具孔直径、刀杆尺寸、换刀时间、重复定位精度等内容。加工中心刀库容量与换刀时间直接影响其生产率，通常中小型加工中心的刀库容量为16～60把，大型加工中心可达100把以上。换刀时间是指自动换刀系统将主轴上的刀具与刀库刀具进行交换所需要的时间，换刀一般可在0.5～20 s的时间内完成。

6. 电气技术指标

电气技术指标包括主电动机、伺服电动机规格型号和功率等。

7. 冷却系统技术指标

冷却系统技术指标包括冷却箱容量、冷却泵输出量等。

8. 外形尺寸

数控车床的外形尺寸表示为长×宽×高。

第五节　数控技术常用术语*

为了方便读者阅读相关数控资料和国外数控产品的相关手册，作者在此选择了常用的数控词汇及其英语单词。所选用的数控术语主要参考国际标准ISO2806和中华人民共和国国家标准GB8129—87，并包括近年新出现的一些数控词汇。

(1)计算机数值控制(Computerized Numerical Control，CNC)：用计算机控制加工功能，实现数值控制。

(2)轴(Axis)：机床部件作直线移动或旋转运动的基准方向。

(3)机床坐标系(Machine Coordinate System)：固定于机床上，以机床零点为基准的笛卡儿坐标系。

(4)机床坐标原点(Machine Coordinate Origin)：机床坐标系的原点。

(5)工件坐标系(Work-Piece Coordinate System)：固定于工件上的笛卡儿坐标系。

(6)工件坐标原点(Work-Piece Coordinate Origin)：工件坐标系的原点。

(7)机床零点(Machine Zero)：由机床制造商规定的机床原点。

(8)机床的参考位置(Machine Tool Reference Position)：机床启动用的沿着坐标轴上的一个固定点，它可以机床坐标原点为参考基准。

(9)绝对坐标值(Absolute Coordinate)/绝对尺寸(Absolute Dimension)：距一坐标系原点的直线距离或角度。

(10)增量坐标值(Incremental Coordinate)/增量尺寸(Incremental Dimension)：在一序列点的增量中，各点距前一点的距离或角度值。

(11)最小输入增量(Least Input Increment)：在加工程序中可以输入的最小增量单位。

(12)最小命令增量(Least Command Increment)：从数控装置发出的命令坐标轴移动的最小位移增量。

(13)插补(Interpolation)：在所需的路径或轮廓线上的两个已知点之间，根据某一数学函数

注：凡标注“*”的内容不要求掌握，供学生自学用。

(例如直线、圆弧或高阶函数)确定其多个中间点的位置坐标值的运算过程。

(14)直线插补(Line Interpolation):一种插补方式。在此方式中,两端点间的插补沿着直线的点群来逼近,沿此直线控制刀具的运动。

(15)圆弧插补(Circular Interpolation):一种插补方式。在此方式中,根据两端点间的插补数字信息计算出逼近实际圆弧的点群,控制刀具沿这些点运动,加工出圆弧曲线。

(16)顺时针圆弧(Clockwise Arc):刀具参考点围绕轨迹中心,按负角度方向旋转所形成的轨迹。

(17)逆时针圆弧(Counter Clockwise Arc):刀具参考点围绕轨迹中心,按正角度方向旋转所形成的轨迹。

(18)手工零件编程(Manual Part Programming):手工进行零件加工程序的编制。

(19)自动编程(Automatic Programming):利用计算机和专用软件编制加工程序。

(20)绝对编程(Absolute Programming):用表示绝对尺寸的控制字进行编程。

(21)增量编程(Increment Programming):用表示增量尺寸的控制字进行编程。

(22)字符(Character):用于表示数据或控制数据的一组元素符号。

(23)控制字符(Control Character):出现于特定的信息文本中,表示某一控制功能的字符。

(24)地址(Address):以一个控制字开始的字符或一组字符,用来辨认其后的数据。

(25)程序段格式(Block Format):字、字符和数据在一个程序段中的安排。

(26)指令码(Instruction Code)/机器码(Machine Code):计算机指令代码,机器语言,用来表示指令集中的指令的代码。

(27)程序号(Program Number):为每一加工程序的前端指定的编号。

(28)程序名(Program Name):为每一加工程序指定的名称。

(29)指令方式(Command Mode):指令的工作方式。

(30)程序段(Block):程序中为了实现一种操作的一组指令集合。

(31)零件程序(Part Program):在自动加工中,为了使自动操作有效,按某种语言或某种格式书写的顺序指令集。零件程序是写在输入介质上的加工程序,也可以是为计算机准备的输入经处理后得到的加工程序。

(32)加工程序(Machine Program):在自动加工控制系统中,按自动控制语言和格式书写的顺序指令集。这些指令记录在适当的输入介质上,完全能实现直接的操作。

(33)程序结束(End of Program):指工件加工结束的辅助功能。

(34)数据结束(End of Data):程序段的所有命令执行完后,使主轴功能和其他功能(如冷却功能)均被删除的辅助功能。

(35)准备功能(Preparatory Function):使机床或控制系统建立加工功能方式的命令。

(36)辅助功能(Miscellaneous Function):控制机床或系统的开关功能的一种命令。

(37)刀具功能(Tool Function):依据相应的格式规范、识别或调入刀具及与之有关功能的技术说明。

(38)进给功能(Feed Function):定义进给速度技术规范的命令。

(39)主轴速度功能(Spindle Speed Function):定义主轴速度技术规范的命令。

(40)进给保持(Feed Hold):在加工程序执行期间,暂时中断进给的功能。

(41)刀具轨迹(Tool Path):切削刀具上规定点所走过的轨迹。

(42)零点偏置(Zero Offset):数控系统的一种特征。它容许数控测量系统的原点在指定范围内相对于机床零点移动。但其永久零点则存在于数控系统中。

(43)刀具偏置(Tool Offset):在一个加工程序的全部或指定部分,施加于机床坐标轴上的相对位移。该轴的位移方向由偏置值的正负来确定。

(44)刀具长度偏置(Tool Length Offset):在刀具长度方向上的偏置。

(45)刀具半径偏置(Tool Radius Offset):在两个坐标方向的刀具偏置。

(46)刀具半径补偿(Cutter Compensation):垂直于刀具轨迹的位移,用来修正实际的刀具半径与编程的刀具半径的差异。

(47)刀具轨迹进给速度(Tool Path Feed-Rate):刀具上的基准点沿着刀具轨迹相对于工件移动时的速度,通常用每分钟或每转的移动量来表示。

(48)固定循环(Fixed Cycle):预先设定的一些操作命令,根据这些操作命令使机床坐标轴运动、主轴工作,从而完成固定的加工动作。例如,钻孔、镗削、攻丝以及这些加工的复合动作。

(49)子程序(Subprogram):加工程序的一部分。子程序可由适当的加工控制命令调用而生效。

(50)工序单(Planning Sheet):在编制零件的加工工序前为其准备的零件加工过程表。

(51)执行程序(Executive Program):在 CNC 系统中,建立运行能力的指令集合。

(52)进给倍率(Feed-rate Override):能修正进给率的一种设施。

(53)伺服机构(Servo-Mechanism):一种伺服系统。其中被控量为机械位置或机械位置对时间的导数。

(54)误差(Error):计算值、观察值或实际值与真值、给定值或理论值之差。

(55)分辨率(Resolution):两个相邻的离散量之间可以分辨的最小间隔。

习 题 一

1.1 名词解释:NC,CNC,FMC,FMS,FA。

1.2 数控技术的发展经过哪几个阶段?

1.3 数控技术的发展趋势是怎样的?

1.4 数控机床由哪几个部分组成?

1.5 数控机床的加工过程是怎样的?

1.6 数控机床通常按哪几个方面分类?

1.7 数控机床有哪些特点?

1.8 数控机床的主要技术指标有哪些?

第二章　数控车削加工基础知识

学习目标：

1. 掌握数控车削原理及车削用量的选择原则。
2. 了解刀具材料种类及主要性能，掌握数控车刀主要角度的选择方法。
3. 掌握切削液的选择原则。
4. 了解数控车削精度的组成。
5. 了解数控车削的应用范围。

第一节　车削用量

一、车削运动和车削要素

金属车削加工就是在车床上用车削刀具把工件毛坯上预留的金属材料（统称余量）切除，获得图样所要求的零件。在车削过程中，刀具和工件之间必须有相对运动，这种相对运动称为车削运动。

1. 车削运动中的主运动和进给运动

(1)主运动。由机床提供的主要运动，它使刀具和工件之间产生相对运动，从而使刀具前刀面接近工件并切除切削层。主运动是旋转运动，如图 2-1 所示。其特点是运动速度最高，消耗的机床功率也最大。

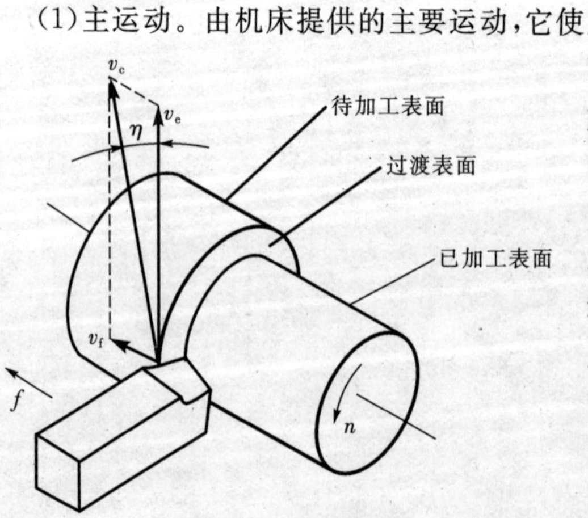

图 2-1　车削运动和工件上的三个表面

(2)进给运动。由机床提供的使刀具与工件之间产生的附加的相对运动，加上主运动即可连续地或间断地切除待加工表面，并得出具有所需几何特性的已加工表面。进给运动可以是连续的运动，如车削外圆时车刀平行于工件轴线的纵向运动，如图 2-1 所示；也可以是间断运动，如车刀的横向移动，其特点是消耗的功率比主运动小得多。

2. 工件的表面变化

切削过程中，工件上多余的材料不断地被刀具切除而转变为切屑。因此，工件在切削过程中形成了三个不断变化着的表面，即如图 2-1 所示的待加工表面、过渡表面和已加工表面。其中：

(1)经刀具切削后产生的表面称为已加工表面。

(2)工件上有待切除切削层的表面称为待加工表面。

(3)工件上由切削刃形成的那部分表面称为过渡表面，它在工件的下一转里将被切除。

3. 车削用量

车削用量是用来衡量切削运动量大小的参量。车削用量包括切削速度(v_c)、进给量(f)和背吃刀量(a_p)三个要素。

(1)切削速度(v_c)。切削刃选定点相对于工件主运动的瞬时速度称为切削速度，其单位为 m/s 或 m/min。大多数切削加工的主运动是回转运动，其切削速度 v_c 的计算公式如下：

$$v_c=\frac{\pi dn}{1000}$$

式中　d——切削刃选定点处所对应的工件或刀具的回转直径，mm；

n——工件或刀具的转速，r/min。

(2)进给量(f)。刀具在进给方向上相对于工件的位移量称为进给量，可用刀具或工件每转或每行程的位移量来表达或度量，如图 2－2 所示，其单位用 mm/r 表示。车削时的进给速度 v_f(单位为 mm/min)是指切削刃上选定点相对于工件的进给运动的瞬时速度，它与进给量之间的关系为：

$$v_f=nf$$

(3)背吃刀量(a_p)。背吃刀量是已加工表面和待加工表面之间的垂直距离，其单位为 mm。

外圆车削时：

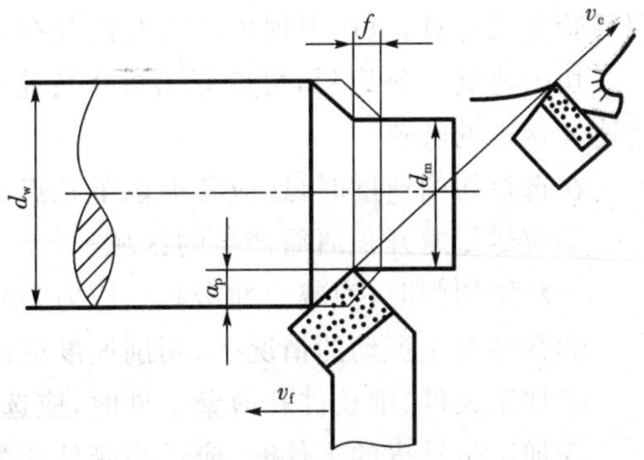

图 2－2　车削三要素

$$a_p=\frac{d_w-d_m}{2}$$

式中　d_w——待加工表面直径，mm；

d_m——已加工表面直径，mm。

镗孔时，则上式中的 d_w 与 d_m 互换一下位置，即 $a_p=\frac{d_m-d_w}{2}$。

二、车削用量的选择

车削用量的大小对切削力、切削功率、刀具磨损、加工质量和加工成本均有显著影响。选择车削用量时，在保证加工质量和刀具耐用度的前提下，应充分发挥机床性能和刀具切削性能，使切削效率最高，加工成本最低。

1. 车削用量选择原则

(1)粗加工时车削用量的选择原则：首先，选取尽可能大的背吃刀量；其次，要根据机床动力和刚性的限制条件等，选取尽可能大的进给量；最后，根据刀具耐用度确定最佳的切削速度。

(2)精加工时车削用量的选择原则：首先，根据粗加工后的余量确定背吃刀量；其次，根据已加工表面粗糙度要求，选取较小的进给量；最后，在保证刀具耐用度的前提下尽可能选用较高的切削速度。

2. 车削用量选择方法

(1)背吃刀量的选择。根据加工余量确定。粗加工(表面粗糙度 $R_a=10\sim80\ \mu m$)时,一次进给应尽可能切除全部余量。在中等功率机床上,背吃刀量可达 8～10 mm。半精加工($R_a=1.25\sim10\ \mu m$)时,背吃刀量取 0.5～2 mm。精加工($R_a=0.32\sim1.25\ \mu m$)时,背吃刀量取 0.1～0.4 mm。

在工艺系统刚性不足或毛坯余量很大或余量不均匀时,粗加工要分几次进给,并且应当把第一、二次进给的背吃刀量尽量取得大一些。

(2)进给量的选择。粗加工时,由于对工件表面质量没有太高的要求,这时主要考虑机床进给机构的强度和刚性及刀杆的强度和刚性等限制因素。根据加工材料、刀杆尺寸、工件直径及已确定的背吃刀量来选择进给量。

在半精加工和精加工时,则按表面粗糙度要求,根据工件材料、刀尖圆弧半径、切削速度来选择进给量。

(3)切削速度的选择。根据已经选定的背吃刀量、进给量及刀具耐用度选择切削速度。可用经验公式计算,也可根据生产实践经验在机床说明书允许的切削速度范围内查表选取。

切削速度 v_c 确定后,可以算出机床转速 n(对有级变速的机床,须按机床说明书选择与所算转速 n 接近的转速)。

在选择切削速度时,还应考虑以下几点:

①应尽量避开积屑瘤产生的区域;

②断续切削时,为减小冲击和热应力,要适当降低切削速度;

③在易发生振动的情况下,切削速度应避开自激振动的临界速度;

④加工大件、细长件和薄壁工件时,应选用较低的切削速度;

⑤加工带外皮的工件时,应适当降低切削速度。

初学编程时,车削用量的选取可参考表 2-1。

表 2-1 车削用量选择参考表

零件材料及毛坯尺寸	加工内容	背吃刀量 a_p (mm)	主轴转速 n (r/min)	进给量 f (mm/r)	刀具材料
45 钢,直径φ20～φ60 坯料,内孔直径φ13～φ20	粗加工	1～2.5	300～800	0.15～0.4	硬质合金(YT 类)
	精加工	0.25～0.5	600～1000	0.08～0.2	
	切槽、切断(切刀宽度 3～5mm)		300～500	0.05～0.1	
	钻中心孔		300～800	0.1～0.2	高速钢
	钻孔		300～500	0.05～0.2	高速钢

第二节 数控车刀的选择

一、刀具材料应具备的性能

刀具材料主要是指刀具切削部分的材料。刀具切削性能的优劣直接影响刀具质量。刀具工作在高温之下，并要承受较大压力、摩擦、冲击和振动等，因此要求它具备以下性能：

(1)较高的硬度。刀具材料的硬度必须高于被加工材料的硬度，否则在高温高压下，就不能保持刀具的锋利和几何形状。

(2)足够的强度与韧性。刀具只有具有足够的强度和韧性，才可以承受很大的切削力、冲击载荷和振动。

(3)良好的耐热性。良好的耐热性能使刀具在高温下仍能保持较高的硬度。耐热性又称为红硬性或热硬性。

(4)较好的导热性。导热性好，可使切削热快速散去，降低刀具温度，保持硬度。

(5)较好的化学惰性。这可使刀具不受切削液和润滑油的腐蚀，保持其原有性能。

(6)经济性。选择刀具材料时，应注意经济效益，力求价格低廉。

目前尚没有一种刀具材料能全面满足上述要求，因此，必须了解常用刀具材料的性能和特点，以便根据工件材料的性能和切削要求，选用合适的刀具材料。

二、常见的刀具材料

目前最常用的刀具材料有高速钢和硬质合金。高速钢是含有较多的钨、铬、铂、钒等合金元素的高合金工具钢，按用途不同分为通用型高速钢和高性能高速钢，这些钢材具有如下性能：

表 2-2 常用刀具材料性能

<table>
<tr><th rowspan="3">刀具材料</th><th rowspan="3">代表牌号</th><th colspan="7">基本性能</th></tr>
<tr><th rowspan="2">硬度(HRA)</th><th colspan="2">抗弯强度 σ_b</th><th colspan="2">冲击强度 a_K</th><th rowspan="2">耐热性(℃)</th><th rowspan="2">切削速度比</th></tr>
<tr><th>GPa</th><th>kg/mm^2</th><th>kJ/m^2</th><th>$kg \cdot m/cm^2$</th></tr>
<tr><td>高速钢</td><td>W18Cr4V</td><td>82～87</td><td>3.43～4.41</td><td>350～450</td><td>98～490</td><td>1～5</td><td>540～650</td><td>1</td></tr>
<tr><td rowspan="2">硬质合金</td><td>YG8</td><td>89.5～91</td><td>1.08～1.47</td><td>110～150</td><td>19.6～39.2</td><td>0.2～0.4</td><td>800～900</td><td>6</td></tr>
<tr><td>YT15</td><td>89.5～92.5</td><td>0.88～1.27</td><td>90～130</td><td>2.9～6.8</td><td>0.03～0.07</td><td>900～1000</td><td>6</td></tr>
</table>

1. 高速钢

高速钢是含 W、Cr、V 等合金元素较多的合金工具钢。它的耐热性、硬度和耐磨性虽低于硬质合金，但强度和韧性却高于硬质合金(见表 2-2)，而且价格比硬质合金要低。普通高速钢 W18Cr4V 具有较好的综合性能，是国内使用最为普遍的刀具材料之一，广泛地用于制造形状较为复杂的刀具，如麻花钻、铣刀和其他成形刀具，也可手工刃磨成各种异形车刀。

2. 硬质合金

硬质合金是由硬度和熔点都很高的碳化物(如 WC、TiC 等)作基体，用 Co、Mo 等做黏结剂制成的一种合金。它的硬度高、耐磨性好、耐热性高，允许的切削速度比高速钢高数倍，但其强度和韧性较高速钢低(见表 2-2)。因此常将硬质合金做成刀片，焊接或用机械夹固的方式固定在刀体上。常用的硬质合金有三大类：

(1)钨钴类硬质含金(YG)。该合金由碳化钨和钴组成。这类硬质合金韧性较好，但硬度和耐磨性较差，适用于加工脆性材料(铸铁等)。钨钴类硬质合金中含 Co 越多，则韧性越好。常用的牌号有：YG8、YG6 和 YG3，由此制造的刀具依次适用于粗加工、半精加工和精加工。

(2)钨钛钴类硬质合金(YT)。该合金由碳化钨、碳化钛和钴组成。这类硬质合金耐热性和耐磨性较好,但抗冲击韧性较差,适用于切屑呈带状的钢料等塑性材料。常用的牌号有YT5、YT15和YT30等,其中的数字表示碳化钛的含量。碳化钛的含量越高,则耐磨性越好,韧性越低。这三种牌号的钨钛钴类硬质合金制造的刀具分别适用于粗加工、半精加工和精加工。

(3)钨钛钽(铌)类硬质合金(YW)。该合金由在钨钛钴类硬质合金中加入少量的碳化钽(TaC)或碳化铌(NbC)组成。它具有上述两类硬质合金的优点,用其制造的刀具既能加工钢、铸铁、有色金属,也能加工高温合金、耐热合金及合金铸铁等难加工材料。常用牌号有YW1和YW2。

3.其他刀具材料

(1)涂层刀具材料。这种材料是在韧性较好的硬质合金基体上或高速钢基体上,涂覆一薄层硬质的和耐磨性极高的难熔金属化合物而得到的刀具材料。通过这种方法,使刀具既具有基体材料的强度和韧性,又具有很高的耐磨性。

(2)陶瓷。其主要成分是Al_2O_3,刀片硬度可达78HRC以上,能耐1 200～1 450 ℃高温,故能承受较高的切削速度。但抗弯强度低,怕冲击,易崩刃。主要用于钢、铸铁、高硬度材料及高精度零件的精加工。

(3)金刚石。金刚石分人造和天然两种。作为切削刀具材料,大多是人造金刚石,它有极高的硬度和耐磨性,但韧性差。由于对铁族材料亲和力大,因此一般不适宜加工黑色金属,主要用于有色金属以及非金属材料的高速精加工。

(4)立方氮化硼(CBN)。这是人工合成的一种高硬度、高耐磨性材料,且与铁族元素亲和力小。但其强度低,焊接性差。目前主要用于加工淬硬钢、冷硬铸铁和一些难加工材料。

三、数控车刀主要角度的选择

1.前角的选择

(1)前角的作用。前角(γ_0)指前刀面与基面间的夹角。前角的作用主要是影响切屑变形和切削力的大小及刀具耐用度和加工表面质量的高低。增大前角可使切削变形和摩擦减小,故切削力小、切削热少,加工表面质量高。但前角过大,刀具强度降低,散热体积减小,刀耐用度下降。减小前角,刀具强度提高,切屑变形增大,易断屑。但前角过小,会使切削力和切削热增加,刀具耐用度降低。

(2)合理前角的选择原则

①加工塑性材料,特别是加工硬化严重的材料(如不锈钢等)时,应选用较大的前角;加工脆性材料时,应采用较小的前角。

②工件材料的强度和硬度低时,由于切削力不大,为使切削刃锋利,可选用较大的甚至很大的前角;工件材料的强度和硬度高时,应选用较小的前角;加工特别硬的工件材料(如淬火钢)时,应选用很小的前角,甚至选用负前角。

③刀具材料的抗弯强度和冲击韧性较低时,应选用较小的前角。高速钢刀具比硬质合金刀具的合理前角可大5°～10°。

④粗加工时,特别是断续切削时,不仅切削力大,切削热多,而且承受冲击载荷,为保证切削刃有足够的强度和散热面积,应适当减小前角。精加工时,对切削刃强度要求较低,为使切削刃锋利,减小切屑变形和获得较高的表面质量,前角应取得较大一些。

工艺系统刚性差和机床功率小时,宜选用较大的前角,以减少切削力和振动。硬质合金车刀合理前角的参考值见表2-3。

表 2-3　硬质合金车刀合理前角的参考值

工件材料	合理前角(°)		工件材料	合理前角(°)	
	粗　车	精　车		粗　车	精　车
低碳钢 Q235	18～20	20～25	40Cr(正火)	13～18	15～20
45 钢(正火)	15～18	18～20	40Cr(调质)	10～15	13～18
45 钢(调质)	10～15	13～18	40 钢、40Cr 钢锻件	10～15	
45 钢、40Cr 铸钢件或钢锻件断续切削	10～15	5～10	淬硬钢(40～50HRC)	−15～−5	
灰铸铁 HT150 与 HT200、青铜 ZQSn10-1、脆黄铜、HPb59-1	10～15	5～10	灰铸铁断续切削	5～10	0～5
			低强度钢 (σ_b<180 MPa)	−5	
铝 L3 及铝合金 LY12	30～35	35～40	高强度钢 ($\sigma_b \geqslant$180 MPa)	−10	
紫铜 T1～T4	25～30	30～35	锻造高温合金	5～15	
奥氏体不锈钢(185HBS 以下)	15～25		铸造高温合金	0～5	
马氏体不锈钢(250HBS 以下)	15～25		钛及钛合金	5～10	
马氏体不锈钢(250HBS 以上)	−5		铸造碳化钨	−15～−10	

2. 后角的选择

(1)后角的作用。后角(α_0)指后刀面与切削平面间的夹角。后角的主要作用是减小主后刀面与过渡表面的弹性恢复层之间的摩擦,减轻刀具磨损。后角减小,使主后刀面与工件表面间的摩擦加剧,刀具磨损加大,工件冷硬程度增加,加工表面质量差。尤其是切削厚度较小时,由于刃口钝圆半径的影响,上述情况更为严重。后角增大,摩擦减小,也减小了刃口钝圆半径,这对切削厚度较小的情况有利,但使刀刃强度和散热情况变差。

(2)合理后角的选择原则

①根据切削厚度选择后角:切削厚度(δ_D)愈大,则后角应愈小;而切削厚度愈小,则后角应愈大,如进给量较大的外圆车刀 $\alpha_0=6°\sim8°$。这是因为切削厚度较大时,切削力较大,切削温度也较高,为了保证刃口强度和改善散热条件,所以应取较小的后角。切削厚度愈小,切削层上被切削刃的钝圆半径挤压而留在已加工表面上并与主后刀面挤压摩擦的这一薄层金属,占切削厚度的比例愈大。若这时增大后角,即可减小刃口钝圆半径,使刃口锋利,便于切下薄切屑,可提高刀具耐用度和加工表面质量。

根据以上分析,粗加工、强力(大进给量)切削以及承受冲击载荷的刀具,增大刃口强度是首要任务,这时应选取较小的后角;精加工时则应选取较大的后角。

②适当考虑被加工材料的力学性能:当工件材料硬度、强度较高时,为保证切削刃强度,宜取较小的后角;当工件材料硬度较低、塑性较大,以及易产生加工硬化时,主后刀面的摩擦对已加工表面质量和刀具磨损影响较大,此时应取较大的后角;加工脆性材料时,切削力集中在刀刃附近,为强化切削刃,宜选取较小的后角。

③考虑工艺系统刚性:当工艺系统刚性差及容易产生振动时,为了增强刀具对振动的阻尼作用,应选取较小的后角。

④考虑尺寸精度要求:对于尺寸精度要求高的精加工用刀具(如铰刀等),为了减小重磨后刀具尺寸变化,保证有较高的尺寸耐用度,后角应取得较小。

硬质合金车刀合理后角的参考值见表 2-4。

表 2-4 硬质合金车刀合理后角的参考值

工件材料	合理后角(°)	
	粗车	精车
低碳钢	8～10	10～12
中碳钢	5～7	6～8
合金钢	5～7	6～8
淬火钢	8～10	
不锈钢	6～8	8～10
灰铸钢	4～6	6～8
铜及铜合金(脆)	4～6	6～8
铝及铝合金	8～10	10～12
钛合金 $\sigma_b \leqslant 1.17$ GPa	10～15	

副后角可减少副后面与已加工表面间的摩擦。一般车刀、刨刀等的副后角取得与主后角相等;而切断刀、切槽刀及锯片铣刀等的副后角因受刀头强度限制,只能取得较小,通常取:

$$\alpha_0' = 1° \sim 2°$$

3. 主偏角及副偏角的选择

(1)主偏角的功用。主偏角的功用主要是影响刀具耐用度、已加工表面粗糙度及切削力的大小。当主偏角 κ_r 较小时,则刀头强度高,散热条件好,已加工表面残留面积高度小,作用主切削刃的长度长,单位作用主切削刃上的切削负荷小;其负面效应为背向力大,切削厚度小,断屑效果差。当主偏角较大时,所产生的影响与上述完全相反。

(2)合理选择主偏角的原则

①粗加工和半精加工时,硬质合金车刀应选择较大的主偏角,以利于减少振动,提高刀具耐用度和断屑效果。例如,在生产中,效果显著的强力切削车刀的 κ_r 就取为 75°。

②加工很硬的材料,如淬硬钢和冷硬铸铁时,为减少单位长度切削刃上的负荷,改善刀刃散热条件,提高刀具耐用度,应取 $\kappa_r = 10° \sim 30°$。工艺系统刚性好的 κ_r 取小值,反之取大值。

③工艺系统刚性低(如车细长轴、薄壁筒)时,应取较大的主偏角,甚至取 $\kappa_r \geqslant 90°$,以减小背向力 F_p,从而降低工艺系统的弹性变形和振动。

④单件小批量生产时,希望用一两把车刀加工出工件上所有表面,则应选用通用性较好的 $\kappa_r = 45°$ 或 90° 的车刀。

⑤需要从工件中间切入以及仿形加工时,应适当增大主偏角和副偏角;有时主偏角的大小决定于工件形状,例如车阶梯轴时,则需用 $\kappa_r = 90°$ 的刀具。

硬质合金车刀合理主偏角的参考数值见表 2-5。

表 2-5 硬质合金车刀合理主偏角和副偏角的参考值

加工情况		参考数值(°)	
		主偏角 κ_r	副偏角 κ_r'
粗车	工艺系统刚性好	45,60,75	5～10
	工艺系统刚性差	65,75,90	10～15
车细长轴,薄壁零件		90,93	6～10
精车	工艺系统刚性好	45	0～5
	工艺系统刚性差	60,75	0～5
车削冷硬铸铁、淬火钢		10～30	4～10
从工件中间切入		45～60	30～45
切断刀、切槽刀		60～90	1～2

(3)副偏角的功用。副偏角的功用主要是减小副切削刃和已加工表面的摩擦。较小的副偏角可减小残留面积高度,提高刀具强度和改善散热条件,但将增加副后刀面与已加工表面之间的摩擦,且易引起振动。

(4)合理选择副偏角的原则

①一般的刀具,在不引起振动的情况下,可选取较小的副偏角,如车刀、刨刀均可取 $\kappa_r'=5°\sim10°$。

②精加工刀具的副偏角应取得更小一些,以减小残留面积,从而减小了表面粗糙度。

③加工高强度、高硬度材料或断续切削时,应取较小的副偏角($\kappa_r'=4°\sim6°$),以提高刀尖强度,改善散热条件。

④对于切断刀、锯片刀和槽铣刀等,为了保证刀头强度和重磨后刀头宽度的变化较小,只能取很小的副偏角,即 $\kappa_r'=1°\sim2°$。

第三节 切削液的选用

在金属切削过程中,合理选择切削液,可以改善工件与刀具间的摩擦状况,降低切削力和切削温度,减轻刀具磨损,减小工件的热变形,从而可以提高刀具耐用度,提高加工效率和加工质量。

1. 切削液的作用

(1)冷却作用。切削液可以将切削过程中产生的热量迅速地从切削区带走,使切削区温度降低。切削液的流动性越好,比热容、导热系数和汽化热等参数越高,则其冷却性能越好。

(2)润滑作用。切削液能在刀具的前、后刀面与工件之间形成一层润滑薄膜,可减少或避免刀具与工件或切屑间的直接接触,减轻摩擦和黏结程度,因而可以减轻刀具的磨损,提高工件表面的加工质量。

为保证润滑作用的实现,要求切削液能够迅速渗入刀具与工件或切屑的接触界面,形成牢固的润滑油膜,使其不致在高温、高压及剧烈摩擦的条件下被破坏。

(3)清洗作用。在切削过程中,会产生大量切屑、金属碎片和粉末,特别是在磨削过程中,砂轮上的砂粒会随时脱落和破碎。使用切削液便可以及时地将它们从刀具(或砂轮)、工件上冲洗下去,从而避免切屑黏附刀具、堵塞排屑和划伤已加工表面。这一作用对于磨削、螺纹加工和深孔加工等工序尤为重要。为此,要求切削液具有良好的流动性,并且在使用时有足够大的压力和流量。

(4)防锈作用。为了减轻工件、刀具和机床受周围介质(如空气、水分等)的腐蚀,要求切削液具有一定的防锈作用。防锈作用的好坏,取决于切削液本身的性能和加入的防锈添加剂品种和比例。

2.切削液的种类

常用的切削液分为三大类,即水溶液、乳化液和切削油。

(1)水溶液。水溶液是以水为主要成分的切削液。水的导热性能好,冷却效果好。但单纯的水容易使金属生锈,润滑性能差。因此,常在水溶液中加入一定量的添加剂,如防锈添加剂、表面活性物质和油性添加剂等,使其既具有良好的防锈性能,又具有一定的润滑性能。在配制水溶液时,要特别注意水质情况,如果是硬水,必须进行软化处理。

(2)乳化液。乳化液是将乳化油用95%~98%的水稀释而成,呈乳白色或半透明状的液体,具有良好的冷却作用,但润滑、防锈性能较差。常再加入一定量的极压添加剂和防锈添加剂,配制成极压乳化液或防锈乳化液。

(3)切削油。切削油的主要成分是矿物油,少数采用动植物油或复合油。纯矿物油不能在摩擦界面形成坚固的润滑膜,润滑效果较差。实际使用中,常加入油性添加剂、极压添加剂和防锈添加剂,以提高其润滑和防锈作用。

3.切削液的选用

(1)粗加工时切削液的选用:粗加工时,加工余量大,所用切削用量大,产生大量的切削热。采用高速钢刀具切削时,使用切削液的主要目的是降低切削温度,减少刀具磨损。硬质合金刀具耐热性好,一般不用切削液,必要时可采用低浓度乳化液或水溶液。但必须连续、充分地浇注,以免处于高温状态的硬质合金刀片产生巨大的内应力而出现裂纹。

(2)精加工时切削液的选用:精加工时,要求表面粗糙度值较小,一般选用润滑性能较好的切削液,如高浓度的乳化液或含极压添加剂的切削油。

(3)根据工件材料的性质选用:切削塑性材料时需用切削液。切削铸铁、黄铜等脆性材料时,一般不用切削液,以免崩碎切屑黏附在机床的运动部件上。

(4)加工高强度钢、高温合金等难加工材料时,由于切削加工处于极压润滑摩擦状态,故应选用含极压添加剂的切削液。

(5)硬质合金和陶瓷刀具一般不用切削液。

(6)切削镁合金时,不能用水溶液,以免燃烧。

第四节 车削精度

车削精度分为尺寸精度、形状精度和位置精度三部分。

1. 尺寸精度

尺寸精度是指尺寸的准确程度，零件的尺寸精度是由尺寸公差来保证的，公差小则精度高，公差大则精度低。国家标准 GB1800—79 规定标准公差分为 20 个等级，以 IT01，IT02，IT1，IT2，…，IT18 表示。IT01 公差最小，精度最高；IT18 公差最大，精度最低。

车削时一般零件的尺寸精度为 IT12～IT7，精车时可达 IT6～IT5。例如，车削零件外径尺寸为 50，则 IT12 级时其公差值为 0.25 mm，如果公差值对称分布则其值为 50±0.125，最大极限尺寸为 50 mm+0.125 mm=50.125 mm，最小极限尺寸为 50 mm−0.125 mm=49.875 mm。

但应注意，对同一尺寸精度等级，基本尺寸不同时，其公差值也不同。如精度等级为 IT12，当基本尺寸为 100 mm 时，其公差值为 0.35 mm；当基本尺寸为 200 mm 时，其公差值为 0.46 mm，可知同一尺寸精度等级，基本尺寸越大，其公差值也越大。

为了测量和使用上的要求，不同尺寸精度等级应有相应的表面粗糙度。车削过程中，由于刀痕及振动、摩擦等原因，会使加工表面产生微小的峰谷，如图 2－3 所示。实际上，零件的表面是由车刀刀刃和刀尖形成的螺旋槽所组成的。

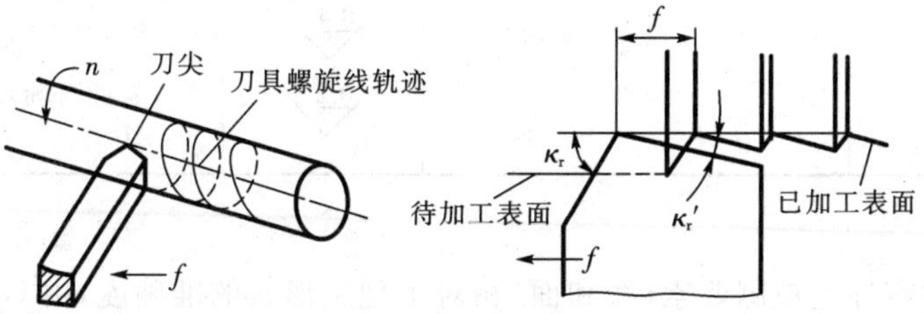

图 2－3 外圆表面成形示意

表面粗糙度的评定参数很多，一般用加工表面轮廓高度方向的几个参数来评定，称轮廓算术平均偏差 R_a，如图 2－4 所示。轮廓算术平均偏差 R_a 为在取样长度 l 内，被测轮廓上各点至中线的轮廓偏差绝对值的算术平均值：

$$R_a = \frac{1}{l}\int_0^l |y| \, dx$$

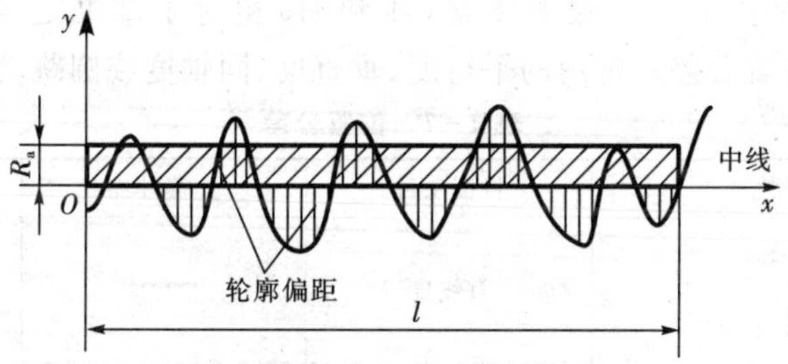

图 2－4 微观几何形状误差

车削时加工精度和相应的表面粗糙度值如表 2－6 所列。

表 2-6　常用车削精度与表面粗糙度值

加工类别	加工精度	相应表面粗糙度值 R_a(μm)	标注代号	表面特征
粗　车	IT12	25～50	50/25 ▽	可见显示刀痕
	IT11	12.5	12.5 ▽	可见刀痕
半精车	IT10	6.3	6.3 ▽	可见加工痕迹
	IT9	3.2	3.2 ▽	微见加工痕迹
精　车	IT8	1.6	1.6 ▽	不见加工痕迹
	IT7	0.8	0.8 ▽	可辨加工痕迹方向
精细车	IT6	0.4	0.4 ▽	微辨加工痕迹方向
	IT5	0.2	0.2 ▽	不辨加工痕迹方向

2. 形状精度

形状精度是指零件上被测要素(线和面)相对于理想形状的准确度,由 GB/T1182—1996 和 GB/T118—1996 规定形状公差来控制常用的直线度、平面度、圆柱度和圆度。

形状精度主要与机床本身精度有关,如车床主轴在高速旋转时,旋转轴线有跳动就会使工件的圆度变化;又如车床纵、横拖板导轨不直或磨损,则会造成圆柱度和直线度变差。因此,要求加工形状精度高的零件,一定要在较高精度的机床上加工。当然操作方法不当也会影响形状精度,如在车外圆时用锉刀或砂布修饰外圆表面后,就容易使圆度或圆柱度变差。

3. 位置精度

零件的位置精度是指零件上被测要素(线和面)相对于基准之间的位置准确度。GB/T1182—1996 定义了位置公差及常用的平行度、垂直度、同轴度或圆跳动,见表 2-7。

表 2-7　位置公差

公　差		特征项目	符号	有或无基准要求
形状	形状	直线度	—	无
		平面度	▱	无
		圆度	○	无
		圆柱度	⌭	无

续表

公差		特征项目	符号	有或无基准要求
形状或位置	轮廓	线轮廓度	⌒	有或无
		面轮廓度	⌓	有或无
位置	定向	平行度	//	有
		垂直度	⊥	有
		倾斜度	∠	有
	定位	位置度	⌖	有或无
		同轴(同心)度	◎	有
		对称度	⌯	有
	跳动	圆跳动	↗	有
		全跳动	⌰	有

位置精度主要与工件装夹、加工顺序安排及操作人员技术水平有关，如车外圆时多次装夹就可能使被加工外圆表面之间同轴度变差。

第五节　数控车削加工对象

数控车削是数控加工中用得最多的加工方法之一。同常规加工相比，数控加工具有如下的特点：

(1)自动化程度高。在数控机床上加工零件时，除了手工装卸工件外，全部加工过程都由机床自动完成。在柔性制造系统上，上下料、检测、诊断、对刀、传输、调度、管理等也都由机床自动完成，这样减轻了操作者的劳动强度，改善了劳动条件。

(2)加工精度高，加工质量稳定。数控加工的尺寸精度通常在 0.001～0.1 mm，目前最高的尺寸精度可达±0.001 5 mm,不受零件形状复杂程度的影响,加工中消除了操作者的人为误差,提高了同批零件的尺寸一致性。

(3)对加工对象的适应性强。在数控机床上实现自动加工的控制信息是加工程序。当加工对象改变时,除了相应更换刀具和改变工件装卡方式外,只要重新编写和输入该零件的加工程序,即可加工出新的零件,而不必对机床做任何复杂的调整。这种方式给新产品的研制开发以及产品的改进和改型提供了捷径。

(4)生产效率高。数控机床的加工效率高,其原因一方面是自动化程度高,在一次装夹中能完成较多表面的加工,省去了划线、多次装夹、检测等工序;另一方面是数控机床的运动速度高,空行程时间短。目前,数控车床的主轴转速已达到5 000～7 000 r/min,数控高速磨削的砂轮线速度达到100～200 m/s,加工中心的主轴转速已达到20 000～50 000 r/min,各轴的快速移动速度达到18～24 m/min。

(5)易于建立计算机通信网络。由于数控机床使用数字信息,易于与计算机辅助设计和制造系统连接,形成计算机辅助设计和制造与数控机床紧密结合的一体化系统。

当然,数控加工在某些方面也有不足之处,这就是数控机床价格较高,加工成本高,技术复杂,对工艺和编程要求较高,加工中难以调整,维修及保养要求高。

由于数控车床具有加工精度高、能作直线和圆弧插补以及在加工过程中能自动变速的特点,因此,其工艺范围较普通机床宽得多。凡是能在普通车床上装夹的回转体零件都能在数控车床上加工。针对数控车床的特点,下列几类零件最适合数控车削加工。

1.精度要求高的回转体零件

由于数控车床刚性好,制造和对刀精度高,能方便和精确地进行人工补偿和自动补偿,所以,能加工尺寸精度要求较高的零件。在有些场合可以以车代磨。此外,数控车削的刀具运动是通过高精度插补运算和伺服驱动来实现的,再加上机床的刚性好和制造精度高,所以,它能加工对母线直线度、圆度、圆柱度等形状精度要求高的零件。对于圆弧以及其他曲线轮廓,加工出的形状与图纸上所要求的几何形状的接近程度比用仿形车床要高得多。数控车削对提高位置精度还特别有效。不少位置精度要求高的零件用普通车床车削时,因机床制造精度低,工件装夹次数多,达不到要求,只能在车削后用磨削或其他方法弥补。例如,图2-5所示的轴承内圈,原采用三台液压半自动车床和一台液压仿形车床加工,需多次装夹,因而造成较大的壁厚差,达不到图纸要求,后改用数控车床加工,一次装夹即可完成滚道和内孔的车削,壁厚差大为减小,且加工质量稳定。

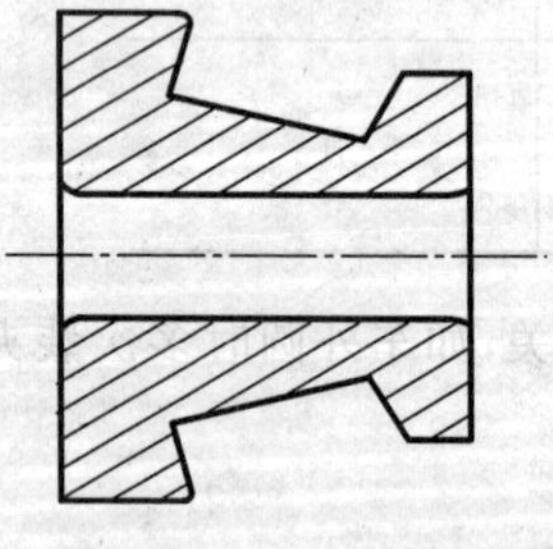

图2-5 轴承内圈示意图

2.表面粗糙度要求高的回转体零件

数控车床具有恒线速切削功能,能加工出表面粗糙度值小而均匀的零件。在材质、精车余量和刀具已定的情况下,表面粗糙度取决于进给量和切削速度。在普通车床上车削锥面和端面时,由于转速恒定不变,车削线速度不断变化,致使车削后的表面粗糙度不一致,只有某一直径处的粗糙度值最小。使用数控车床的恒线速切削功能,就可选用最佳线速度来切削锥面和端面,使车削后的表面粗糙度值既小又一致。数控车削还适合于车削各部位表面粗糙度要求不同的零件。粗糙度值要求大的部位选用大的进给量,粗糙度值要求小的部位选用小的进给量。

3.表面形状复杂的回转体零件

由于数控车床具有直线和圆弧插补功能,所以,可以车削由任意直线和曲线组成的形状复杂的回转体零件。如图 2－6 所示的壳体零件封闭内腔的成形面，在普通车床上是无法加工的，而在数控车床上则很容易加工出来。

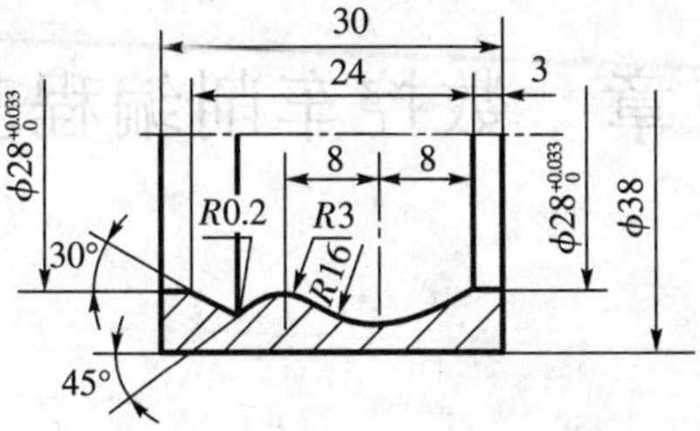

图 2－6　须用插补运算进行加工的零件

组成零件轮廓的曲线可以是数学方程式描述的曲线，也可以是列表曲线（样条线）。对于由直线或圆弧组成的轮廓，直接利用机床的直线或圆弧插补功能；对于由非圆曲线组成的轮廓，应先用直线或圆弧去逼近，然后再用直线或圆弧插补功能进行插补切削。

4. 带特殊螺纹的回转体零件

普通车床所能车削的螺纹相当有限，它只能车等导程的直、锥面和公、英制螺纹，而且一台车床只能限定加工若干种导程。数控车床不但能车削任何等导程的直、锥和端面螺纹，而且能车增导程、减导程以及要求等导程与变导程之间平滑过渡的螺纹。数控车床车削螺纹时主轴转向不必像普通车床那样交替变换，它可以一刀又一刀不停顿地循环，直到完成，所以数控车床车螺纹的效率很高。数控车床可以配备精密螺纹车削功能，再加上采用硬质合金成型刀片及较高的转速，所以，车削出来的螺纹精度高、表面粗糙度小。

习　题　二

2.1　什么是车削用量？选择车削用量的原则是什么？

2.2　什么是前角？它的大小对车削有什么影响？

2.3　什么是后角？它的大小对车削有什么影响？

2.4　什么是主偏角？它的大小对车削有什么影响？

2.5　什么是副偏角？它的大小对车削有什么影响？

2.6　数控加工的特点及其对象是什么？

第三章　数控车削编程基础

学习目标：

1. 了解数控编程的内容与步骤。
2. 掌握参考点和坐标系的概念。
3. 掌握编程方式的选择。
4. 掌握主轴功能、刀具功能、辅助功能、进给功能的应用。

第一节　数控编程的内容与方法

一、数控编程的主要内容与步骤

1. 数控编程的主要内容

数控编程的主要内容及说明见表 3-1。

表 3-1　数控程序编制的主要内容及说明

主要内容	说　明
加工工艺分析	要根据图样中零件的形状、尺寸、技术要求选择加工方案，确定加工工序、加工路线、装夹方式、刀具及切削参数，正确选择对刀点、换刀点，减少换刀次数
数学处理	计算零件粗、精加工各运动轨迹。当零件图样坐标系与编程坐标系不一致时，需要对坐标进行换算。对于形状比较简单的零件的轮廓加工，需要计算出几何元素的起点、终点、圆弧的圆心、两几何元素的交点或切点坐标
编写零件加工程序单	根据数控系统的功能指令代码及程序段格式，编写加工程序单，填写有关工艺文件，如数控加工工序卡、数控刀具卡、数控加工程序单等
输入程序	手动数据输入或通过计算机传送至机床数控系统
程序校验与首件试切	在数控仿真系统上仿真加工过程，空运行观察走刀路线是否正确，但这只能检验运动是否正确，不能检验出被加工零件的加工精度。因此，有必要进行零件的首件试切

2. 数控编程的主要步骤

数控编程的主要步骤可用图 3-1 表示。

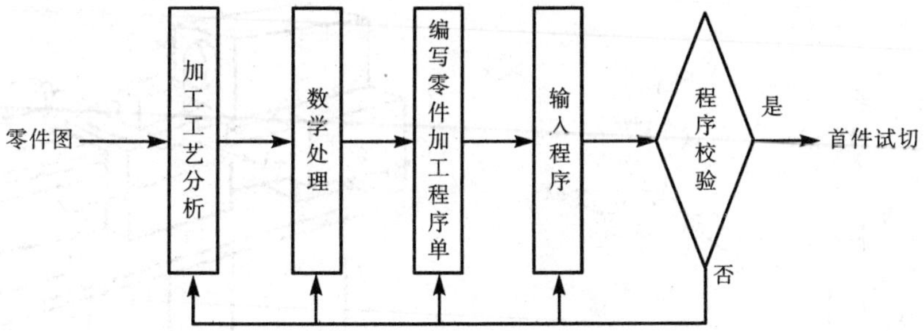

图 3－1　数控编程步骤流程图

二、数控编程的方法

数控编程的方法分为手工编程和自动编程。

1. 手工编程

手工编程就是从分析零件图样、确定加工工艺过程、数学处理、编写零件加工程序单、制备控制介质到程序校验都是由人工完成。对于加工形状简单、计算量小、程序不多的零件，采用手工编程较容易，而且经济、及时。因此，在点位加工或由直线与圆弧组成的轮廓加工中，手工编程仍广泛应用。对于形状复杂的零件，特别是由非圆曲线、样条曲线及曲面组成的零件，用手工编程就有一定困难，出错的概率增大，有时甚至无法编出程序，必须用自动编程的方法编制程序。

2. 自动编程

自动编程是利用计算机专用软件编制数控加工程序。编程人员只需根据零件图样的要求，使用数控语言，由微机自动地进行数值计算及后置处理，编写出零件加工程序单，加工程序通过直接通信的方式送入数控机床，指挥机床工作。自动编程使得一些计算繁琐、手工编程困难或无法编出的程序能够顺利地完成。通常能完成自动编程的软件有 MasterCAM、UG、Pro/E、CAXA 数控车和 CAXA 制造工程师等。

第二节　数控机床坐标系

一、坐标系的建立

对于数控机床坐标轴名称及其正负方向，我国已制定了 JB3051—1982《数控机床坐标和运动方向的命名》的数控标准，它与 ISO 标准相同。标准坐标系采用右手直角笛卡儿坐标系，如图 3－2 所示。在坐标系中，车床主轴纵向方向是 Z 轴，平行于横向运动方向为 X 轴；车刀远离零件的方向为正向，接近零件的方向为负向。卧式车床坐标系如图 3－3 所示。

二、编程坐标系与编程原点

为了方便编程，首先要在零件图上适当地选定一个编程原点，该点应尽量设置在零件的工艺设计基准上，并以这个原点作为坐标系的原点，再建立一个新的坐标系，称编程坐标系或零件坐标系。

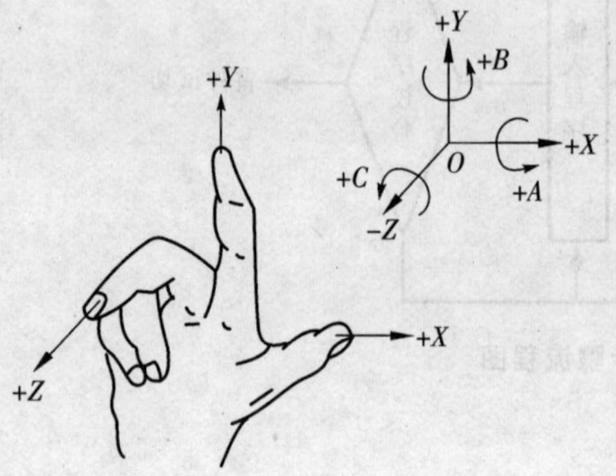

图 3-2 右手笛卡儿坐标系

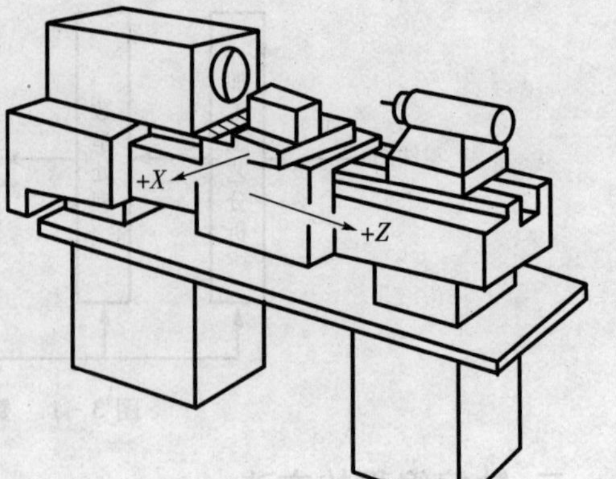

图 3-3 卧式车床坐标系

编程坐标系用来确定编程和刀具的起点。在数控车床上,编程原点一般设在右端面与主轴回转中心线交点 O 上[如图 3-4(a)所示],也可设在零件的左端面与主轴回转中心线交点 O 上[如图 3-4(b)所示]。坐标系以机床主轴线方向为 Z 轴方向,刀具远离零件的方向为 Z 轴的正方向。X 轴位于水平面且垂直于零件旋转轴线的方向,刀具远离主轴轴线的方向为 X 轴正向,如图 3-4 所示。

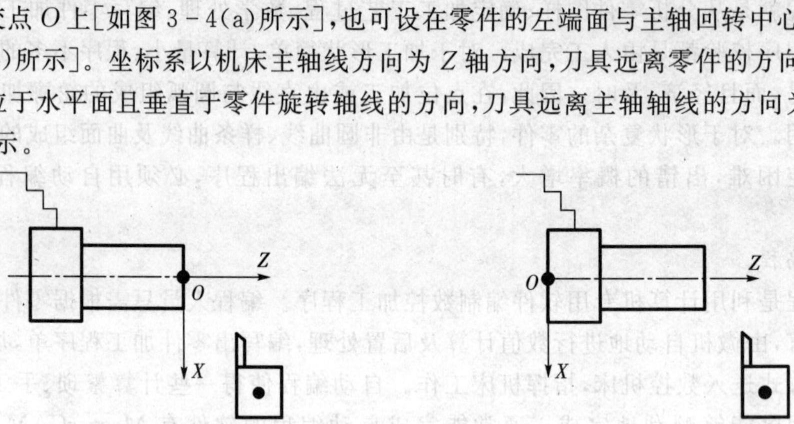

图 3-4 零件原点与零件坐标系

第三节 编程方式的选择

一、绝对坐标方式与增量(相对)坐标方式

(1)绝对坐标系。所有坐标点的坐标值均从编程原点计算的坐标系,称为绝对坐标系。

(2)增量(相对)坐标系。坐标系中的坐标值是相对刀具前一位置(或起点)来计算的,称为增量(相对)坐标系。

编程中可根据图样尺寸的标注方式及加工精度要求选用,绝对坐标方式用 G90 设定,增量坐标方式在西门子系统中用 G91 指令设定,系统默认是绝对坐标方式。绝对坐标方式和相对坐标方式用 G90、G91 进行切换。

二、直径编程与半径编程

在数控车削编程中，X 坐标值有两种表示方式，即直径编程和半径编程。

(1)直径编程。在直径坐标方式编程中，X 值为零件的直径值。由于零件在图样上的标注多为直径表示，所以大多数数控车削系统采用直径编程。常见的西门子系统默认直径编程。该方式用 G23 指令设定。

(2)半径编程。采用半径编程时，X 值为零件半径值或刀具实际位移。半径编程用 G22 指令设定。

三、程序的结构与格式

1. 程序的结构

一个完整的程序由程序名、程序内容和程序结束三个部分组成。例如：

```
SKZX.MPF                                程序名
N0010  G90  G95  M3  S600  F0.25 ┐
N0020  T1D1                      │
N0030  M08                       │
N0040  G0 X44  Z2                │
N0050  G1 Z-66                   ├      程序内容
N0060  X46                       │
N0070  G0 Z2                     │
N0080  M9                        ┘
N0090  M2                               程序结束
```

(1)程序名。在数控系统中通过程序名查阅和调用程序，程序名就像电脑中的文件名一样起到一种标识作用。在西门子 802S/C 中，对于程序名的命名有如下规则：

①开始的两个符号必须是字母。

②其后的符号可以是字母、数字或下划线。

③最多为 8 个字符。

④不得使用分隔符。

例如，SKZX9801.MPF(主程序名，后缀.MPF 可省略)

　　TESK1.SPF(子程序名，后缀.SPF 不可省略)

(2)程序内容。程序内容主要用以控制数控机床自动完成零件的加工，是整个程序的主要部分，它由若干程序段组成。每个程序段由若干程序字组成。每个字又由地址码和若干个数字组成。对于程序字 G1，其中的 G 就是地址码，数字 1 起了区别不同功能的作用。

(3)程序结束。程序结束一般用辅助功能代码 M2(程序结束)和 M30(程序结束，返回起点)等来表示，在子程序中有时用 RET 结束子程序返回主程序。

2. 程序段格式

程序段格式是指一个程序段中的字、字符和数据的书写规则。常使用的是字地址可变程序段格式。它由程序段号字、数据字和程序段结束符组成。该格式的特点是对一个程序段中字的排列顺序要求不严格，数据的位数可多可少，与上一程序段相同的字可以不写。字地址可变程序段格式如下：

N_G_X_Z_F_S_T_M_LF

3.程序段内各字说明

程序段内各字说明见表3-2。

表3-2 程序段内各字说明

字	说明
程序段号字 N	程序段的编号,由地址码和后面的若干位数字表示(例N0010)。程序段的编号一般不连续排列,以5或者10间隔,主要是便于插入语句
准备功能字 G代码	G功能是控制数控机床进行操作的指令,用地址符G和后面的两位数字来表示
尺寸字 X,Z等	尺寸字由地址码、"+"、"-"符号及绝对值或增量值构成,地址码有X、Z、G、R、I、K等
进给功能字 F	表示刀具中心运动时的进给量,由地址码F和后面的若干位数字构成,其单位是mm/min或mm/r
主轴转速功能字 S	由地址码S和后面的若干位数字组成,单位为r/min
刀具功能字 T	表示刀具所处的位置,由地址码T和后面的若干位数字组成
辅助功能字 M	表示一些机床的辅助动作指令,由地址码M和后面的两位数字组成
程序段结束符	写在每段程序之后,表示程序段结束。在使用EIA标准代码时,结束符为"CR";在使用ISO标准代码时,结束符为"LF"或"NL";FANUC系统结束符为";"

第四节 S、F、T、D指令主要功能说明

一、主轴转速指令(S指令)

利用地址S后续数值的指令,可控制主轴的回转速度。如n=500 r/min,其指令表示为S500。一个程序段只可以使用一个S代码,不同程序段可根据需要改变主轴转速。

如果在程序段中不仅有M3或M4指令,而且还有坐标轴运行指令,则M指令在坐标轴运行之前生效。只有在主轴启动之后,坐标轴才开始运行。例如:

N10 G1 X70 Z20 F300 S270 M3(表示在X、Z轴运行之前,主轴以270 r/min启动)

……

N80 S450(表示改变转速)

N170 G0 Z180 M5(表示Z轴运行,主轴停止)

另外,主轴转速还可通过G25和G26来限定极限速度。与此同时,原来设定数据中的数据被覆盖。G25和G26指令均要求为独立程序段,原先编程的转速S保持存储状态,例如:

G25 S50(表示主轴转速下限为50 r/min)

G26 S1500(表示主轴转速上限为1 500 r/min)

二、进给指令(F 指令)

F 功能表示刀具中心运动时的进给量,由地址码 F 和后面若干位数字构成。通常有两种形式:一种是刀具每分钟的进给量,单位是 mm/min,用 G94 指令设定;另一种是主轴每转时刀具的进给量,单位是 mm/r,用 G95 指令设定。在编程中,一个程序段只可使用一个 F 代码,不同程序段可根据需要改变进给量。本书实例均采用主轴每转时刀具的进给量。例如:

N0010 G95 M3 S500 F0.25;表示主轴每转一转,刀具移动 0.25 mm

N0100 G94 M3 S500 F120;表示刀具每分钟移动 120 mm

三、刀具指令(T 指令和 D 指令)

车削加工中要对各种表面进行加工,有粗、精加工之分,需要选择不同的刀具,每把刀具都有特定的刀具号,以便数控系统识别,如图 3-5 所示。T 指令由地址码 T 和后面的若干位数字组成,数字用来表示刀具号数字的位数,由系统决定。在西门子系统中数字为两位,如 T01 表示 1 号刀具,也可以直接写成 T1。一般在系统中运行 T1 指令直接更换刀具,当然有的系统只是让 T 指令进行预选,只有运行 M6 指令时才真正进行换刀。

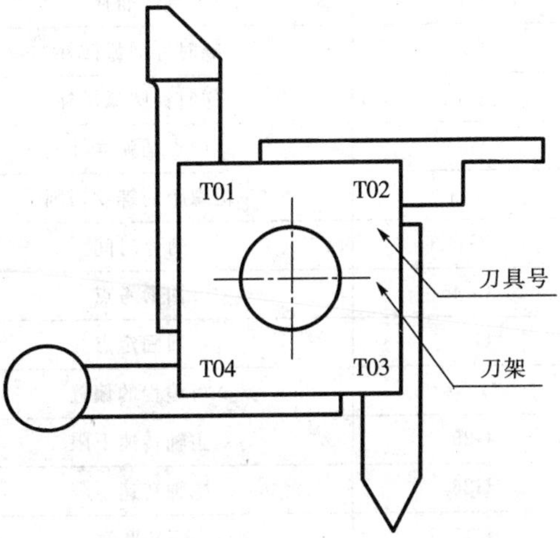

图 3-5 刀具和刀具号

需要注意的是,如果刀具已经激活,则不管是程序结束,还是关机后开机,当前有效的刀具仍然不变。如果手动更换一把刀具,则需要手动输入刀具更换,保证系统检测正确刀具。一般当对完刀后,建议不要用手动换刀,直接用 MDA 方式换刀较为安全。

有时一把刀具有几个刀位点,为了区别不同的刀位点,在编程时要用刀具补偿号 D 进行区分。在西门子 802C 中一个刀具可以匹配 1～9 个不同的补偿数据组,如 D1,D2,…,D9,但系统中最多可以同时存储 30 个刀具补偿数据组。

在程序中一般是刀具号和刀具补偿号同时出现,如 T1D1,没有 D 号则默认为 D1。如果编写 D0,则刀具补偿无效。

第五节 SINUMERIK 802S/C 系统指令代码

SINUMERIK 802S、802C 系列是德国 SIEMENS 公司专为简易数控机床开发的经济型数控系统,两种系统的区别是:802S/Se/S base line 系列采用步进电动机驱动,802C/Ce/C base line 系列采用数字式交流伺服驱动系统,但操作与编程是一样的。

一、准备指令(G代码)

准备功能又称G代码,用来规定刀具和零件的相对运动轨迹(即插补功能)、机床坐标系、刀具补偿功能和固定循环功能等多种操作。

G代码分为模态代码和非模态代码。模态代码表示该G代码在一个程序段中的功能一直保持到取消或被同组的另一个G代码所代替。非模态代码只在有该代码的程序段中有效。

G代码按其功能进行了分组,同组功能的代码可互相代替,但不允许写在同一程序段中。

SINUMERIK 802S/C系统的常用准备功能的有关说明见表3-3。

表3-3 SINUMERIK 802S/C系统常用准备功能

准备功能代码	功能含义	说　明
G0①	快速移动	运动指令(插补方式)模态有效
G1	直线插补	
G2	顺时针圆弧插补	
G3	逆时针圆弧插补	
G5	中点圆弧插补	
G33	恒螺距的螺纹切削	
G4	暂停时间	特殊运行程序段方式有效
G74	回参考点	
G75	回固定点	
G158	可编程的偏置	写存储器程序段方式有效
G25	主轴转速下限	
G26	主轴转速上限	
G17	*XY*平面	平面选择
G18①	*XZ*平面	
G19	*YZ*平面	
G40①	刀尖半径补偿方式取消	刀尖半径补偿模态有效
G41	刀尖半径左补偿	
G42	刀尖半径右补偿	
G500①	取消可设定零点偏置	可设定零点偏置模态有效
G54～G57	可设定零点偏置	
G53	按程序段方式取消可设定零点偏置	取消可设定零点偏置程序段方式有效
G60①	准确定位	准确定位
G64	连续路径方式	定位性能模态有效
G09	准确定位,单程序段有效	程序段方式准停,程序段方式有效
G70	英制尺寸	英制/公制尺寸模态有效
G71①	公制尺寸	
G90①	绝对尺寸	绝对尺寸/增量尺寸模态有效
G91	增量尺寸	
G94	进给率F单位：mm/min	进给率模态有效
G95①	进给率F单位：mm/r	

续表

准备功能代码	功能含义	说　明
G96	恒定切削速度 (F单位 mm/r、S单位 m/min)	恒定切削速度模态有效
G97	删除恒定切削速度	
G22	半径尺寸	径向尺寸:半径/直径模态有效
G23①	直径尺寸	

注:①表示此功能在程序启动时生效(指系统处于供货状态,没有编程新的内容时)。

二、辅助代码(M代码)

辅助代码称M代码,由字母M及其后两位数字组成,这类指令与机床操作的需要有关,如表示主轴旋转方向、启动、停止、切削液的开关等。

数控车床中常用的M功能见表3-4。

表3-4　SINUMERIK802S/C系统常用辅助功能

辅助功能代码	功能含义	说　明
M0	程序暂停	用M0暂停程序的执行,按"启动"键加工继续执行
M1	程序有条件停止	与M0一样,但仅在"条件停(M1)有效"被软件或接口信号触发后才生效
M2	程序结束	主程序结束,返回程序开头
M30	程序结束	
M3	主轴正转	
M4	主轴反转	
M5	主轴停	
M6	更换刀具	在机床数据有效时用M6更换刀具,其他情况下直接用T指令换刀
M8	切削液开	
M9	切削液关	

习　题　三

3.1　简述数控编程的主要内容和步骤。

3.2　数控编程的方法有哪几种?

3.3　简述数控车床坐标系是怎么建立的?

3.4　何谓绝对坐标系与增量坐标系?

3.5　进给功能字F有几种进给速度的表达方法?

3.6　S表示什么功能字?

3.7　简述M0和M1的区别。

第四章　轴套类零件加工程序的编制

学习目标：

1. 掌握简单数控编程尺寸计算方法。
2. 学会轴套类零件的加工工艺的分析方法，掌握刀具及切削用量的选用。
3. 熟练掌握轴套类零件加工的基本编程指令：G0、G1、G4。
4. 掌握 LCYC95 循环指令的使用。
5. 熟悉加工轴套类零件的圆柱、圆锥、倒角、沟槽等编程方法。
6. 了解刀尖圆弧半径的补偿和 G40、G41、G42 指令的使用。

第一节　简单数控编程尺寸计算

编程尺寸计算工作是编程工作中的重要内容之一。通常当图样上的尺寸基准与编程所需要的尺寸基准不一致时，应将图样上尺寸的设计基准、设计尺寸换算为编程坐标系中的尺寸，再进行下一步数学处理。标注尺寸换算分为直接换算和间接换算两种方法。

1. 直接换算

直接换算指直接通过图样上的标注尺寸即可获得编程尺寸的一种方法。通常是取极限尺寸的平均值，即

$$\text{编程尺寸}=\text{基本尺寸}+\frac{\text{上偏差}+\text{下偏差}}{2}$$

由于一般经济型数控的编程尺寸小数点后保留两位小数即可，如果遇到有第三位小数值（或更多位小数），基准孔按照“四舍五入”的方法进位，基准轴则直接将第三位进上。

【例 4－1】 如图 4－1 所示，计算 $\phi 62_{-0.025}^{\ 0}$、$\phi 48_{-0.067}^{-0.050}$ 外圆及 $100_{-0.25}^{\ 0}$、20 ± 0.1 长度的编程尺寸。

【解】 由
$$\text{编程尺寸}=\text{基本尺寸}+\frac{\text{上偏差}+\text{下偏差}}{2}$$

得　$\phi 40_{\ 0}^{+0.039}$ 内孔编程尺寸 $=40+\frac{0.039+0}{2}=40.0195(\text{mm})\approx40.10(\text{mm})$

$\phi 30_{-0.015}^{+0.060}$ 内孔编程尺寸 $=30+\frac{0.060+(-0.015)}{2}=30.0225(\text{mm})\approx30.02(\text{mm})$

$\phi 62_{-0.025}^{\ 0}$ 外圆的编程尺寸 $=62+\frac{0+(-0.025)}{2}=61.9875(\text{mm})\approx61.99(\text{mm})$

$\phi 48_{-0.067}^{-0.040}$ 外圆的编程尺寸 $=48+\frac{(-0.040)+(-0.067)}{2}=47.9465(\text{mm})\approx47.95(\text{mm})$

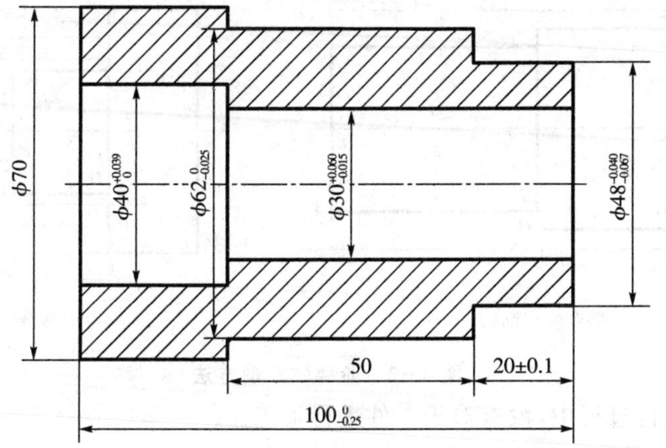

图 4-1 编程尺寸计算

$100_{-0.25}^{0}$长度的编程尺寸$=100+\dfrac{0+(-0.25)}{2}=99.875(\text{mm})\approx 99.88(\text{mm})$

20 ± 0.1长度的编程尺寸$=20+\dfrac{(0.1)+(-0.1)}{2}=20(\text{mm})$

2. 间接换算

间接换算指需要通过平面几何、三角函数等计算方法进行必要的计算后，才能得到其编程尺寸的一种方法。

用间接换算方法所换算出来的尺寸，可以是直接编程时所需要的节点坐标尺寸，也可以是为计算某些节点坐标值所需要的中间尺寸。

第二节 阶梯轴加工程序的编制

一、阶梯轴加工编程的工艺知识

阶梯轴的车削分低台阶车削和高台阶车削两种方法。

(1)低台阶车削。相邻两圆柱体直径差较小时，可用车刀一次切出，即低台阶车削。如图 4-2(a)所示，其加工路线为 $A\rightarrow B\rightarrow C\rightarrow D\rightarrow E$。

(2)高台阶车削。相邻两圆柱体直径差较大时，采用分层切削，即高台阶车削。如图 4-2(b)所示，粗加工路线为 $A_1\rightarrow B_1$, $A_2\rightarrow B_2$, $A_3\rightarrow B_3$，精加工路线为 $A\rightarrow B\rightarrow C\rightarrow D\rightarrow E$。

二、阶梯轴加工的编程方法

1. 快速线性移动指令(G0)

(1)指令格式：G0 X __ Z __

其中 X、Z——目标点(刀具运动的终点)的坐标。

(2)应用：G0 主要用于刀具快速接近工件或快速离开工件。

(3)说明

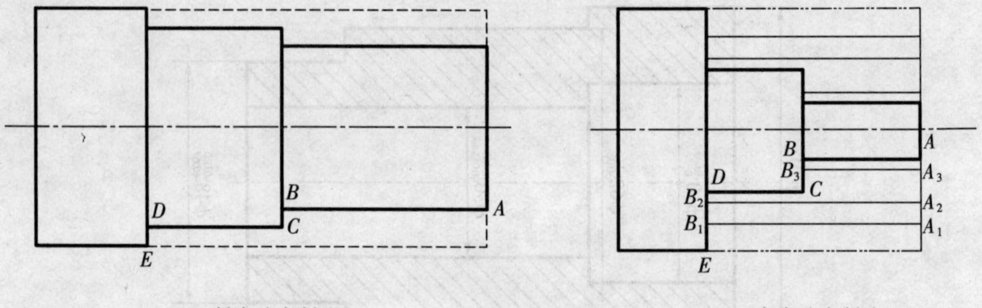

(a)低台阶车削法 (b)高台阶车削法

图 4-2 阶梯轴车削方法

①G0 指令在运行过程中,没有对于工件进行加工。

②可以在几个轴上同时执行 G0 指令,由此产生一线性轨迹。机床数据中规定每个坐标轴快速移动速度的最大值,一个坐标轴运行时就以此速度快速移动。如果 G0 指令同时在两个轴上执行,则移动速度是两个轴可能的最大速度。

③用 G0 快速移动时在地址 F 下编程的进给率无效。

④G0 为模态有效指令。运行时,G0 一直有效,直到被 G 功能组中其他的指令(G1、G2、G3 等)取代为止。

(4)编程要点:车削时,快速移动目标点不能选在工件上,一般要离开零件表面 1～5 mm。

2. 直线插补指令(G1)

(1)指令格式:G1 X__ Z__ F__

其中 X、Z——目标点的坐标;

F——刀具在切削路径上的进给量,根据切削要求确定。

(2)应用:G1 用于完成端面、内圆、外圆、槽、倒角、圆锥面等表面的加工。

(3)说明:G0 与 G1 指令均属同组的模态代码。

3. 编程示例

(1)倒角及精车外圆轮廓

【例 4-2】如图 4-3 所示零件,粗加工后留下 1 mm 精加工余量,利用直线插补指令完成精车倒角及外圆轮廓的加工程序。

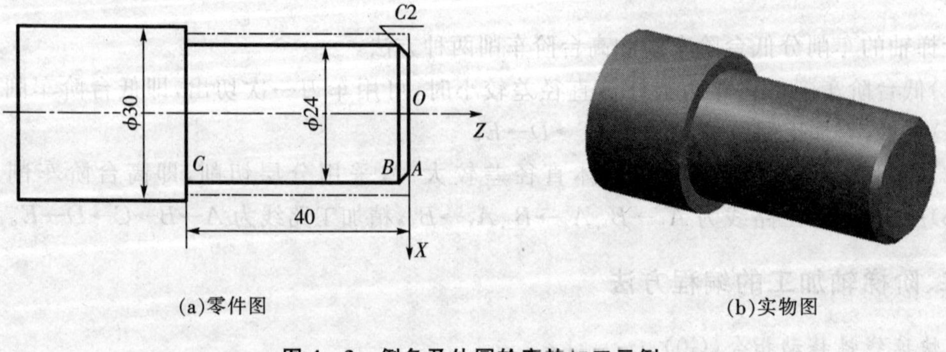

(a)零件图 (b)实物图

图 4-3 倒角及外圆轮廓的加工示例

【解】加工端面、倒角及外圆部分参考程序见表 4-1。

表 4－1　直线方式加工倒角部分参考程序

绝对坐标方式	增量坐标方式	说　明
……	……	
N30 G0 X0 Z2	N30 G0 X0 Z2	刀具快速移动至轴线
N40 G1 Z0 F0.1	N40 G91 G1 Z－2 F0.1	刀具慢速移至 O 点，设进给量为 0.1 mm/r
N50 X20	N50 X20	车端面至 A 点
N60 X24 Z－2	N60 X4 Z－2	车倒角至 B 点
N70 Z－40	N70 Z－38	车ϕ 24 的外圆至 C 点
……	……	

(2)阶梯轴的加工

【例 4－3】加工如图 4－4 所示的阶梯轴，已知材料为 45 钢，毛坯为ϕ 50×100，编写零件的加工程序。

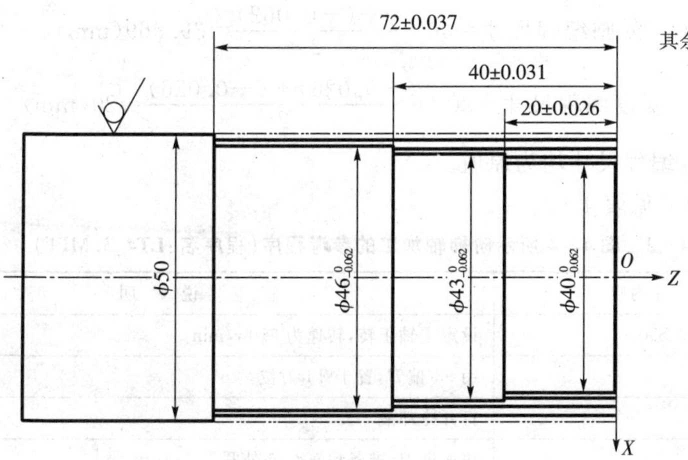

(a)零件图

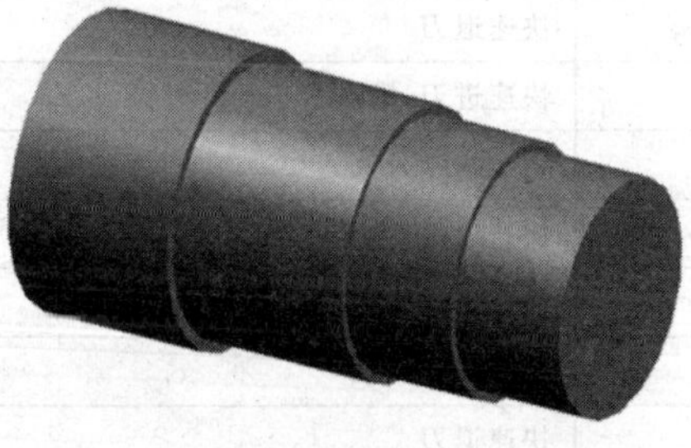

(b)实物图

图 4－4　阶梯轴加工实例

【解】①工艺分析。该零件由不同的外圆柱组成，有一定的尺寸精度和表面粗糙度要求。零件材料为 45 钢，切削加工性能较好，无热处理和硬度要求。

②工艺过程。

a. 用三爪自定心卡盘夹住毛坯ϕ 50 外圆，外伸 80 mm，找正；

b. 对刀，设置编程原点 O 在零件右端面中心；

c. 依次粗车ϕ 46、ϕ 43、ϕ 40，留 1 mm 精车余量；

d. 依次精车ϕ 40、ϕ 43、ϕ 46 各段外圆及端面至要求尺寸。

③刀具选择。选用硬质合金93°偏刀,置于T1号刀位。

④确定切削用量。由表2-1选用切削用量,见表4-2。

表4-2 图4-4所示阶梯轴的切削用量

加工内容	背吃刀量 a_p (mm)	进给量 f (mm/r)	主轴转速 n (r/min)
粗车φ46、φ43、φ40外圆	1.5	0.3	500
精车φ46、φ43、φ40外圆	0.5	0.1	800

⑤尺寸计算。对具有公差的尺寸计算如下:

$$\phi 46 \text{外圆编程尺寸} = 46 + \frac{0 + (-0.062)}{2} = 45.969(\text{mm})$$

$$\phi 43 \text{外圆编程尺寸} = 43 + \frac{0 + (-0.062)}{2} = 42.969(\text{mm})$$

$$\phi 40 \text{外圆编程尺寸} = 40 + \frac{0 + (-0.062)}{2} = 39.969(\text{mm})$$

$$20 \text{长度编程尺寸} = 20 + \frac{(+0.026) + (-0.026)}{2} = 20(\text{mm})$$

同理,40、72长度编程尺寸均为原值。

⑥编程。参考程序见表4-3。

表4-3 图4-4所示阶梯轴加工的参考程序(程序名:LT4_3.MPF)

程序段号	程序内容	说明
N10	G90 G95 M3 S500	设定主轴正转,转速为500 r/min
N20	T1D1	用93°偏刀,置于T1刀位
N30	M8	打开冷却液
N40	G0 X47 Z2	快速进刀,准备粗车φ46外圆
N50	G1 Z−72 F0.3	粗车φ46外圆,设进给量为0.3 mm/r
N60	G0 X48 Z2	快速退刀
N70	X44	快速进刀,准备粗车φ43外圆
N80	G1 Z−40	粗车φ43外圆
N90	G0 X45 Z2	快速退刀
N100	X41	快速进刀,准备粗车φ40外圆
N110	G1 Z−20	粗车φ40外圆
N120	G0 X42 Z2	快速退刀
N130	X39.969 S800	快速进刀,设定主轴转速为800 r/min,准备精车φ40外圆
N140	G1 Z−20 F0.1	精车φ40外圆至要求尺寸,设进给量为0.1 mm/r
N150	X42.969	精车φ43端面至要求尺寸
N160	Z−40	精车φ43外圆至要求尺寸
N170	X45.969	精车φ46端面至要求尺寸
N180	Z−72	精车φ46外圆至要求尺寸
N190	X50	精车φ50端面至要求尺寸
N200	G0 X200 Z100	快速退刀,回换刀点
N210	M2	程序结束

第三节　外圆锥面加工程序的编制

一、外圆锥面加工编程的工艺知识

1. 圆锥台参数及圆锥尺寸的计算

如图 4－5 所示，常用的圆锥台参数有：

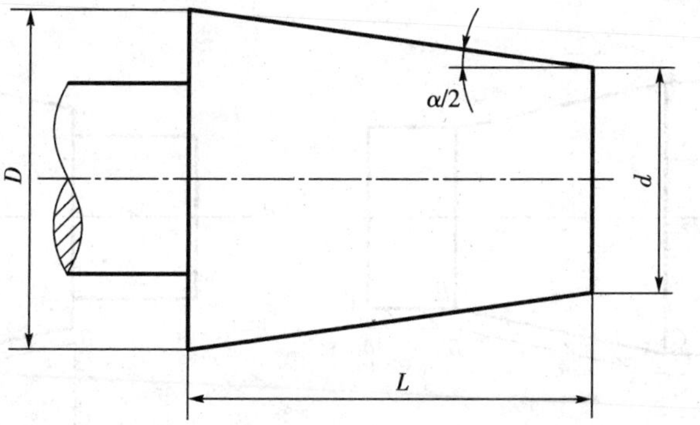

图 4－5　圆锥台参数

①圆锥台最大直径 D。

②圆锥台最小直径 d。

③圆锥台长度 L。

④圆锥半角 $\alpha/2$，$\tan(\alpha/2)=(D-d)/2L$。

⑤锥度 C。锥度是圆锥台最大直径和最小直径之差与圆锥台长度 L 的比值，即 $C=(D-d)/L$。

加工圆锥台时，一般要确定圆锥台起点和终点的坐标值，如图 4－6 所示，其中锥度 $C=1/5$。

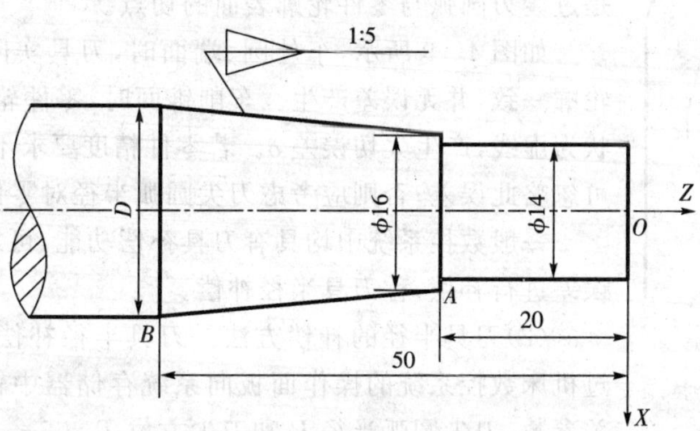

图 4－6　圆锥台加工尺寸计算

图 4－6 中，A 点坐标为：$X=16$，$Z=-20$。

因为　　$C=(D-d)/L$，$L=50-20=30(\text{mm})$

所以　　$D=d+C\times L=16+30/5=22(\text{mm})$

因此,B 点坐标为 $X=22$,$Z=-50$。

2. 刀具选择

用数控车床加工圆锥面时,使用的刀具一般与车削阶梯轴时的刀具相同。车削倒锥时,要注意选用副偏角较大的刀具,使刀具副切削刃不与锥面相碰。

3. 加工路线的确定

外圆锥面有正锥[图 4-7(a)]和倒锥[图 4-7(b)]两种情况。

用数控车床加工外圆锥时,其锥度由加工锥体的起点和终点坐标决定。如图 4-7(a)所示,粗加工时直接形成锥体轮廓,加工路线为 $A'\to B'\to C'\to D'$,并留有一定的精车余量,精加工路线为 $A\to B\to C\to D$。加工倒锥时,如图 4-7(b)所示,要注意退刀路线的合理安排,避免刀具与零件碰撞。

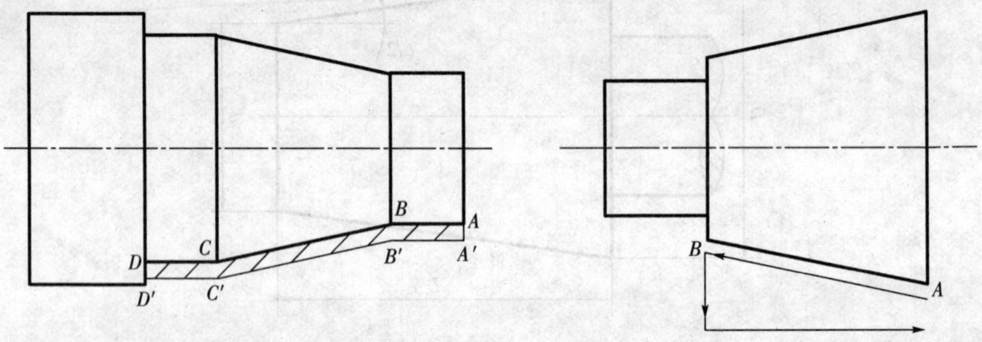

(a)车正锥加工路线　　(b)车倒锥加工路线

图 4-7　外圆锥面加工路线

二、外圆锥面加工编程方法

1. 刀尖圆弧半径补偿

(1)刀尖圆弧半径补偿概念。为了延长车刀使用寿命,选用刀具的刀尖不可能绝对尖锐,总有一个圆弧过渡刃,如图 4-8 所示。因此,刀具车削时,实际切削点是过渡刃圆弧与零件轮廓表面的切点。

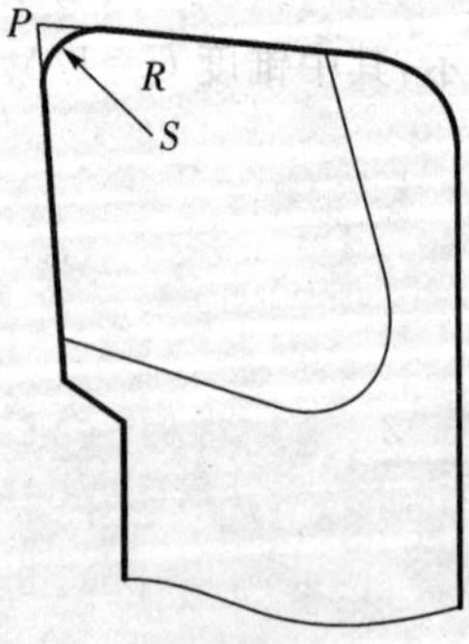

P—理论刀尖点;
R—刀尖过渡圆弧半径;
S—刀尖圆弧中心

图 4-8　假想刀尖与圆弧过渡刃

如图 4-9 所示,车外圆、端面时,刀具实际切削刃的轨迹与零件轮廓一致,并无误差产生。车削锥面时,零件轮廓为实线,实际车出形状为虚线,产生欠切误差 δ。若零件精度要求不高或留有精加工余量,可忽略此误差;否则应考虑刀尖圆弧半径对零件形状的影响。

一般数控系统中均具有刀具补偿功能,可对刀尖圆弧半径引起的误差进行补偿,称刀具半径补偿。

(2)刀具半径的补偿方法。刀具半径补偿的方法是在加工前,通过机床数控系统的操作面板向系统存储器中输入刀具半径补偿的相关参数:刀尖圆弧半径 R 和刀尖方位 T。

编程时,按零件轮廓编程,并在程序中采用刀具半径补偿指令。当系统执行程序中的半径补偿指令时,数控装置读取存储器中相应刀具号的半径补偿参数,刀具自动沿刀尖方位 T 方向,偏离零件轮廓一个刀尖圆弧半径值 R,如图 4-10 所示,刀具按刀尖圆弧圆心轨迹运动,加工出所要求的零件轮廓。

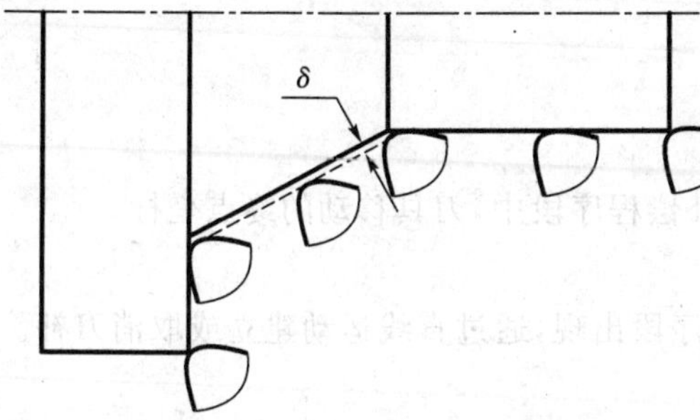

图 4-9　车圆锥产生的误差

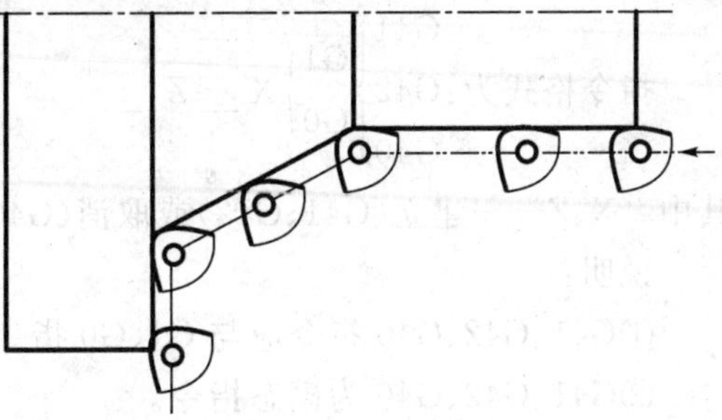

图 4-10　刀尖圆弧半径补偿

(3)刀具半径补偿参数及设置

①刀尖半径：补偿刀尖圆弧半径大小后，刀具自动偏离零件轮廓半径距离。因此，必须将刀尖圆弧半径尺寸值输入系统的存储器中。一般粗加工取 0.8 mm，半精加工取 0.4 mm，精加工取 0.2 mm。若粗、精加工采用同一把刀，一般刀尖半径取 0.4 mm。

②车刀形状和位置：车刀形状不同，决定刀尖圆弧所处的位置不同，执行刀具补偿时，刀具自动偏离零件轮廓的方向也就不同。因此，也要把代表车刀形状和位置的参数输入到存储器中。车刀形状和位置参数称为刀尖方位 T。如图 4-11 所示，共有 9 种，分别用参数 0～9 表示，P 为理论刀尖点。CK6132 数控机床常用刀尖方位 T 为：外圆右偏刀 $T=3$，镗孔右偏刀 $T=2$。

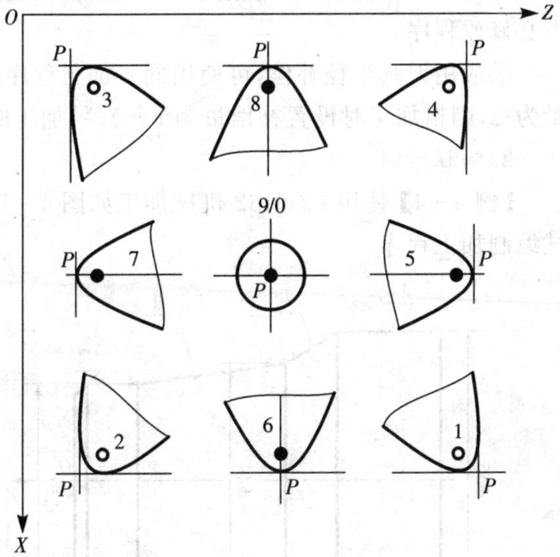

图 4-11　车刀的形状和位置

(4)刀具半径补偿指令(G41、G42、G40)。如图 4-12 所示，顺着刀具运动方向看，刀具在零件的左边称左补偿，使用 G41 左补偿指令；刀具在零件的右边称右补偿，使用 G42 右补偿指令。G40 为取消刀具半径补偿指令，使用该指令后，G41、G42 指令失效，即假想刀尖轨迹与编程轨迹重合。

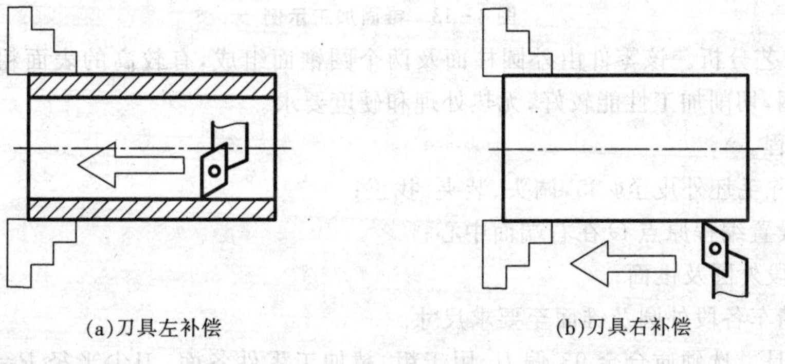

(a)刀具左补偿　(b)刀具右补偿

图 4-12　刀具半径补偿

指令格式为：$\left.\begin{matrix}G41\\G42\\G40\end{matrix}\right\}\left\{\begin{matrix}G1\\G0\end{matrix}\right\}$X __ Z __

其中　X、Z——建立(G41、G42)或取消(G40)刀具补偿程序段中,刀具移动的终点坐标。

说明:

①G41、G42、G40 指令应与 G1、G0 指令在同程序段出现,通过直线运动建立或取消刀补。

②G41、G42、G40 为模态指令。

③G41、G42 不能同时使用。即在程序中,前面程序段有了 G41 后,就不能接着使用 G42,应先用 G40 指令解除 G41 刀补状态后,才可使用 G42 刀补指令。

(5)刀具半径补偿的其他应用

①当刀具磨损或刀具重磨后,刀尖圆弧半径变大,只需重新设置刀尖圆弧半径的补偿量,而不必修改程序。

②应用刀具半径补偿,可使用同一加工程序,对零件轮廓分别进行粗、精加工。若精加工余量为 Δ,则粗加工时设置补偿量为 $r+\Delta$;精加工时设置补偿量为 r 即可。

2. 编程示例

【例 4-4】使用 CK6132 机床加工如图 4-13 所示零件,已知毛坯为φ60×75,材料 45 钢,试编制加工程序。

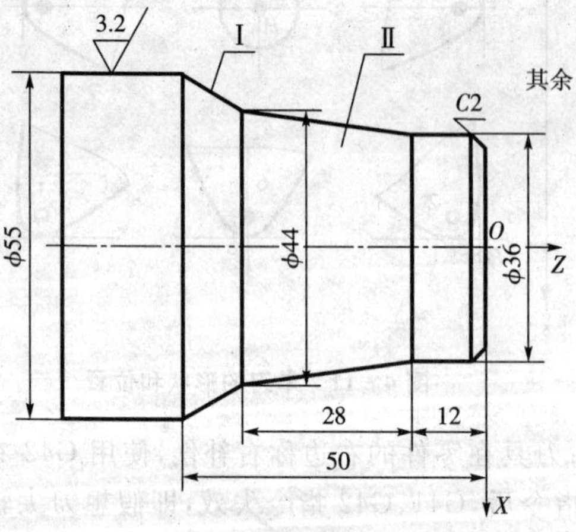

(a)零件图

(b)实物图

图 4-13　锥面加工示例

【解】①工艺分析。该零件由外圆柱面及两个圆锥面组成,有较高的表面粗糙度要求。零件材料为 45 钢,切削加工性能较好,无热处理和硬度要求。

②加工过程。

a. 手动去除毛坯外皮至φ55,调头、装夹、找正;

b. 对刀,设置编程原点 O 在右端面中心;

c. 粗车各段外圆及锥面;

d. 倒角,精车各段外圆及锥面至要求尺寸。

③选择刀具。选硬质合金 93°偏刀,用于粗、精加工零件各面,刀尖半径 $R=0.4$ mm,刀尖方位 $T=3$,置于 T1 刀位。

④确定切削用量。由于背吃刀量较大,因此由表 2-1 选用较小的进给量和主轴转速,见

表 4-4。

表 4-4　图 4-13 所示锥面的切削用量

加工内容	背吃刀量 a_p (mm)	进给量 f (mm/r)	主轴转速 n (r/min)
粗车φ36 外圆及各段锥面	≤2	0.25	500
精车φ36 外圆及各段锥面	0.5	0.1	800

⑤编程。参考程序见表 4-5。

表 4-5　图 4-13 所示锥面加工的参考程序(程序名:LT4_4.MPF)

程序段号	程序内容	说　明
N10	G90 G95 M3 S500	主轴正转,转速为 500 r/min
N20	T1D1	换 1 号刀具
N30	M8	打开冷却液
N40	G42 G0 X51 Z2	建立刀具右补偿,刀具快进,准备粗车φ44 外圆第一刀
N50	G1 Z−40 F0.25	粗车φ44 外圆第一刀,进给量为 0.25 mm/r
N60	X55 Z−50	粗车圆锥Ⅰ第一刀
N70	G0 Z2	快速退刀
N80	X47	快速进刀,准备粗车φ44 外圆第二刀
N90	G1 Z−40	粗车φ44 外圆第二刀
N100	X55 Z−50	粗车圆锥Ⅰ第二刀
N110	G0 Z2	快速退刀
N120	X45	快速进刀,准备粗车φ44 外圆第三刀
N130	G1 Z−40	粗车φ44 外圆第三刀
N140	X55 Z−50	粗车圆锥Ⅰ第三刀
N150	G0 Z2	快速退刀
N160	X41	快速进刀,准备粗车φ36 外圆第一刀
N170	G1 Z−12	粗车φ36 外圆第一刀
N180	X45 Z−40	粗车圆锥Ⅱ第一刀
N190	G0 Z2	快速退刀
N200	X37	快速进刀,准备粗车φ36 外圆第二刀
N210	G1 Z−12	粗车φ36 外圆第二刀
N220	X45 Z−40	粗车圆锥Ⅱ第二刀
N230	G0 Z2	快速退刀
N240	X0	快速进刀,准备车端面
N250	G1 Z0 S800	慢速进刀至端面,设主轴转速为 800 r/min,准备精车
N260	X32 F0.1	车端面,设进给量为 0.1 mm/r
N270	X36 Z−2	车倒角
N280	Z−12	精车φ36 外圆
N290	X44 Z−40	精车锥面Ⅰ
N300	X55 Z−50	精车锥面Ⅱ
N310	G40 G1 X56	取消刀具补偿
N320	G0 X200 Z100	回换刀点
N330	M2	程序结束

第四节　毛坯粗车循环——LCYC95 循环

对于加工余量较大的毛坯,刀具常常反复执行相同的动作,需要编写很多相同或相似的程序段,为了简化程序,缩短编程时间,用一个或几个程序段指定刀具做反复切削动作,这就是循环指令的功能。本节着重介绍 SINUMERIK 802S/C 系统中的 LCYC95 循环。

一、功能介绍

用 LCYC95 循环可以在坐标轴平行方向加工由子程序编程的轮廓,可以进行纵向和横向加工,也可以进行内外轮廓的加工。可以选择不同的切削工艺方式,如粗加工、精加工或者综合加工。只要刀具不发生碰撞,可以在任意位置调用此循环。调用循环之前,必须在所调用的程序中已经激活刀具补偿参数。

二、调　用

LCYC95 循环的时序过程如图 4-14 所示。

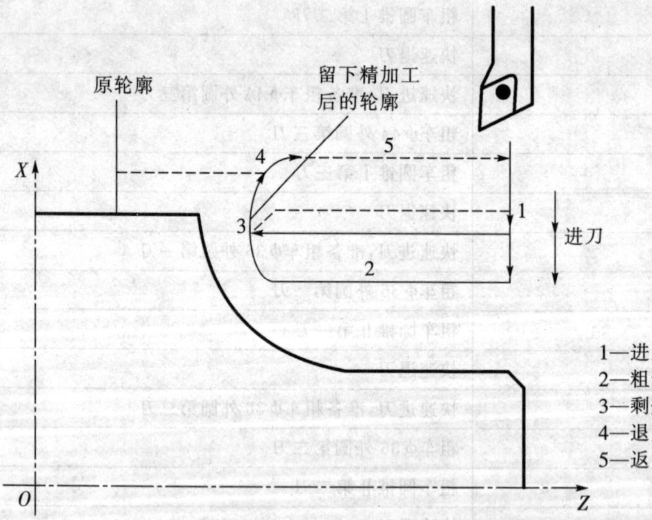

图 4-14　LCYC95 循环的时序过程

三、前提条件

(1)直径编程 G23 指令必须有效。

(2)系统中必须已经装入 SGUD. DEF("循环"磁盘中提供)。

(3)程序嵌套中至多可以从第三级程序界面中调用循环(两级嵌套)。

四、参　数

LCYC95 循环的参数如表 4-6 所示。

表 4-6　LCYC95 循环的参数

参数	含义及数值范围
R105	加工类型，数值 1～12
R106	精加工余量，无符号
R108	进刀深度，无符号
R109	粗加工切入角，在端面加工时该值必须为零
R110	粗加工时的退刀量
R111	粗切进给率
R112	精切进给率

五、参数说明

(1)R105。R105 包括纵向加工/横向加工、外部加工/内部加工、粗加工/精加工/综合加工等数种加工方式。

在纵向加工时进刀总是在横向坐标轴方向进行，在横向加工时进刀则在纵向坐标轴方向进行。具体加工方式选择见表 4-7。

表 4-7　切削加工方式

数值	纵向加工/横向加工	外部加工/内部加工	粗加工/精加工/综合加工
1	纵向	外部	粗加工
2	横向	外部	粗加工
3	纵向	内部	粗加工
4	横向	内部	粗加工
5	纵向	外部	精加工
6	横向	外部	精加工
7	纵向	内部	精加工
8	横向	内部	精加工
9	纵向	外部	综合加工
10	横向	外部	综合加工
11	纵向	内部	综合加工
12	横向	内部	综合加工

如果该参数编程了其他值，则循环中断并给出报警“61002”(加工方式错误编程)。

(2)R106。通过参数 R106 可以设定一个精加工余量(单边余量)。

在精加工余量之前的加工均为粗加工。当每个坐标轴平行方向的粗加工过程结束之后，其所产生的余量按与轮廓平行的方向立即精加工去除。如果没有设定精加工余量，则一直进行粗加工，直至最终轮廓。

(3)R108。在参数 R108 之下设定粗加工最大可能的进刀深度，但当前粗加工中所用的进刀深度则由循环自动计算出来。

(4)R109。粗加工时的进刀按照参数 R109 下编程的角度进行。当进行端面加工时，不可以成一角度进给，该值必须设为零。

(5)R110。坐标轴平行方向的每次粗加工之后均须从轮廓退刀，然后用 G0 返回到起始点。在此，由参数 R110 确定退刀量的大小。

(6)R111。粗加工切削的进给率由参数 R111 编程的数值大小决定。加工方式为精加工时，该参数无效。

(7)R112。精加工切削的进给率由参数 R112 编程的数值决定。加工方式为粗加工时，该参数无效。

六、轮廓定义

在一个子程序中编程待加工的工件轮廓，循环通过变量_CNAME 名下的子程序名调用子程序。轮廓由直线或圆弧组成，并可以插入圆角和倒角。编程的圆弧段最大可以为四分之一圆。轮廓中不允许含退刀槽切削。若轮廓中包含退刀槽切削，则循环停止运行并报警：61605 “轮廓定义出错”。轮廓的编程方向必须与精加工时所选择的加工方向一致。

七、编程举例

【例 4-5】已知零件毛坯ϕ120×160，材料为 45 钢。采用 LCYC95 循环，编制图 4-15 所示零件的粗、精加工程序。

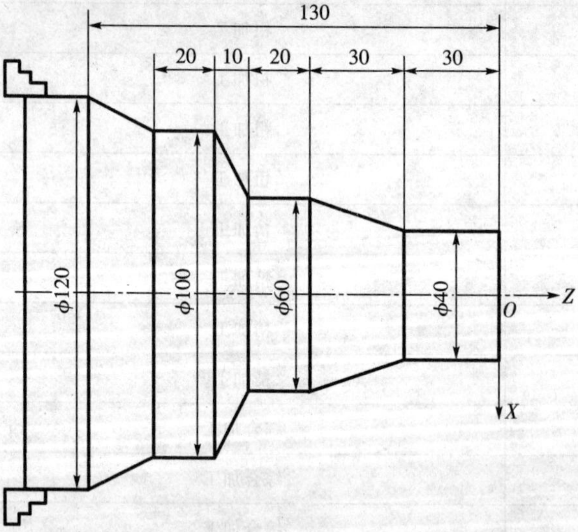

(a)零件图

(b)实物图

图 4-15 毛坯粗车循环加工实例

【解】①选择刀具。选硬质合金 93°偏刀，刀尖半径 $R=0.4$ mm，刀尖方位 $T=3$，置于 T1 刀位。

②确定切削用量。计算主轴转速，取 $v_c=100$ m/min，则：

$$n=\frac{1000\times v_c}{\pi D}=\frac{1000\times 100}{\pi\times 120}\approx 265.4(\text{r/min})$$

所以，选用切削用量见表 4-8。

表 4-8　图 4-15 所示零件的切削用量

加工内容	背吃刀量 a_p (mm)	进给量 f (mm/r)	主轴转速 n (r/min)
粗车各段外圆及锥面	≤2.5	0.2	500
精车各段外圆及锥面	0.25	0.15	800

③编程。参考程序见表 4-9、表 4-10。

表 4-9　图 4-15 所示毛坯粗车循环加工的主程序(程序名:LT4_5.MPF)

程序段号	程序内容	说　明
N10	G90 G95 M3 S800	设定主轴转速为 800 r/min
N20	T1D1	换 1 号刀具
N30	G0 G42 X115 Z2	到达循环起点,并建立刀具右补偿
	_CNAME=“L11”	调用子程序 L11
	R105=9 R106=0.25 R108=2.5	设置 R 参数
	R109=7 R110=1 R111=0.2	
	R112=0.15	
N50	LCYC95	调用 LCYC95 循环
N60	G0 G40 X200 Z100	退回换刀点,取消刀具补偿
N70	M2	程序结束

表 4-10　图 4-15 所示毛坯粗车循环加工的子程序(程序名:L11.SPF)

程序段号	程序内容	说　明
N10	G1 X0 Z0	子程序轮廓编程
N20	X40	
N30	Z-30	
N40	X60 Z-60	
N50	Z-80	
N60	X100 Z-90	
N70	Z-110	
N80	X120 Z-130	
N90	M2	返回主程序

第五节 槽与切断加工程序的编制

一、槽加工编程的工艺知识

1. 槽的种类

根据沟槽宽度不同,槽有窄槽和宽槽两种。

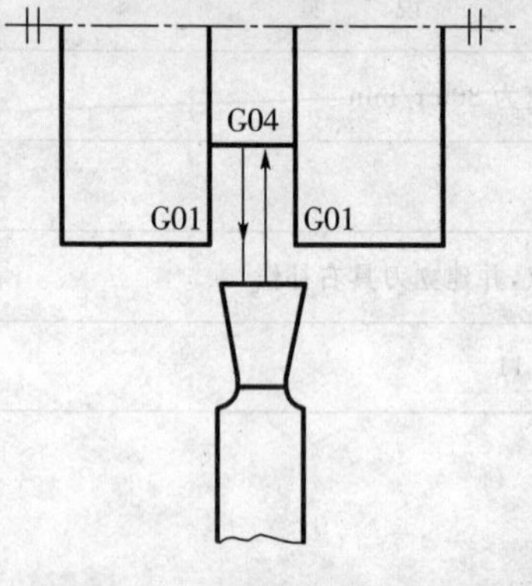

图 4-16 窄槽的加工方法

(1)窄槽。宽度不大,采用刀头宽度等于槽宽的车刀一次车出的沟槽称为窄槽。

(2)宽槽。宽度大于切槽刀头宽度的沟槽称为宽槽。

2. 槽的加工方法

(1)窄槽的加工方法。

如图 4-16 所示,加工窄槽用 G1 指令直进切削。精度要求较高时,切槽至尺寸后,用 G4 指令使刀具在槽底停留几秒钟,以光整槽底。

(2)宽槽的加工方法。如图 4-17(a)所示,加工宽槽要分几次进刀,每次车削轨迹在宽度上应略有重叠,并要留精加工余量,最后精车槽侧和槽底,如图 4-17(b)所示。

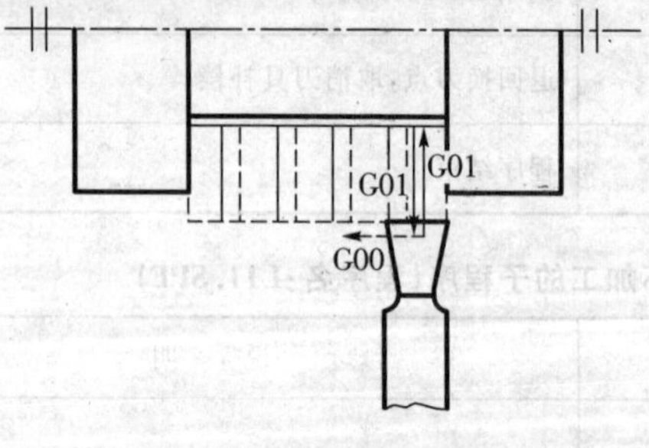

(a)粗加工

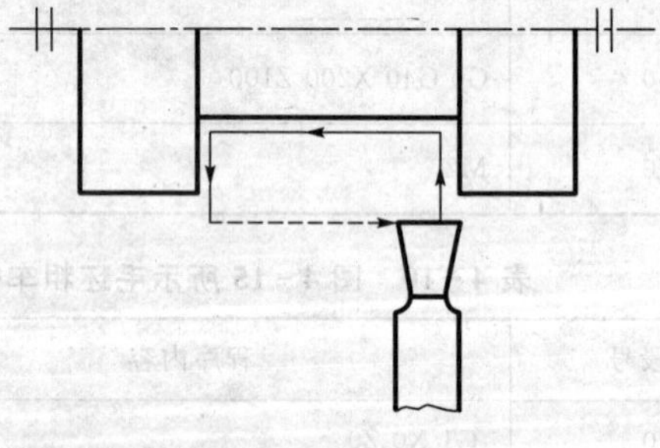

(b)精加工

图 4-17 宽槽的加工方法

3. 刀具的选择及刀位点的确定

切槽及切断选用切刀,切刀有左右两个刀尖及切削中心处的三个刀位点,如图 4-18 所示。在编写加工程序时要采用其中之一作为刀位点,一般常用刀位点 1。

4. 切槽与切断编程中应注意的问题

①在整个加工程序中应采用同一个刀位点。

②注意合理安排切槽后的退刀路线,避免刀具与零件碰撞,造成车刀及零件的损坏,如图 4-19 所示。

③切槽时,刀刃宽度、切削速度和进给量都不宜太大,具体可参考表 2-1。

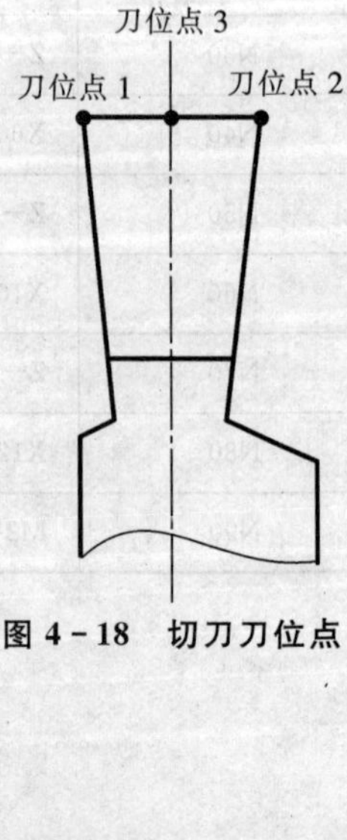

图 4-18 切刀刀位点

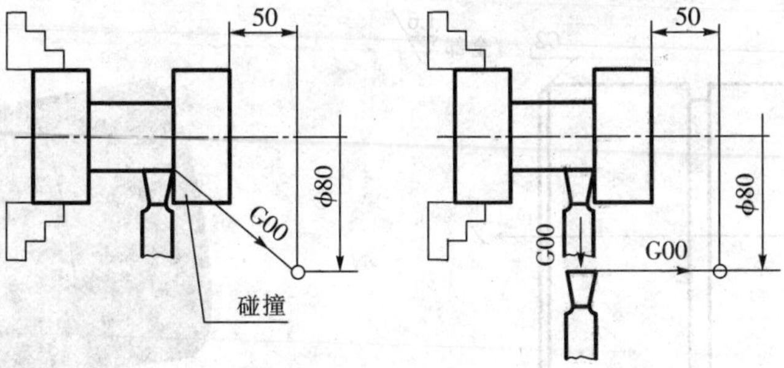

(a)产生碰撞　　(b)避免碰撞的方法

图 4-19　槽形零件产生碰撞实例

二、槽加工的编程方法

1. 进给暂停指令(G4)

(1)功能介绍。通过在两个程序段之间插入一个 G4 程序段，可以使加工中断给定的时间，常用于车槽、锪孔等加工，刀具相对零件做短时间的无进给光整加工，以降低表面粗糙度及工件圆柱度。

G4 程序字(含地址 F 或 S)只对自身程序段有效，并暂停所给定的时间。在此之前编程的进给量 F 和主轴转速 S 保持存储状态。

(2)指令格式:G4　F__

G4　S__

其中　F——暂停时间(s);

S——暂停主轴转数。

(3)编程举例

N10 G1 Z－50 S300 M3 F200

N20 G4 F2.5

N30 Z70

N40 G4 S30

N50 X100

(4)说明。G4 S__只有在受控主轴情况下才有效。

2. 编程示例

(1)窄槽加工

【例 4-6】编写如图 4-20 所示零件的加工程序。已知毛坯尺寸 ϕ 65×90，材料为 45 钢。

【解】①工艺分析。该零件表面粗糙度要求较高，应分粗、精加工。精加工时，应加大主轴转速，减小进给量，以保证表面粗糙度的要求。

②确定加工过程。

a. 装夹、找正;

b. 对刀，设置编程原点 O 在零件右端面中心;

c. 粗车外圆，车右倒角，精车外圆;

d. 换刀，切槽，车左倒角，切断。

③选择刀具。加工该零件应准备两把刀具。

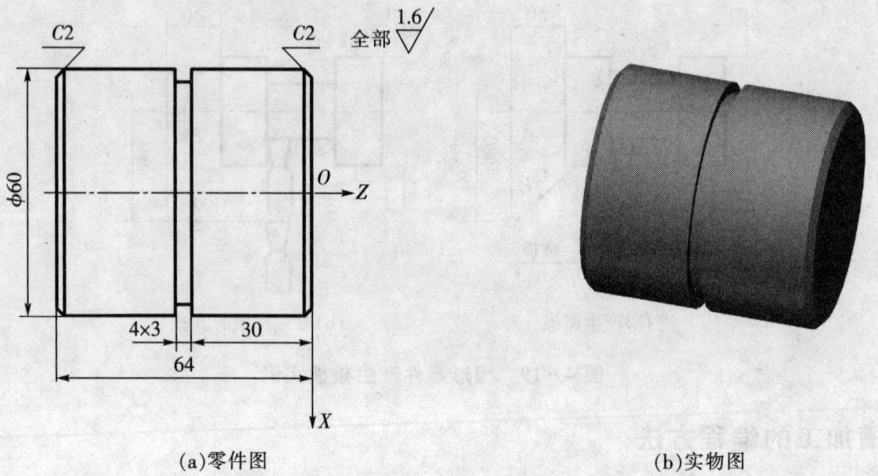

(a)零件图　　(b)实物图

图 4-20　窄槽加工示例

a. 选硬质合金 93°偏刀,用于粗、精加工零件外圆、端面和右倒角,刀尖半径 $R=0.4$ mm,刀尖方位 $T=3$,置于 T1 刀位;

b. 选硬质合金切刀(刀宽为 4 mm),以左刀尖为刀位点,用于加工槽、左倒角及切断,置于 T3 刀位。

④确定切削用量。由表 2-1 选用切削用量,见表 4-11。

表 4-11　图 4-20 所示零件的切削用量

加工内容	背吃刀量 a_p (mm)	进给量 f (mm/r)	主轴转速 n (r/min)
粗车外圆	2	0.25	500
精车外圆	0.5	0.15	800
切槽、切断	4	0.05	300

⑤编程。参考程序见表 4-12。

表 4-12　图 4-20 所示零件加工的参考程序(程序名:LT4_6.MPF)

程序段号	程序内容	说　明
N10	G90 G95 M3 S500	设主轴正转,转速为 500 r/min
N20	T1D1	用 93°偏刀
N30	M8	打开切削液
N40	G42 G0 X61 Z2	设刀具右补偿,快速进刀,准备粗车
N50	G1 Z−68 F0.25	粗车φ60 外圆,设进给量为 0.25 mm/r
N60	G0 X62 Z2	快速退刀
N70	X0 S800	快速进刀,设主轴转速为 800 r/min
N80	G1 Z0 F0.15	慢速进刀,准备车端面,设进给量为 0.15 mm/r
N90	X56	车端面
N100	X60 Z−2	车右倒角
N110	Z−68	精车φ60 外圆至要求尺寸
N120	G40 G1 X65	取消刀具补偿

续表

程序段号	程序内容	说　明
N130	G0 X200 Z100	快速退刀至换刀点
N140	M9	关闭切削液
N150	T3D1	换切刀
N160	M8	打开切削液
N170	G0 X62 Z－34 S300	快速进刀，准备车槽，设主轴转速为 300 r/min
N180	G1 X54 F0.05	切槽至槽底，设进给量为 0.05 mm/r
N190	G4 F2	进给暂停 2 s
N200	G1 X62	退刀
N210	G0 Z－68	移刀
N220	G1 X56	切槽
N230	X62	退刀
N240	G0 Z－66	移刀，准备切倒角
N250	G1 X60	慢速进刀
N260	X56 Z－68	车左倒角
N270	X0	切断
N280	G0 X200 Z100	快速回换刀点
N290	M2	程序结束

(2)宽槽加工编程示例

【例 4－7】编写如图 4－21 所示零件的加工程序。已知毛坯尺寸ϕ65×100，材料为 45 钢。

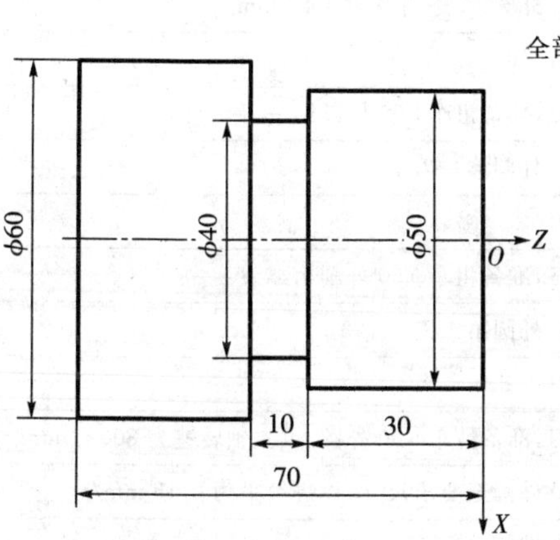

(a)零件图

(b)实物图

图 4－21　宽槽加工示例

【解】①工艺分析。该零件表面粗糙度要求较高，应分粗、精加工。精加工时，提高主轴转速，减小进给量，以保证表面粗糙度的要求。

②加工过程。

a. 装夹、对刀；

b. 粗车各外圆，精车各外圆；

c. 换刀,切宽槽,切断。

③选择刀具。

a. 选硬质合金 93°偏刀,用于加工各外圆、端面,刀尖半径 $R=0.4$ mm,刀尖方位 $T=3$,置于 T1 刀位;

b. 选硬质合金切刀(刀宽为 4 mm),以左刀尖为刀位点,用于加工槽、切断,置于 T3 刀位。

④确定切削用量。由于切削的背吃刀量较大,因此由表 2-1 选用较小的进给量和主轴转速,见表 4-13。

表 4-13 图 4-21 所示零件的切削用量

加工内容	背吃刀量 a_p (mm)	进给量 f (mm/r)	主轴转速 n (r/min)
粗车外圆	2	0.25	500
精车外圆	0.5	0.15	800
切槽、切断	4	0.05	350

⑤编程。参考程序见表 4-14。

表 4-14 图 4-21 所示零件加工的参考程序(程序名:LT4_7.MPF)

程序段号	程序内容	说明
N10	G90 G95 M3 S500	设主轴正转,转速为 500 r/min
N20	T1D1	换 93°偏刀至 1 号刀位
N30	M8	打开切削液
N40	G42 G0 X61 Z2	设刀具右补偿,快速进刀,准备粗车 ϕ60 外圆
N50	G1 Z-74 F0.25	粗车 ϕ60 外圆,设进给量为 0.25 mm/r
N60	G0 X62 Z2	快速退刀
N70	X56	快速进刀,准备粗车 ϕ50 外圆第一刀
N80	G1 Z-40	粗车 ϕ50 外圆第一刀
N90	G0 X58 Z2	快速退刀
N100	X51	快速进刀,准备粗车 ϕ50 外圆第二刀
N110	G1 Z-40	粗车 ϕ50 外圆第二刀
N120	G0 X53 Z2	快速退刀
N130	X50 S800	快速进刀,准备精车 ϕ50 外圆,设主轴转速为 800 r/min
N140	G1 Z-40F0.15	精车 ϕ50 外圆至要求尺寸,设进给量为 0.15 mm/r
N150	X60	精车 ϕ60 端面
N160	Z-70	精车 ϕ60 外圆至要求尺寸
N170	G40 G01 X61	取消刀具补偿
N180	G0 X200 Z100	快速退刀至换刀点
N190	M9	关闭切削液
N200	T3D1	换切刀
N210	M8	打开切削液
N220	G0 X62 Z-34 S350	快速进刀,准备车槽,设主轴转速为 350 r/min

续表

程序段号	程序内容	说　明
N230	G1 X40.3	粗车槽第一刀，设进给量为 0.05 mm/r
N240	X52	退刀
N250	G0 Z−37	移刀
N260	G1 X40.3 F0.05	粗车槽第二刀
N270	X52	退刀
N280	G0 Z−34	移刀
N290	G1 X40	粗车槽第三刀
N300	Z−40	精车槽底
N310	X52	精车槽侧边
N320	G0 X62	快速退刀
N330	Z−74	移刀，准备切断
N340	G1 X0	切断
N350	G0 X200 Z100	快速回换刀点
N360	M2	程序结束

第六节　套类零件的编程方法

一、通孔加工编程示例

【例 4-8】如图 4-22 所示零件，已知材料为 45 钢，毛坯为$\phi 65\times 80$棒料，编写零件的加工程序。

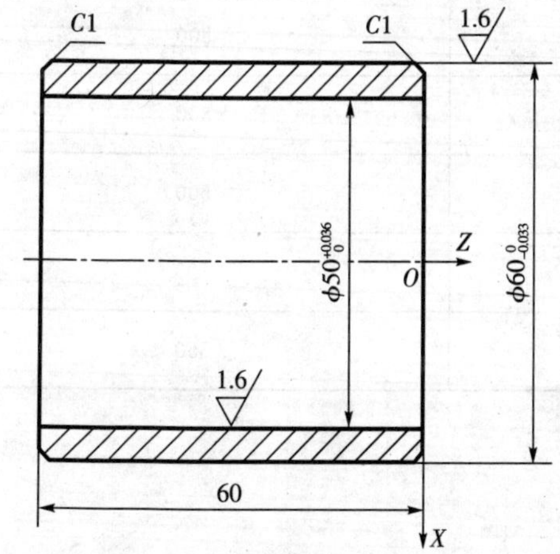

(a)零件图

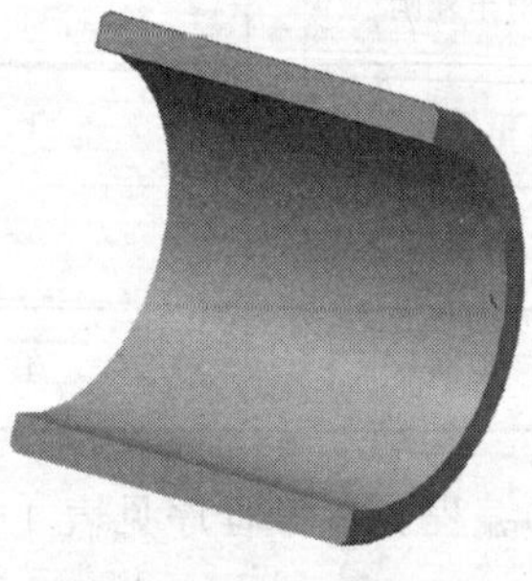

(b)实物图

图 4-22　通孔编程加工示例

【解】①工艺分析。该零件有外圆、倒角、通孔等加工表面,其中ϕ60外圆、ϕ50内孔的表面粗糙度及尺寸精度较高,应分粗、精加工。因通孔直径为ϕ50,可用钻孔→粗镗孔→精镗孔的方式加工。因毛坯料足够长,可采用一次装夹零件完成各表面的加工。

②数值计算。对具有公差的尺寸,由公式编程尺寸=基本尺寸+(上偏差+下偏差)/2计算如下:

$$\phi 60\text{外圆的编程尺寸}=60+\frac{0+(-0.033)}{2}=59.9835(\text{mm})\approx 59.984(\text{mm})$$

$$\phi 50\text{内孔的编程尺寸}=50+\frac{(+0.036)+0}{2}=50.018(\text{mm})$$

③加工过程。

a. 车端面,钻中心孔;

b. 对刀,设置编程原点 O 在零件右端面中心;

c. 用ϕ47钻头手动钻内孔;

d. 换镗刀,镗ϕ50孔至要求尺寸;

e. 粗、精车ϕ60外圆、右倒角;

f. 换切刀,车左倒角、切断。

④选择刀具。

a. 选中心钻,ϕ47钻头置于尾座;

b. 选硬质合金通孔镗刀,刀尖半径 $R=0.4$ mm,刀尖方位 $T=2$,置于T2刀位;

c. 选硬质合金90°偏刀,加工倒角及外圆,刀尖半径 $R=0.4$ mm,刀尖方位 $T=3$,置于T1刀位;

d. 选切刀(刀宽为4 mm),用于加工左倒角及切断,左刀尖为刀位点,置于T3刀位。

⑤确定切削用量。镗内孔因镗孔刀杆较细,应选用较小的进给量,由表2-1选用切削用量,见表4-15。

表4-15 图4-22所示零件的切削用量

加工内容	背吃刀量 a_p (mm)	进给量 f (mm/r)	主轴转速 n (r/min)
粗车外圆	2	0.25	500
精车外圆	0.25	0.1	800
粗镗孔	1	0.2	500
精镗孔	0.5	0.1	800
切断	4	0.05	350

⑥编程。参考程序见表4-16。

表 4-16 图 4-22 所示零件加工的参考程序(程序名:LT4_8. MPF)

程序段号	程序内容	说 明
N10	G90 G95 M3 S500	设主轴正转,转速为 500 r/min
N20	T2D1	换通孔镗刀
N30	M8	打开切削液
N40	G41 G0 X49 Z2	设刀具左补偿,快速进刀,准备粗车ϕ50 孔
N50	G1 Z−64 F0.2	粗车ϕ50 孔,设进给量为 0.2 mm/r
N60	G0 X47 Z2	快速退刀
N70	X50.018 S800	快速进刀,设主轴转速为 800 r/min,准备精车孔
N80	G1 Z−64 F0.1	精车孔,设进给量为 0.1 mm/r
N90	G40 G01 X47	取消刀具补偿
N100	G0 Z2	快速退刀
N110	X200 Z100	回换刀点
N120	M9	关闭切削液
N130	T1D1 S500	换 93°偏刀,设主轴转速为 500 r/min
N140	M8	打开切削液
N150	G42 G0 X61 Z2	设置刀具右补偿,快速进刀,准备粗车ϕ60 外圆
N160	G1 Z−64 F0.25	粗车ϕ60 外圆,设进给量为 0.25 mm/r
N170	G0 X62 Z2	快速退刀
N180	X50 S800	快速进刀,设主轴转速为 800 r/min,准备倒角
N190	G1 Z0	慢速进刀至端面
N200	X57.984	车端面
N210	X59.984 Z−1 F0.1	倒角,设进给量为 0.1 mm/r,准备精车外圆
N220	Z−64	精车ϕ60 外圆
N230	G40 G1 X65	取消刀具补偿
N240	G0 X200 Z100	快速退刀至换刀点
N250	M9	关闭切削液
N260	T3D1	换切刀
N270	M8	打开切削液
N280	G0 X62 Z−64 S350	快速进刀,设主轴转速为 350 r/min,准备切槽
N290	G1 X58 F0.05	车槽,设进给量为 0.05 mm/r
N300	X62	退刀
N310	G0 Z−63	移刀
N320	G1 X59.984	慢速进刀,准备切左倒角
N330	X57.984 Z−64	切左倒角
N340	X48	切断
N350	G0 X200 Z100	快速退刀至换刀点
N360	M2	程序结束

二、阶梯孔加工编程示例

【例 4-9】如图 4-23 所示零件,已知材料为 45 钢,毛坯为ϕ 50×65 棒料,编写零件的加工程序。

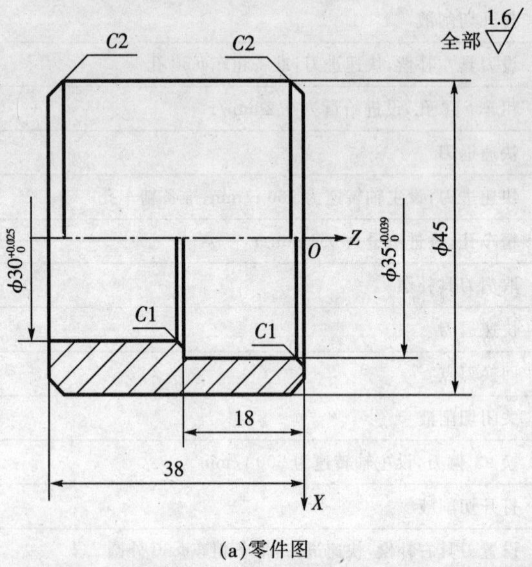

(a)零件图

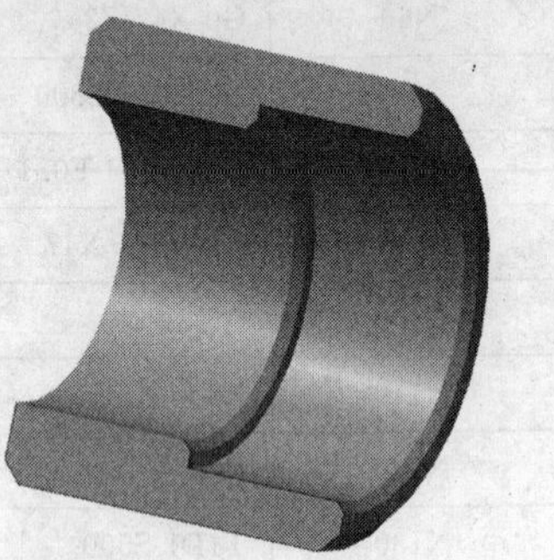

(b)实物图

图 4-23 阶梯孔零件加工示例

【解】①工艺分析。该零件有外圆、台阶孔、内倒角、外倒角等加工表面,表面的粗糙度要求较高,应分粗、精加工。因孔的最小尺寸为ϕ 30,可用钻孔→粗镗孔→精镗孔的加工方式加工。其中ϕ 35、ϕ 30 有尺寸精度要求,取极限尺寸的平均值进行加工。由于棒料较长,可采用一次装夹零件完成各表面的加工。

②数值计算。对具有公差的尺寸,由公式编程尺寸=基本尺寸+(上偏差+下偏差)/2 计算如下:

ϕ 30 外圆的编程尺寸$=30+\dfrac{(+0.025)+0}{2}=30.0125(\text{mm})\approx30.013(\text{mm})$

ϕ 35 外圆的编程尺寸$=35+\dfrac{(+0.039)+0}{2}=35.0195(\text{mm})\approx35.02(\text{mm})$

③确定加工工艺。

a. 车端面,手动钻中心孔;

b. 用ϕ 28 钻头手动钻内孔;

c. 粗、精车外圆、倒角;

d. 换镗刀,粗、精镗阶梯孔;

e. 换切刀,车左外倒角、切断。

④选择刀具。

a. 选中心钻,ϕ 28 钻头置于尾座;

b. 选硬质合金 93°偏刀加工外圆及倒角,刀尖半径 $R=0.4$ mm,刀尖方位 $T=3$,置于 T1 刀位;

c. 选硬质合金不通孔镗刀加工阶梯孔及内倒角,刀尖半径 $R=0.4$ mm,刀尖方位 $T=2$,置于 T2 刀位；

d. 选切刀(刀宽为 4 mm)，车左倒角、切断，置于 T3 刀位。

⑤确定切削用量。镗内孔因镗孔刀杆较细，应选用较小的进给量，由表 2－1 选用切削用量，见表 4－17。

表 4－17　图 4－23 所示零件的切削用量

加工内容	背吃刀量 a_p (mm)	进给量 f (mm/r)	主轴转速 n (r/min)
粗车φ45 外圆	2	0.25	500
精车φ45 外圆	0.5	0.1	800
外倒角	2	0.1	500
粗镗φ35 孔	1.5/1	0.15	500
内倒角	1	0.1	500
精镗φ35、φ30 内孔	0.5	0.1	800
切断	4	0.05	350

⑥编程。参考程序见表 4－18。

表 4－18　图 4－23 所示零件加工的参考程序(程序名:LT4_9.MPF)

程序段号	程序内容	说　明
N10	G90 G95 M3 S500	设主轴正转，转速为 500 r/min
N20	T2D1	换镗刀
N30	M8	打开切削液
N40	G41 G0 X31 Z2	设置刀具左补偿，快速进刀准备粗镗φ35 内孔第一刀
N50	G1 Z－18 F0.15	粗车φ35 内孔，设进给量为 0.15 mm/r
N60	X30	慢速退刀
N70	G0 Z2	快速退刀
N80	X34	快速进刀，准备粗车φ35 内孔第二刀
N90	G1 Z－18	粗车φ35 内孔
N100	X29	慢速进刀，准备粗车φ30 内孔第三刀
N110	G1 Z－42	粗车φ30 内孔
N120	X28	慢速退刀
N130	G0 Z2 S800	快速退刀，设主轴转速为 800 r/min
N140	X37.02	快速进刀，准备车内倒角
N150	G1 Z0 F0.1	慢速进刀至端面准备车内倒角，设进给量为 0.1 mm/r
N160	X35.02 Z－1	车内倒角
N170	Z－18 F0.1	精镗φ35 内孔
N180	X32.013	精镗φ35 内孔端面

续表

程序段号	程序内容	说　明
N190	X30.013 Z−19	车内倒角
N200	Z−42	精镗粗车ϕ30内孔
N210	X28	慢速退刀
N220	G0 Z2	快速退刀
N230	G40 G0 X200 Z100	取消刀具补偿,快速退刀至换刀点
N240	M9	关闭切削液
N250	T1D1	换93°偏刀
N260	M8	打开切削液
N270	G42 G0 X46 Z2	设置刀具右补偿,快速进刀,准备粗车ϕ45外圆
N280	G1 Z−42 F0.25	粗车ϕ45外圆,设进给量为0.25 mm/r
N290	G0 X48 Z2	快速退刀
N300	X41 S800	快速进刀,准备倒角,设主轴转速为800 r/min
N310	G1 Z0 F0.1	慢速进刀至端面,准备倒角,设进给量为0.1 mm/r
N320	X45 Z−2 S800	倒角,设主轴转速为800 r/min,准备精车外圆
N330	Z−42	精车ϕ45外圆
N340	G40 G0 X200 Z100	取消刀具补偿,快速退刀至换刀点
N350	M9	关闭切削液
N360	T3D1	换切刀
N370	M8	打开切削液
N380	G0 X52 Z−42 S350	快速进刀,设主轴转速为350 r/min,准备切槽
N390	G1 X41 F0.05	车槽,设进给量为0.05 mm/r
N400	X47	退刀
N410	G0 Z−40	移刀
N420	G1 X45	慢速进刀,准备车左倒角
N430	X41 Z−42	车左倒角
N440	X28	切断
N450	G0 X200 Z100	快速退刀至换刀点
N460	M2	程序结束

三、内锥面加工编程示例

【例 4-10】如图 4-24 所示零件，已知材料为 45 钢，毛坯为ϕ55×40 棒料，编写零件的加工程序。

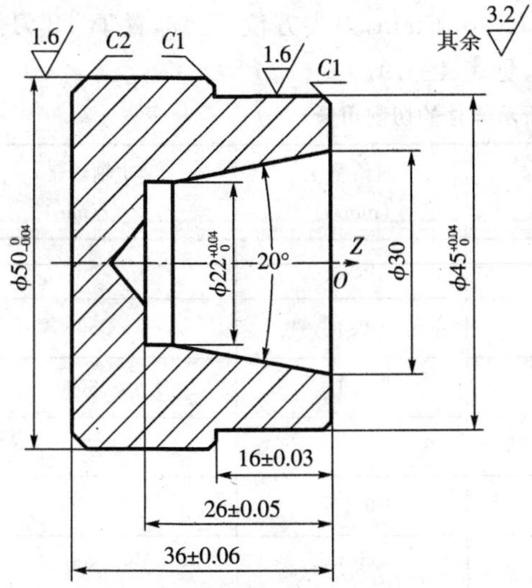

(a)零件图

(b)实物图

图 4-24　内锥面加工编程示例

【解】①工艺分析。该零件有外圆、锥面台阶孔、倒角等加工表面，外圆表面的粗糙度要求较高，应分粗、精加工。孔的最小尺寸ϕ22 可用钻孔、粗镗孔、精镗孔的加工方式加工。由于内孔、外圆尺寸均有尺寸精度要求，且毛坯较短，故采用外圆定位装卡零件完成各表面的加工。

②数值计算。

a. 对具有公差的尺寸，由公式编程尺寸＝基本尺寸＋(上偏差＋下偏差)/2 计算如下：

ϕ50 外圆的编程尺寸$=50+\dfrac{0+(-0.04)}{2}=49.98$(mm)

ϕ45 外圆的编程尺寸$=45+\dfrac{(+0.04)+0}{2}=45.02$(mm)

ϕ22 内圆柱孔的编程尺寸$=22+\dfrac{(+0.04)+0}{2}=22.02$(mm)

b. 计算内锥孔长度：

已知：$D=30$，$d=22.02$，$\alpha=20°$，$\tan\alpha=(D-d)/L$；

则：$L=(D-d)/\tan\alpha=(30-22.02)/\tan 20°\approx 21.92$(mm)

③确定加工工艺。

a. 粗、精车ϕ50 外圆、倒角；

b. 调头，用卡爪垫紫铜片夹持ϕ50 外圆处，找正，夹紧；

c. 手动车端面至定长；

d. 手动钻内孔；

e. 粗、精车ϕ45 外圆、倒角；

f. 换不通孔镗刀，粗、精镗内锥面及ϕ22 内孔。

④选择刀具。

a. 选ϕ20 钻头,置于尾座;

b. 选硬质合金 93°偏刀加工外圆、端面、倒角,刀尖半径 $R=0.4$ mm,刀尖方位 $T=3$,置于T1 刀位;

c. 选硬质合金不通孔镗刀加工孔,刀尖半径 $R=0.4$ mm,刀尖方位 $T=2$,置于 T2 刀位。

⑤确定切削用量。由表 2-2 选用切削用量,见表 4-19。

表 4-19 图 4-24 所示零件的切削用量

加工内容	背吃刀量 a_p (mm)	进给量 f (mm/r)	主轴转速 n (r/min)
粗车ϕ50、ϕ45 外圆	≤2.5	0.25	500
倒角	2/1	0.1	500
精车ϕ50、ϕ45 外圆	0.5	0.1	800
钻孔	—	—	350
粗镗ϕ22 内孔、内锥面	≤1	0.15	500
精镗内锥面、ϕ22 内孔	0.5	0.1	800

⑥编程。参考程序见表 4-20 和表 4-21、表 4-22。

表 4-20 图 4-24 所示零件加工的参考主程序一(程序名:LT4_10L.MPF)

程序段号	程序内容	说　明
N10	G90 G95 M3 S800	设主轴正转,转速为 500 r/min
N20	T1D1	换 93°偏刀
N30	M08	打开切削液
N40	G42 G0 X51 Z2	设置刀具右补偿,快速进刀,准备粗车ϕ50 外圆
N50	G1 Z−20 F0.25	粗车ϕ50 外圆至ϕ50,设进给量为 0.25 mm/r
N60	G0 X53 Z2	快速退刀
N70	X45.98 S800	快速进刀,准备倒角,设主轴转速为 800 r/min
N80	G1 Z0 F0.1	慢速进刀至端面,准备车倒角,设进给量为 0.1 mm/r
N90	X49.98 Z−2	车倒角,准备精车外圆
N100	Z−20	精车ϕ50 外圆
N110	G40 G1 X55	取消刀具半径补偿
N120	M09	关闭切削液
N130	G0 X200 Z100	快速退刀至换刀点
N140	M02	程序结束

表 4-21　图 4-24 所示零件加工的参考主程序二(程序名:LT4_10R.MPF)

程序段号	程序内容	说　明
N10	G90 G95 M3 S500	设主轴正转,转速为 500 r/min
N20	T1D1	换 93°偏刀
N30	M08	打开切削液
N40	G42 G0 X50 Z2	设置刀具右补偿,快速进刀,至粗车ϕ45 外圆起点,粗车第一次进刀,切削量 1.5 mm
N50	G1 Z−16 F0.25	设进给量为 0.25 mm/r
N60	G0 X55 Z2	退刀
N70	X46	粗车第二次进刀
N80	G1 Z−16	粗车ϕ45 外圆
N90	G0 X50 Z2	退刀
N100	X43.02 S800	快速进刀,准备车倒角,设主轴转速为 800 r/min
N110	G1 Z0 F0.1	慢速进刀至端面,准备车倒角,设进给量为 0.1 mm/r
N120	X45.02 Z−1	车倒角
N130	Z−16	精车ϕ45 外圆
N140	X47.98	车端面
N150	X49.98 Z−17	倒角
N160	G40 G1 X55	取消刀具补偿
N170	G0 X200 Z100	快速退刀至换刀点
N180	M09	关闭切削液
N190	T2D1	换镗刀
N200	M08	打开切削液
N210	G41 G0 X18 Z2 S500 F0.15	设置刀具左补偿,快速进刀至循环起点
	_CNAME="L12"	调用子程序 L12
	R105=3.000 R106=0.250 R108=2.500 R109=0 R110=1.000 R111=0.150 R112=0.150	设置 R 参数
N230	LCYC95	调用 LCYC95 循环
N240	S800 F0.1	设主轴转速为 800 r/min 进给量为 0.1 mm/r
N250	L12	调用子程序 L12 精车
N260	G0 X14 Z2	快速退刀
N270	X200 Z100	快速退刀至换刀点
N280	M2	程序结束

表 4-22 图 4-24 所示零件加工的参考主程序二的子程序(程序名:L12.SPF)

程序段号	程序内容	说明
N10	G1 X30 Z0	子程序轮廓编程
N20	X22 Z-21.92	
N30	Z-26	
N40	X15	
N50	M2	返回主程序

四、内沟槽加工编程示例

【例 4-11】如图 4-25 所示零件材料为 45 热轧圆钢,毛坯为ϕ 45×180 棒料,数量 4 件,编写零件的加工程序。

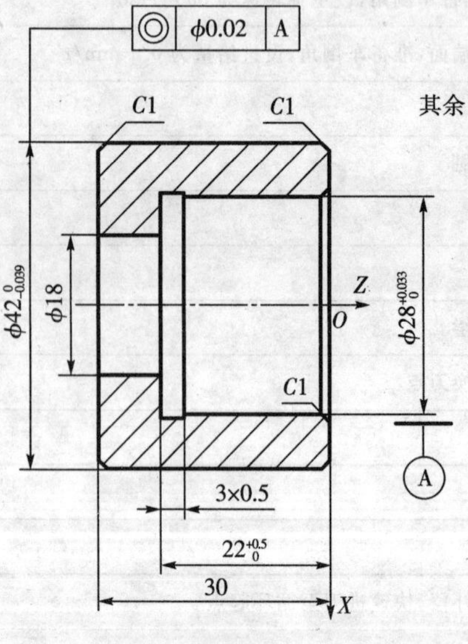

(a)零件图

(b)实物图

图 4-25 孔加工编程示例

【解】①工艺分析。该零件有外圆、孔、内窄沟槽及内、外倒角等加工表面,表面的粗糙度要求较高,应分粗、精加工。因最小孔尺寸为ϕ 18,且ϕ 28 内孔尺寸精度要求高,可用钻孔→粗镗孔→精镗孔的加工方式加工。由于内、外表面有同轴度要求,所以采用一次装卡切断方式完成加工。

②数值计算。对具有公差的尺寸,由公式编程尺寸=基本尺寸+(上偏差+下偏差)/2 计算如下:

ϕ 42 外圆的编程尺寸$=42+\dfrac{0+(-0.039)}{2}=41.9805(\text{mm})\approx41.981(\text{mm})$

ϕ 28 外圆的编程尺寸$=28+\dfrac{(+0.033)+0}{2}=28.0165(\text{mm})\approx28.017(\text{mm})$

22 长度的编程尺寸$=22+\dfrac{(+0.5)+0}{2}=22.25(\text{mm})$

③确定加工工艺。

a. 车端面，钻中心孔；

b. 换ϕ 18 麻花钻钻内孔；

c. 粗、精车外圆；

d. 换镗刀，粗、精镗内孔、内倒角；

e. 换内孔切刀，切内沟槽；

f. 换切刀，车左倒角、切断。

④选择刀具。

a. ϕ 18 钻头置于尾座；

b. 选硬质合金 93°偏刀加工外圆、端面、倒角，刀尖半径 $R=0.4$ mm，刀尖方位 $T=3$，置于 T1 刀位；

c. 选硬质合金不通孔镗刀镗孔、孔底、内倒角，刀尖半径 $R=0.4$ mm，刀尖方位 $T=2$，置于 T2 刀位；

d. 选硬质合金内孔切刀(刀宽为 3 mm)切内槽，以左刀尖为刀位点置于 T4 刀位；

e. 选硬质合金切刀(刀宽为 4 mm)切断，以左刀尖为刀位点置于 T3 刀位。

注：如刀架不能同时容纳这四把刀，则先加工外圆后，暂停程序，将偏刀换为镗刀后，继续执行程序。

⑤确定切削用量。由表 2-1 选用切削用量，见表 4-23。

表 4-23 图 4-25 所示零件的切削用量

加工内容	背吃刀量 a_p (mm)	进给量 f (mm/r)	主轴转速 n (r/min)
粗车ϕ 42 外圆	2.5	0.25	500
精车ϕ 42 外圆	0.5	0.1	800
外倒角	1	0.1	500
粗镗ϕ 28 内孔	1	0.15	500
内倒角	1	0.1	500
精镗ϕ 28 内孔	0.5	0.1	800
内沟槽、切断	—	0.05	300

⑥编程。参考程序见表 4-24、表 4-25。

表 4-24 图 4-25 所示零件加工的参考主程序(程序名:LT4 _ 11.MPF)

程序段号	程序内容	说 明
N10	G95 G90 M3 S500	设主轴正转，转速为 500 r/min
N20	T1D1	换 1 号刀具
N30	M08	打开切削液
N40	G42 G0 X43 Z2	设置刀具右补偿，快速进刀，准备粗车ϕ 42 外圆
N50	G1 Z−34 F0.25	粗车ϕ 42 外圆，设进给量为 0.25 mm/r
N60	G0 X45 Z2	快速退刀

续表

程序段号	程序内容	说　明
N70	X39.981 S800	快速进刀,准备倒角,设主轴转速为 800 r/min
N80	G1 Z0 F0.1	慢速进刀至端面,准备倒角,设进给量为 0.1 mm/r,准备精车外圆
N90	X41.981 Z－1	倒角
N100	Z－34	精车ϕ42 外圆
N110	G40 G0 X200 Z100	取消刀具半径补偿,快速退刀至换刀点
N120	M09	关闭切削液
N130	M01	有条件暂停
N140	T2D1	换镗刀
N150	M8	打开切削液
N160	G0 X18 Z2 M3 S500	到达循环起点,设主轴转速为 500 r/min
	_CNAME＝"L13"	调用子程序 L13
	R105＝3.000 R106＝0.250 R108＝2.500 R109＝7.000 R110＝1.000 R111＝0.150 R112＝0.1	设置 R 参数
N170	LCYC95	调用 LCYC95 循环
N180	G41 G0 X30.017 Z2	设置刀具左补偿,快速进刀
N190	S800 F0.1	设精车主轴转速为 800 r/min,进给量为 0.1 mm/r
N200	L13	调用子程序 L13 精车
N210	G40 G0 X200 Z100	取消刀具补偿,退回换刀点
N220	M09	关闭切削液
N230	T4D1	换内切刀
N240	M08	打开切削液
N250	G0 X17 Z2	快速进刀
N260	Z－22.25 S300	快速进刀,准备切槽,设主轴转速为 300 r/min
N270	G1 X29017 F0.05	车槽第一刀,设进给量为 0.05 mm/r
N280	G4 F2	进给暂停 2 s
N290	G1 X26	退刀
N300	G0 Z2	快速退刀
N310	G0 X200 Z100	快速退刀至换刀点

续表

程序段号	程序内容	说　明
N320	M09	关闭切削液
N330	T3D1	换切刀
N340	M08	打开切削液
N350	G0 X47 Z−34	快速进刀
N360	G1 X39.981 F0.05	切槽,进给量为 0.05 mm/r
N370	G0 X44	退刀
N380	Z−33	移刀
N390	G1 X41.981	慢速进刀至外圆表面,准备车倒角
N400	X39.981 Z−34	车倒角
N410	X18	切断
N420	G0 X200 Z100	快速退刀至换刀点
N430	M02	程序结束

表 4-25　图 4-25 所示零件加工的参考主程序的子程序(程序名:L13.SPF)

程序段号	程序内容	说　明
N10	G1 X30.017 Z0	子程序轮廓编程
N20	X28.017 Z−1	
N30	Z−22.25	
N40	X18	
N50	M2	返回主程序

习　题　四

4.1　填空

(1)阶梯轴加工有________和________两种车削方法。

(2)单件小批量生产,精加工零件轮廓尺寸偏差相差较大的尺寸,编程时应取______值。

(3)G0、G1 指令均属于____态代码。

(4)__________称刀具半径补偿。

(5)CK6132 数控机床常用刀尖方位 T 为:外圆右偏刀 $T=$______,镗孔右偏刀 $T=$______。

(6)G41 为________指令,G42 为________指令,G40 为________指令。

(7)LCYC95 指令主要应用于______毛坯的加工,其中 R105 为______,R106 为

______,R108 为______,R109 为______,R110 为______,R111 为______,R112 为______。

(8)切断刀通常有_____个刀位点,常用_____刀位点。

(9)G4 指令用于____________,为____态代码。

4.2 加工如图 4-26 所示零件,其尺寸如表 4-26 所示,材料 45 钢,选用 CK6132 机床,最大背吃刀量 $a_p \leqslant 2.5$ mm,试编写单件生产加工程序。

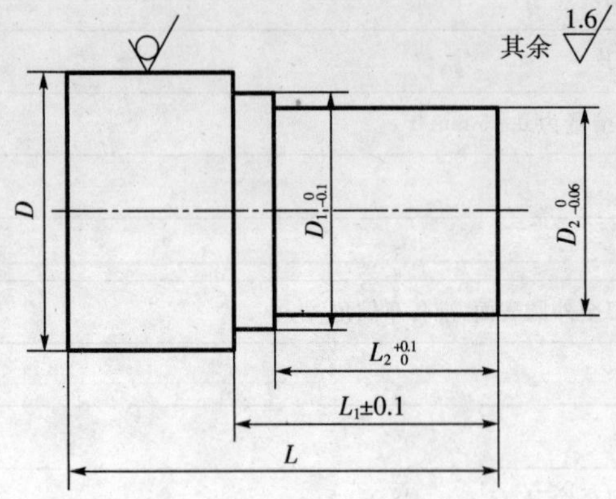

(a)零件图

(b)实物图

图 4-26 题 4.2 图

表 4-26 零件尺寸

件号	毛坯尺寸 $D \times L$	D_1	D_2	L_1	L_2
1	$\phi 80 \times 100$	$\phi 74$	$\phi 70$	72	54
2	$\phi 65 \times 80$	$\phi 60$	$\phi 54$	55	38
3	$\phi 40 \times 65$	$\phi 34$	$\phi 30$	40	34
4	$\phi 35 \times 50$	$\phi 30$	$\phi 26$	28	15
5	$\phi 30 \times 45$	$\phi 26$	$\phi 20$	20	10

4.3 加工如图 4-27 所示零件,毛坯为$\phi 40 \times 80$ 的棒料,材料 45 钢,选用 CK6132 机床,最大背吃刀量 $a_p \leqslant 2.5$ mm。试编写加工程序。

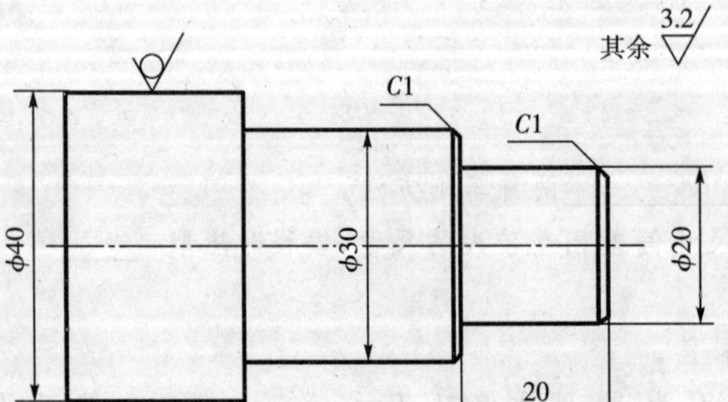

(a)零件图

(b)实物图

图 4-27 题 4.3 图

4.4　编制加工如图 4－28 所示零件的加工程序。已知毛坯为ϕ35×120，材料 45 钢，选用 CK6132 机床，最大背吃刀量 $a_p \leqslant 2$ mm。

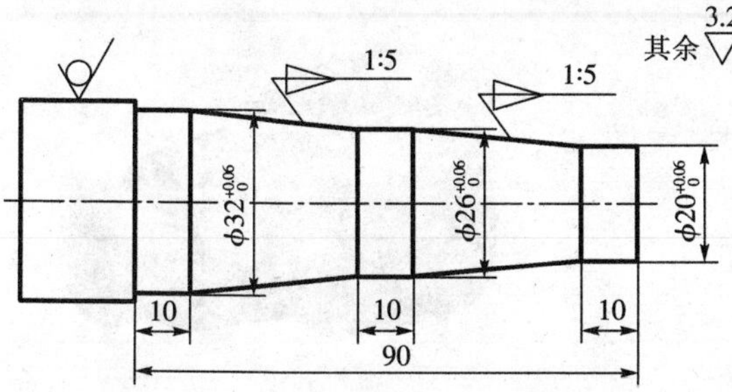

(a)零件图

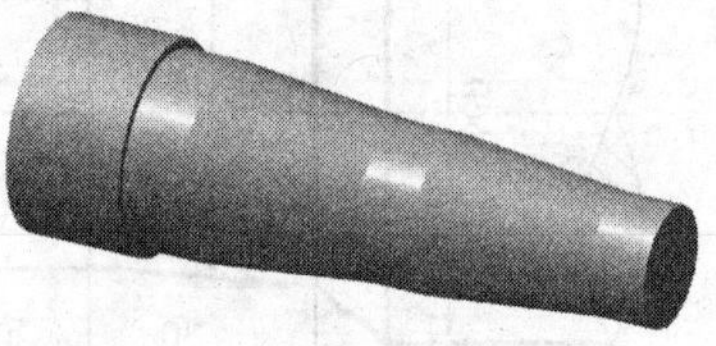

(b)实物图

图 4－28　题 4.4 图

4.5　如图 4－29 所示零件，毛坯为ϕ80×120 的棒料，材料为 45 钢，若加工ϕ60、ϕ40、ϕ20 外圆，试用循环指令编写加工程序。

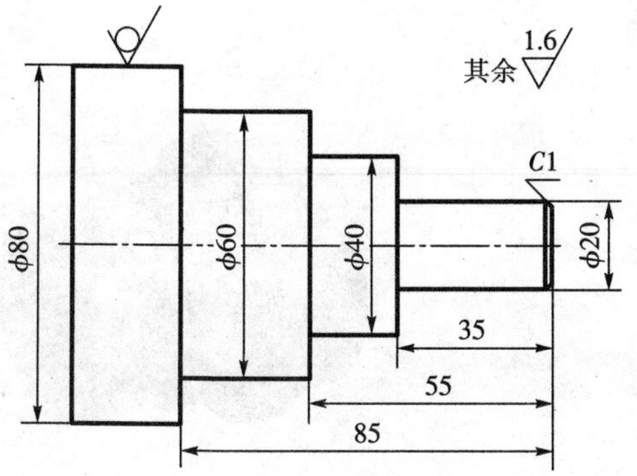

(a)零件图

(b)实物图

图 4－29　题 4.5 图

4.6　如图 4－30 所示零件，毛坯为ϕ60×80 的棒料，材料为 45 钢，若加工ϕ40 外圆及两个锥面，试用循环指令编写加工程序。

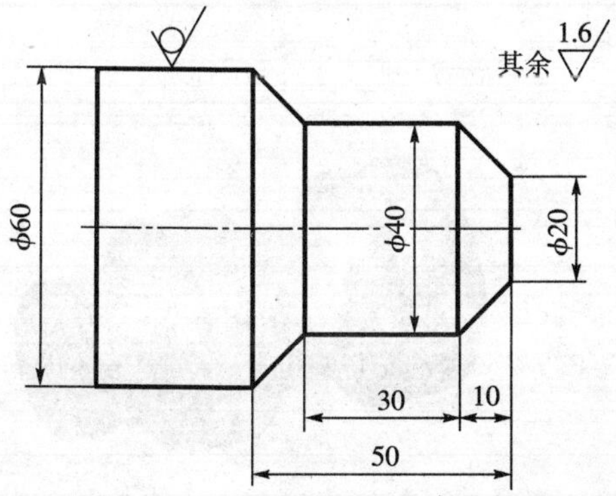

(a)零件图

(b)实物图

图 4－30　题 4.6 图

4.7　已知毛坯为ϕ60×80 的棒料，材料为 45 钢，设 $a_p \leqslant 2.5$ mm，编制如图 4－31 所示零

件的粗、精加工程序。

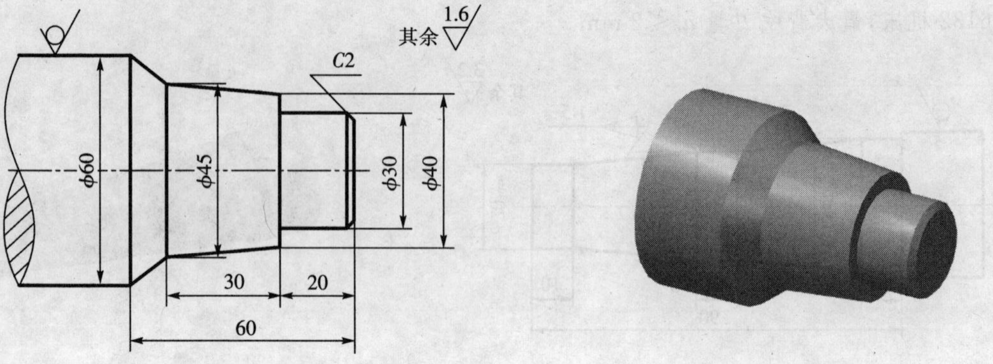

(a)零件图　　(b)实物图

图 4－31　题 4.7 图

4.8　用毛坯为φ85×110 的 45 钢棒料，若 $a_p \leqslant 2$ mm，编制如图 4－32 所示零件的加工程序。

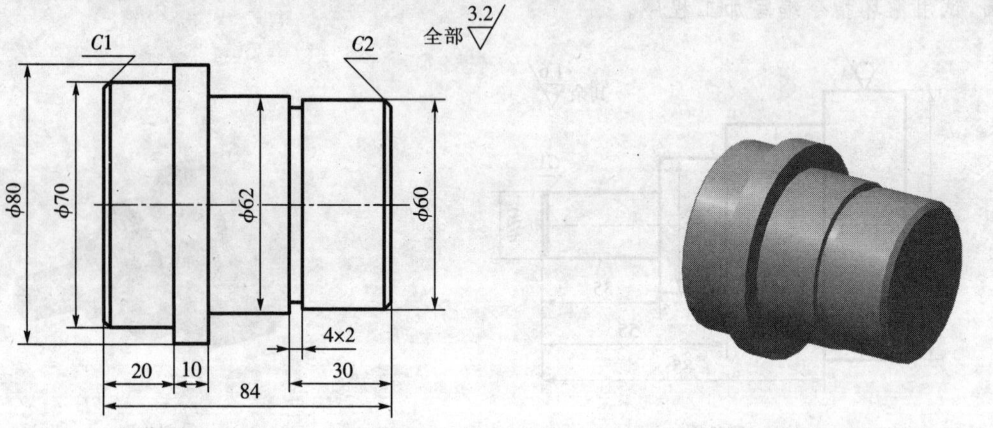

(a)零件图　　(b)实物图

图 4－32　题 4.8 图

4.9　用毛坯为φ40×100 的 45 钢棒料，若 $a_p \leqslant 2$ mm，编制如图 4－33 所示零件的加工程序。

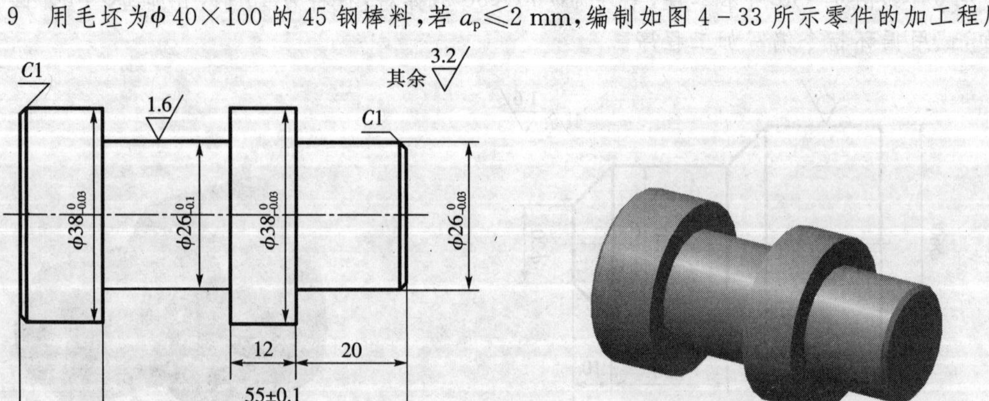

(a)零件图　　(b)实物图

图 4－33　题 4.9 图

4.10　已知材料为45钢，毛坯为$\phi 40 \times 120$棒料，加工如图4-34所示零件4件，编写零件的加工程序。

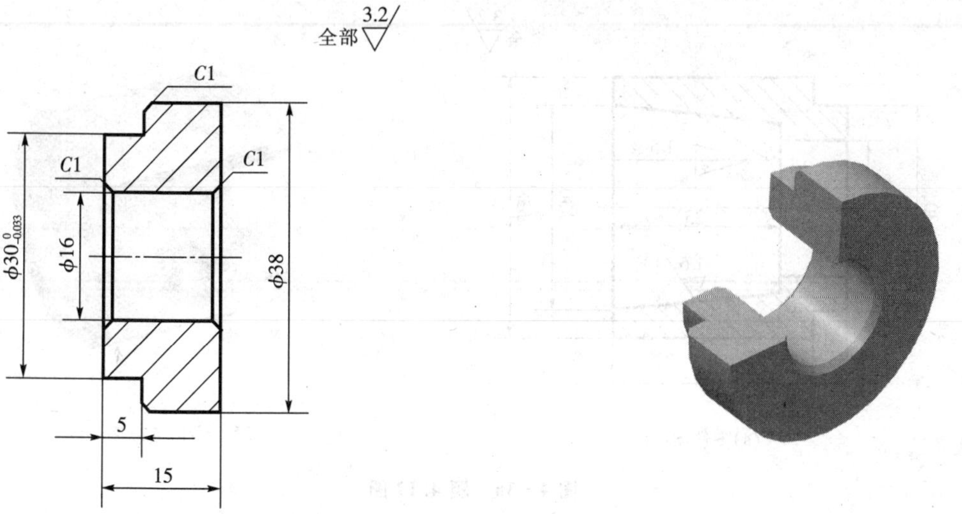

(a)零件图　　(b)实物图

图4-34　题4.10图

4.11　如图4-35所示零件，已知材料为45钢，毛坯为$\phi 40 \times 35$棒料，编写零件的加工程序。

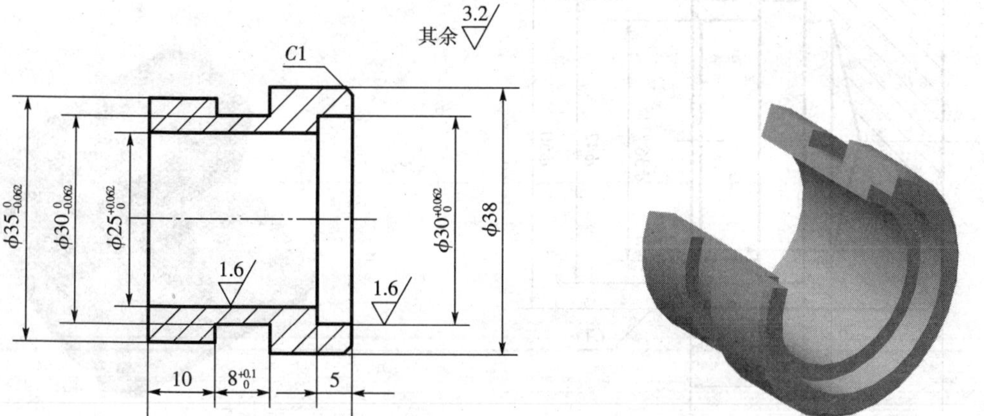

(a)零件图　　(b)实物图

图4-35　题4.11图

4.12 如图 4-36 所示零件，已知材料为 45 钢，毛坯为$\phi 40 \times 40$棒料，编写零件的加工程序。

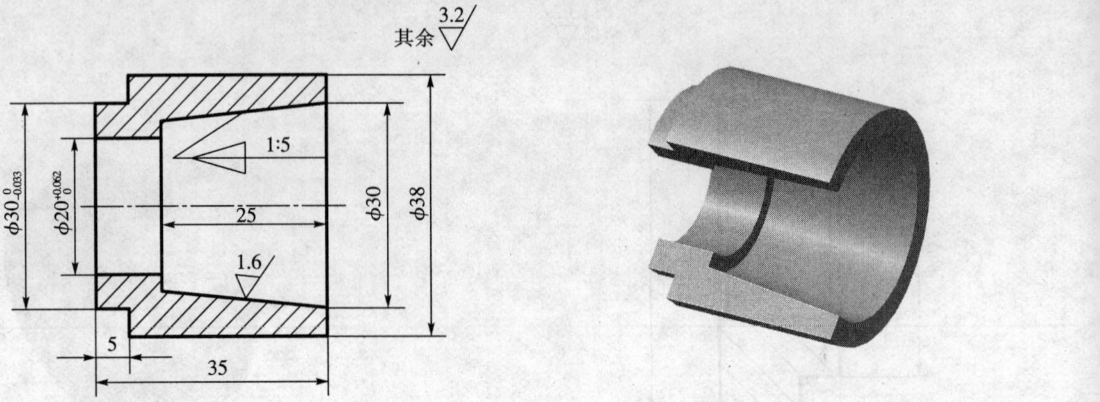

(a)零件图 (b)实物图

图 4-36 题 4.12 图

4.13 如图 4-37 所示零件，已知材料为 45 钢，毛坯为$\phi 55 \times 42$棒料，编写零件的加工程序。

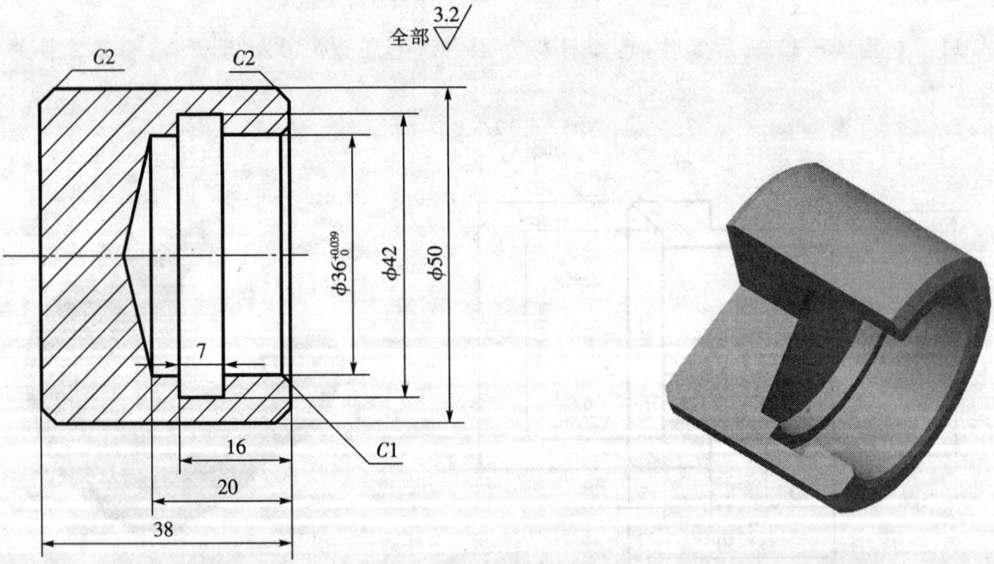

(a)零件图 (b)实物图

图 4-37 题 4.13 图

4.14　如图 4－38 所示零件，已知材质为 45 钢，毛坯为ϕ 55×75 棒料，编写零件的加工程序。

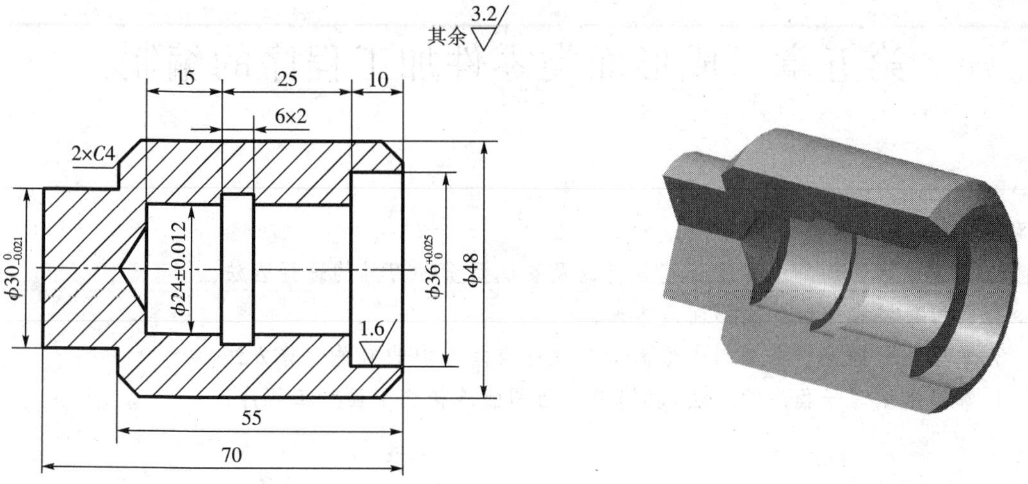

(a)零件图　　(b)实物图

图 4－38　题 4.14 图

4.15　如图 4－39 所示零件，已知材料为 45 钢，毛坯为ϕ 50×37 棒料，编写零件的加工程序。

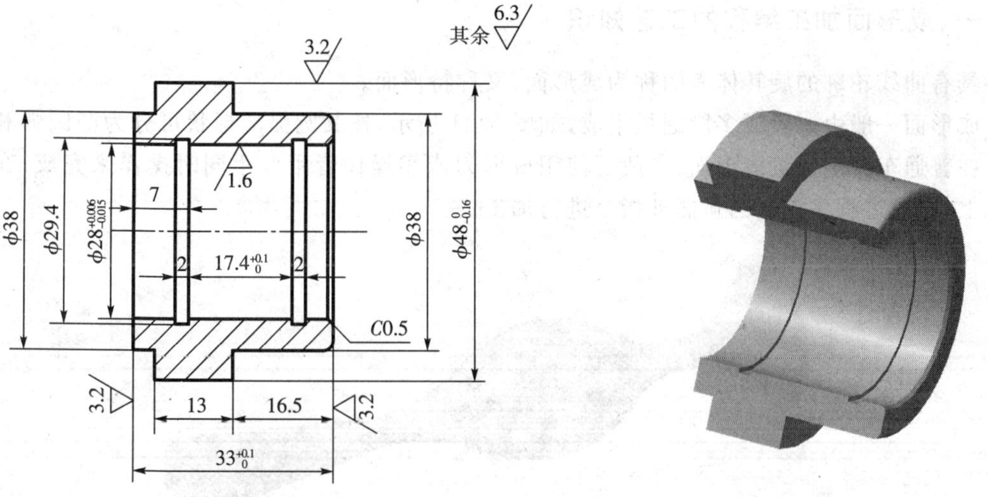

(a)零件图　　(b)实物图

图 4－39　题 4.15 图

第五章　成形面类零件加工程序的编制

学习目标：

1. 掌握成形面加工编程的工艺分析以及切削用量和刀具的选择方法。
2. 掌握数控车床加工成形面的方法。
3. 掌握圆弧插补指令编制成形面加工程序及编程中的有关计算方法。
4. 掌握用编写子程序的方法，以编制凹凸圆弧连接成形面加工程序。

第一节　成形面加工编程基础

一、成形面加工编程的工艺知识

具有曲线轮廓的旋转体表面称为成形面，又称特形面。

成形面一般由一段或多段圆弧组成，如图 5-1 所示，按其圆弧的形状可分为凸圆弧和凹圆弧。在普通车床上加工成形面，一般要使用成形刀或靠操作者用双手同时操作来完成；在数控车床上，则通过程序控制圆弧插补指令进行加工。

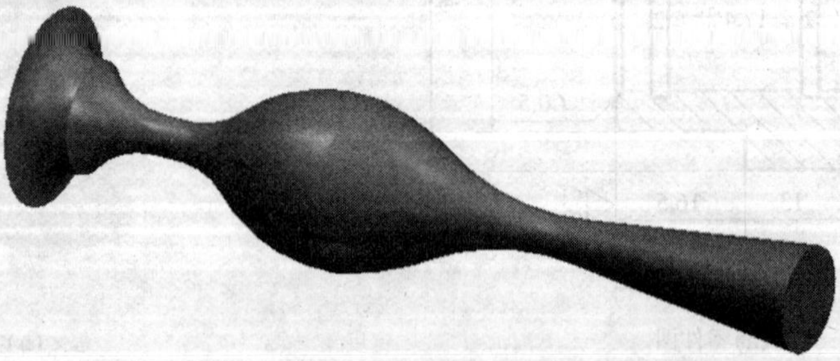

图 5-1　成形面示意图

1. 成形面加工方法

成形面加工一般分为粗加工和精加工。

圆弧加工的粗加工与一般外圆、锥面的加工不同，如图 5-2 所示，曲线加工的切削用量不均匀，背吃刀量过大，容易损坏刀具，要考虑加工路线和切削方法。其总体原则是在保证背吃刀量尽可能均匀的情况下，减少走刀次数及空行程。

(1)粗加工凸圆弧表面。圆弧表面为凸表面时，通常有两种加工方法：车锥法(斜线法)和车圆法(同心圆法)，两种加工方法如图 5-2 所示。

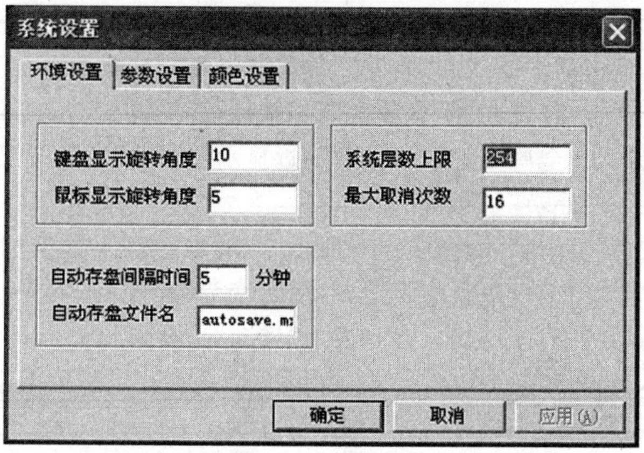

图7-8 对话框

三、工具条

工具条是一组图标型工具的集合。把光标移动到某个图标，稍停片刻即在该图标一侧显示相应的工具提示，若点击该图标，则在状态栏中显示相应的说明和命令名。在工具条中，用户可以通过单击相应的按钮进行操作。工具条可以自定义。

1. 界面上的工具条

界面上的工具条包括：标准工具、仿真控制、曲线工具、数控车、线面编辑、状态工具、显示工具，如图7-9所示。

(1)标准工具条包含了标准的“新建文件”“打开文件”等Windows按钮，也有与系统相关的“颜色设置”等按钮。

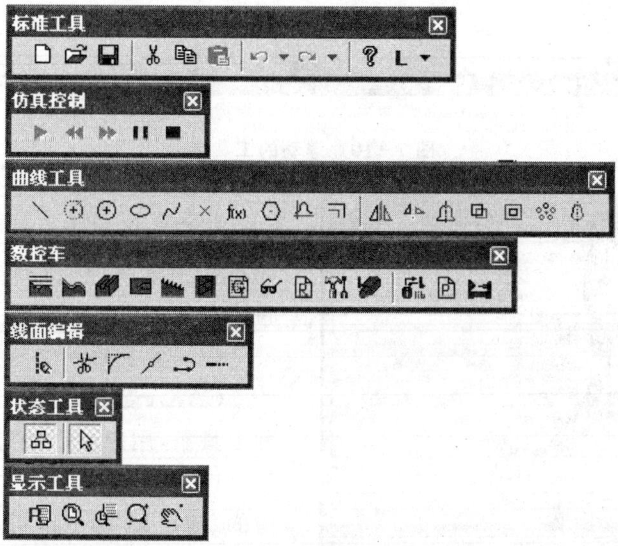

图7-9 工具条

(2)仿真控制条包含了“继续仿真”“上一步”“下一步”“暂停仿真”和“停止仿真”等仿真控制按钮。

(3)曲线工具条包括了“直线”“圆弧”“圆”等丰富的曲线绘制工具及“平面镜像”“阵列”等几何变换操作按钮。

(4)数控车工具条包括了“轮廓粗车”“轮廓精车”“切槽”等相关数控车加工的控制按钮。

(5)线面编辑工具条包括了曲线的“删除”“裁剪”“过渡”“打断”“组合”“拉伸”等编辑工具。

(6)状态工具条包含了“打开/关闭参数栏”和“选择栏”按钮。

(7)显示工具条包括了“全局观察”“放大”“远近显示”“平移”等选择显示方式的按钮。

2.工具条的“固定”与“浮动”

工具条可以在绘图区“浮动”,如图 7－10 所示,此时显示该工具条标题并可以关闭该工具条。用鼠标可以拖动“浮动”工具条到图形边界,使它变为“固定”工具条,此时该工具条标题隐藏。当然,也可以把“固定”工具条拖出,使它成为“浮动”工具条。

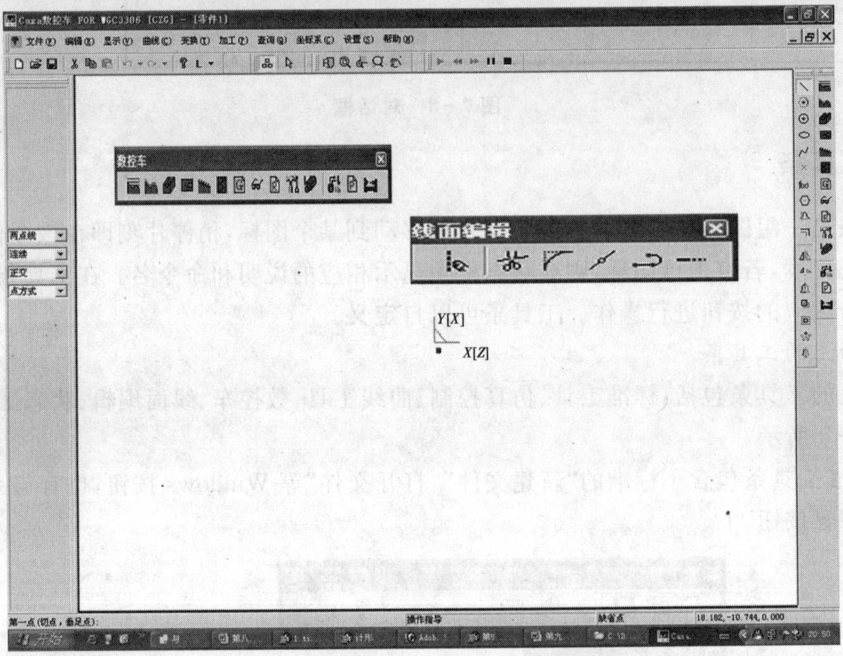

图 7－10　浮动的工具条

3.工具条的布局

用户应按作业的内容和进程,适当选用和布置工具条,获得绘图区与工具条的合理布局。

4.工具条的设置

CAXA 数控车 XP 的标准菜单提供了 8 种工具条,用户可以通过“工具条”对话框(图 7－11)自行设置,其方法是选中“设置”菜单中的“自定义”命令即可。

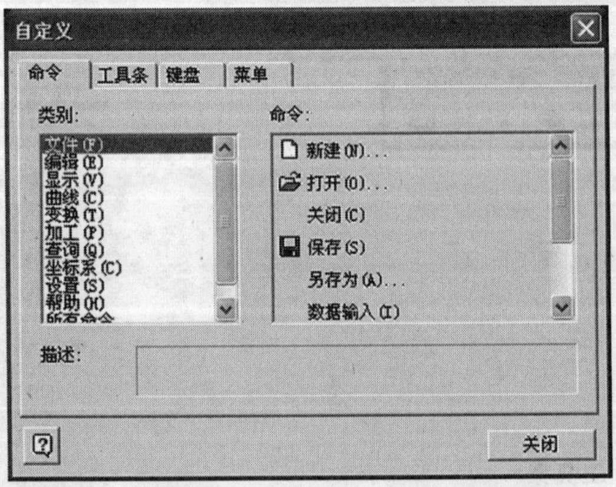

图 7－11　“自定义”对话框

四、绘图区

绘图区显示各种绘图操作的结果。它位于屏幕的中心,并占据了屏幕的大部分面积,为显示全图提供了空间。在绘图区的中央设置了一直角坐标系,默认状态下显示为 XOY 面,并可以在不同的视图间进行切换显示。它的坐标系原点为(0.000,0.000,0.000),用户在操作过程中的所有坐标均以此坐标系的原点为基准。

五、状态显示与提示

1. 当前点的坐标显示区

当前点的坐标显示区位于屏幕底部的状态提示区,当前点的坐标值随鼠标的移动而作动态变化。

2. 操作信息提示区

操作信息提示区位于屏幕的左下角(在绘图区以外),用于提示当前命令执行情况或提示用户输入。

3. 工具菜单状态提示

当前点设置及拾取状态提示位于当前点坐标显示区的右侧,自动提示当前点的性质以及拾取方式。

第四节　CAXA 数控车 XP 的基本操作

一、常用键含义和功能热键

1. CAXA 数控车 XP 常用键含义

(1)鼠标键。鼠标左键可以用来激活菜单、确定位置点、拾取元素等,鼠标右键可以用来确认拾取、结束操作、终止命令。

例如:要运行画直线功能,要先把鼠标光标移动到“直线”图标上,然后按鼠标左键单击,激活画直线功能,这时,在命令提示区出现下一步操作的提示“第一点(切点,垂足点)”,输入第二个位置点,就生成了一条直线。

又如:在删除几何元素时,当拾取完毕,按鼠标右键就可以结束拾取,被拾取到的元素就被删除掉了。

(2)回车键和数值键。回车键和数值键在系统要求输入点时,可以激活一个坐标输入条,在输入条中可以输入坐标值。如果坐标值以@开始,表示输入的是相对坐标(增量方式);在某些情况下也可以输入字符串。

(3)空格键。在系统要求输入点时,按空格键可以弹出点工具菜单,如图 7-12 所示。

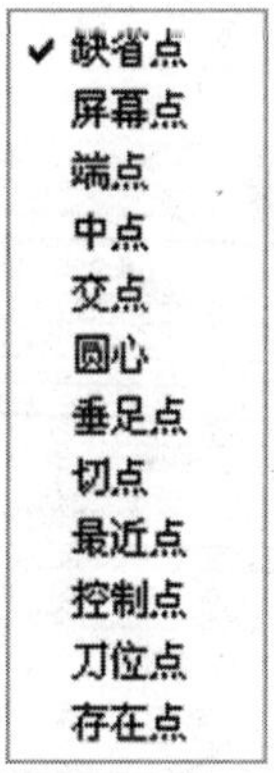

图 7-12　点工具菜单

(4)热键。CAXA 数控车为用户提供热键操作,如用户用“Ctrl+C”就可以执行“复制”命令。对于一个熟练的 CAXA 数控车用户,热键能极大地提高工作效率。用户可以自定义想要的热键。

2. CAXA 数控车 XP 中的功能热键

(1)F3 键:全局观察。

(2)F5 键:将当前面切换至 *XOY* 面,同时将显示平面置为 *XOY* 面,将图形投影到 *XOY* 面内进行显示。

(3)F6 键:将当前面切换至 YOZ 面,同时将显示平面置为 YOZ 面,将图形投影到 YOZ 面内进行显示。

(4)F7 键:将当前面切换至 XOZ 面,同时将显示平面置为 XOZ 面,将图形投影到 XOZ 面内进行显示。

(5)F8 键:显示轴测图,按轴测图方式显示图形。

(6)F9 键:切换当前面,将当前面在 XOY、YOZ、XOZ 之间进行切换,但不改变显示平面。

(7)方向键(↑↓→←):显示平移。

(8)Shift+↑键:显示放大。

(9)Shift+↓键:显示缩小。

二、用户的自定义

考虑到不同的用户有不同的工作习惯以及不同的工作重点,CAXA 数控车 XP 为用户提供了自定义操作。用户可以根据自己的喜好定制不同的菜单、热键和工具条,也可以为特殊的按钮更换自己喜欢的图标。如选中“设置”菜单中的“自定义”,在“自定义”对话框中选择“键盘”属性页,就可以对热键进行设置。下面以把“复制”功能定义为快捷键“Alt+C”为例进行设置,如图 7-13 所示。

(1)选中“设置”菜单中的“自定义”,在“自定义”对话框中选择“键盘”属性页,出现快捷键定义对话框。

(2)在“类别”框中选择“编辑”一项,然后在命令框中选择“复制”项。再单击“按下新加速键”下的输入条。按下“Alt+C”键,则在上栏中显示出该快捷键。

(3)单击“指定”按钮,确定把“复制”功能定义为快捷键“Alt+C”。单击“关闭”按钮关闭对话框,完成该快捷键设置。

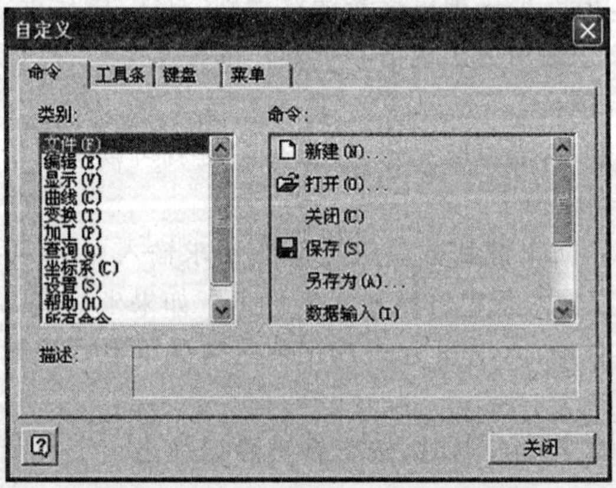

图 7-13　自定义快捷键的设置

三、系统的交互方式

1. 基本概念

(1)工作坐标系。工作坐标系是用户建立模型时的参考坐标系。系统默认的坐标系叫做“绝对坐标系”,用户定义的坐标系叫做“工作坐标系”。系统允许同时存在多个坐标系。

在实际使用中,为作图方便,用户常常需要在特定的坐标系下操作。

(2)当前工作坐标系。当前工作坐标系是用户正在使用的坐标系，所有的输入均针对当前工作坐标系而言。当前工作坐标系以红色表示，以区别于其他坐标系。用户可以通过激活坐标系命令在各坐标系间切换。

(3)当前颜色。当前颜色是系统目前使用的颜色，生成的曲线或曲面的颜色取当前颜色。

当前颜色显示在屏幕顶部的状态显示区。

当前颜色可设定为当前层的颜色，只需简单地单击标记有“L”的颜色块。

对不同的图素选用不同的颜色，也是造型中常用的手法，这样比较容易看清楚不同图素之间的关系。

刀具轨迹的颜色不随当前颜色的改变而改变。

当前颜色的设置如图 7－14 所示。

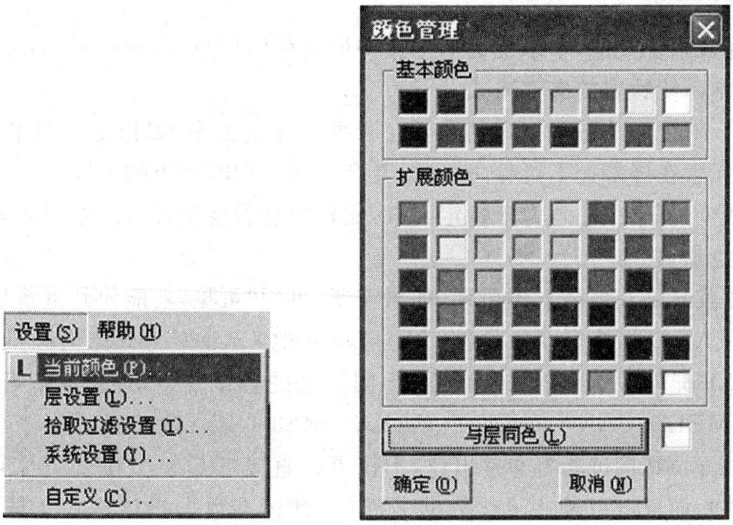

图 7－14　当前颜色的设置

(4)当前层。当前层是指系统目前使用的图层，生成的图素均属于当前层。

当前层名称显示在屏幕顶部的状态显示区。

当前层的设定在图层管理功能里进行，如图 7－15 所示。

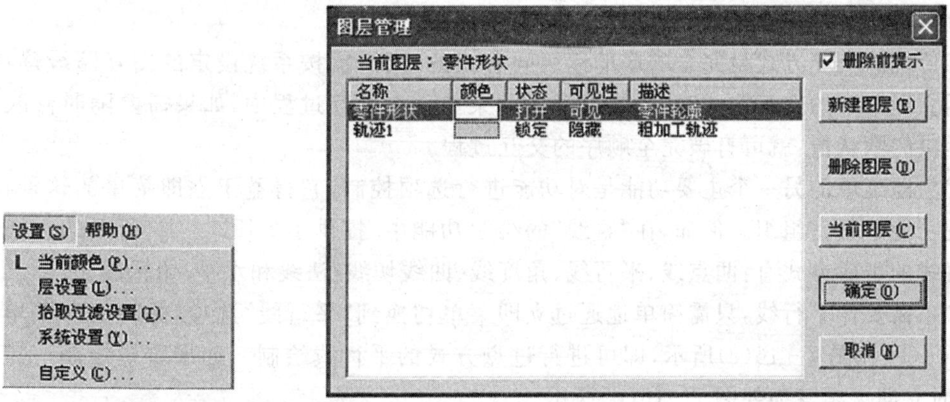

图 7－15　图层管理

以图层对图形进行管理即对图形进行分层次的管理,这是一种重要的图形管理方式。将图形按指定的方式分层归属,并按层给定属性,可以实现复杂图形的分层次处理,需要时又可以组合在一起进行处理。图层有其状态和属性,每一个图层有一个唯一的图名。图层有其颜色属性,可将图层的颜色指定为当前颜色。图层的状态有可见性和操作锁定设置。通过图层可见性的设置,将图层置于“隐藏”状态,如图 7-15 中的“轨迹 1”,可以实现整个图层上的图素的不可见;如果图层处于“锁定”状态,如图 7-15 中的“轨迹 1”,则对该图层上的所有图素均不能进行操作,并无法拾取,因此,“锁定”状态可用来对图素进行保护。

(5)当前文件。当前文件是系统目前使用的图形文件。

当前文件名称显示在屏幕顶部的状态显示区。

系统初始没有文件名,只在用“打开文件”“存储文件”或“存文件为...”等功能进行操作后才赋予了文件名。

与其他计算机系统类似,本系统也采用文件形式存储信息,系统生成的图形文件以“.mxe”作为后缀,这是本系统特定的文件格式。

(6)可见性。对生成的图素指定其是否在屏幕上显示出来,如指定某图素为不可见即隐藏该图素,使某些元素在屏幕上不可见,是进行复杂零件造型时常用的手段之一,这样可以使屏幕上可见的因素减少,可集中注意力于特定因素,比较容易看清楚各因素之间的关系,拾取也比较方便,显示速度也加快。

不可见的图素只是在屏幕上不出现,如果需要,可用“可见”功能使其重新显示在屏幕上。

(7)接口。CAXA 数控车 XP 的接口是指与其他 CAD/CAM 文档和规范的衔接能力。CAXA 数控车 XP 充分考虑数据的冗余度、不同数据的轻重缓急,优化成特有的 mxe 文件,同时,对 CAXA-ME1.0、CAXA-ME2.0、CAXA-ME3.0 版无限兼容。

CAXA 数控车 XP 接口能力非常出色,不仅可以直接打开 x_t 和 x_b 文件(PARASOLID 的实体数据文件),而且可以输入 dxf 数据文件(一种标准数据接口格式文件)、iges 数据文件(一种标准数据接口格式文件)、dat 数据文件(自定义数据文本文件格式)为 CAXA 数控车使用,也可以输出 dxf、iges、x_t、x_b、sat、wrl、exb 为其他应用软件所使用,为 Internet 的浏览和数据传输服务。

2. 交互方式

(1)立即菜单。立即菜单是 CAXA 数控车提供的独特的交互方式。立即菜单的交互方式大大改善了交互过程。其功能有二:

①传统的交互方式是完全顺序的逐级问答式的,用户需按系统设定的交互路线逐项输入。而采用立即菜单的交互方式时,系统提供立即菜单。在交互过程中,如果需要随时修改立即菜单中提供的默认值,就可打破完全顺序的交互过程。

②立即菜单的另一个主要功能是对功能进行选项控制,它得益于立即菜单的这种机制,可以实现功能的紧密组织。例如,在“直线”的绘制功能中,提供了如图 7-16 所示的立即菜单选项。直线的生成方式有:两点线、平行线、角度线、曲线切线/法线和水平/铅垂线。

如果需要作平行线,只需简单地通过立即菜单切换到“平行线”选项,此时立即菜单变成如图 7-16(b)和图 7-16(c)所示,即可进行过点方式的平行线绘制。如果希望绘制一定角度的线,此时立即菜单变为如图 7-16(d)所示。

可以看出,立即菜单使交互变得轻松自然,尤其对习惯使用键盘的用户,只要记住一个“直线”命令,即可在此功能下方便地完成所有的直线绘制。

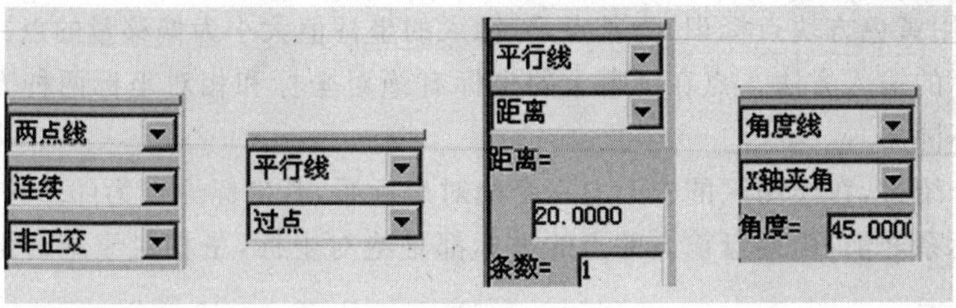

(a)　(b)　(c)　(d)

图 7-16　绘制直线的立即菜单

(2)点的输入。在交互过程中，常常会遇到输入精确定位点的情况。这时，系统提供了点工具菜单。利用点工具菜单可以精确定位一个点。

①激活点工具菜单的方法。激活点工具菜单可用键盘的空格键。

例如，在生成直线时，当系统提示"输入起点："后，按空格键就会弹出点工具菜单。根据所需要的方式选择一种点定位方式就可以了。

用户也可以使用热键来切换到所需要的点状态。热键就是点菜单中每种点前面的字母。例如，在生成直线时，需要定位一个圆的圆心。当系统提示"输入起点："后，按 C 键就可以将点状态切换到圆心点状态。

②图 7-12 所示的各种点状态的具体含义如下：

缺省点(F)：对拾取点依次判断端点、中点和屏幕点。

屏幕点(S)：鼠标在屏幕上点取的当前平面上的点。

端点(E)：曲线的起点或终点，取离拾取点较近者。

中点(M)：曲线的弧长平分点。

交点(I)：曲线与曲线的交叉点，取离拾取点较近者。

圆心(C)：圆或弧的中心。

垂足点(P)：用于作垂线。

切点(T)：用于作切线和切圆弧。

最近点(N)：曲线上离输入点距离最近的点。

控制点(K)：样条线的型值点、直线的端点和中点、圆弧的起点或终点以及象限点。

刀位点(O)：刀具轨迹上的点。

存在点(G)：已生成的点。

各类点均可输入增量点，可用直角坐标系、极坐标系和球坐标系三者之一输入增量坐标，系统提供立即菜单，切换和输入数值。

在"缺省点"状态下，系统根据鼠标位置自动判断端点、中点、交点和屏幕点。进入系统时系统的点状态为缺省点。

③点工具状态的锁定。用户可以选择对工具点状态是否进行锁定，这可在"系统参数设定"功能里进行。工具点状态锁定时，工具点状态一经指定即不改变，直到重新指定为止，但增量点例外，使用完后即恢复到非相对点状态。选择非锁定工具点状态时，工具点使用一次之后即恢复到"缺省点"状态。

④点工具状态的了解。用户可以通过系统底部的状态显示区了解当前的工具点状态。

在任何点状态下均可以用键盘(Enter 键或数值键激活)输入点的坐标值。输入坐标时坐标值之间用逗号","分隔。若仅输入两个坐标，则系统认为 Z 坐标为 0.0。若在坐标前加"@"，则是以前一点(用黄色方块点标识)为基点,以输入的坐标值大小为偏移量的点。

⑤点的坐标的输入方法。点在屏幕上的坐标有绝对坐标和相对坐标两种方式。它们在输入方法上有所不同。

前面已经介绍过,在绘图区的中心有一个绝对坐标系,其坐标原点为(0.0,0.0,0.0)。在没有定义用户坐标系之前,由键盘输入的点的坐标都是绝对坐标,是相对于绝对坐标系原点的绝对坐标值。

如果用户定义了用户坐标系,且该坐标系被置为当前工作坐标系,那么在该坐标系下输入的坐标为用户坐标系的绝对坐标值。

绝对坐标的输入方法很简单,可直接通过键盘输入 X、Y、Z 坐标,各坐标值之间必须用逗号","隔开。

例如:输入坐标值"10.0,20.0,0.0""−50.0,−20.0,−50.5"等。

如果省略 Z 坐标,系统就默认 Z 坐标值为 0.0,如输入"20.0,−10.0",则系统默认为(20.0,−10.0,0.0)。

用户可以通过在坐标分量的","之间省略数值的方式输入数值为 0.0 的分量,例如,输入点"50.0,""−40.0,,40.0,"",25.5"和",,−20.0"分别对应于点的坐标为(50.0,0.0,0.0)、(−40.0,0.0,40.0)、(0.0,25.5,0.0)和(0.0,0.0,−20.0)。

相对坐标是指相对当前点的坐标,与坐标系原点无关。输入时,为了区分不同性质的坐标,系统规定:输入相对坐标时必须在第一个数值前面加上一个符号"@",以表示相对。例如,输入一个"@50,100,",它表示相对当前点来说,输入了一个 X 坐标为 50,Y 坐标为 100 的点。当前点是前一次使用的点,在按下"@"之后,系统以黄色方块点显示当前点。

用户在输入任何一个坐标值时均可利用系统提供的表达式计算服务功能,直接输入表达式,如:"27.3 * 37,55.5/5 * cos(30),80 * sin(80)",而不必事先计算好各分量的值。

3. 计算功能

本系统具有计算功能,它不仅能进行加、减、乘、除、平方、开方和三角函数等常用的数值计算,还能完成复杂表达式的计算。

下面列出在系统中能够应用的一些运算方式及其意义。

+:加号;−:减号;*:乘号;/:除号。

sin(x):x 的正弦。

cos(x):x 的余弦。

tan(x):x 的正切。

arcsin(x):x 的反正弦。

arccos(x):x 的反余弦。

arctan(x):x 的反正切。值域[$-\pi/2,\pi/2$]。

sinh(x):x 的双曲正弦。

cosh(x):x 的双曲余弦。

tanh(x):x 的双曲正切。

ln(x):x 的自然对数。

lg(x):以 10 为底的 x 的常用对数。

sqrt(x):x 的平方根。

fabs(x):求 x 的绝对值。

pow(x):计算 x^y 的值。

exp(x):计算 e^x 的值。

floor(x):取 x 的整数部分。

ceil(x):大于或等于 x 的最小整数。

fmode(x,y):求 x 除以 y 所得到的余数。

注:在涉及角度的输入时,系统规定要求按角度输入,而不是弧度。

4.拾取工具

在“删除”等命令需要拾取多个对象时,按空格键可以弹出拾取工具菜单,如图7-17所示,默认状态是“拾取添加”。在这种状态下,可以单个拾取对象,也可以用窗口拾取对象(窗口由左向右拖动时,窗口要包容整个对象才能拾取到;从右向左拖动时,只要拾取对象的一部分在窗口中就可以拾取到)。

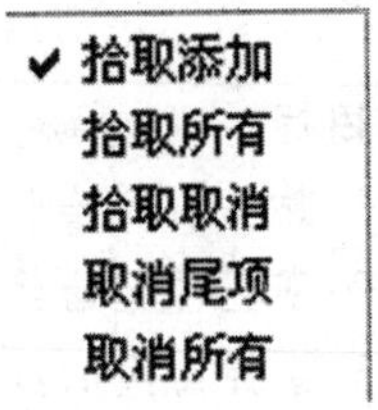

图7-17 拾取工具菜单

习 题 七

7.1 访问CAXA网站(www.caxa.com)。

7.2 安装CAXA数控车软件。

7.3 如何启动CAXA数控车XP软件?

7.4 根据自己的爱好,设置CAXA数控车软件。

7.5 CAXA数控车界面由哪几个部分组成?

7.6 在CAXA数控车中,鼠标左键和右键的作用分别是什么?

7.7 如果“线面编辑”工具条不在CAXA数控车界面中,怎么将它调出来?

7.8 圆弧是图形构成的基本要素,CAXA数控车提供了________、________、________、________、________、________六种圆弧的绘制方法。

7.9 什么是立即菜单?怎样激活?

第八章　CAXA 数控车造型

学习目标：

1. 熟悉曲线绘制和编辑工具条的使用。
2. 掌握常见曲线的绘制方法。
3. 掌握曲线的绘制和编辑方法。

对于计算机辅助设计与制造软件来说，需要先加工零件的几何模型，然后才能形成加工的刀具轨迹。几何模型的来源主要有两种，一种是由 CAM 软件附带的 CAD 部分直接建立，另外一种方法是由外部文件的转入。对于转入的文件，很可能出现图线散乱或曲面结合位置产生破损，这些修补工作只能由 CAM 软件来完成。而对于直接在 CAM 软件中建立的模型，则不需要转换文件，只需要结合不同的模型建立方式，产生独特的刀具轨迹。因此，CAM 软件大多附带完整的几何模型建构模块。

CAXA 数控车软件提供了建立几何模型的功能。本章主要介绍如何利用 CAXA 数控车软件进行几何建模。

第一节　基本图形的绘制

CAXA 数控车 XP 中，曲线有点、直线、圆弧、样条曲线、组合曲线等类型。在曲线生成工具条中有与大部分曲线功能相对应的工具按钮，如图 8－1 所示。若应用界面上没有曲线工具条，可在菜单或其他工具条的空白位置处右击鼠标，选择“曲线生成”菜单项。当然，工具条上的功能按钮在主菜单的“曲线”菜单中都有相应的选项，单击“曲线”将会显示下拉曲线菜单，如图 8－2 所示。

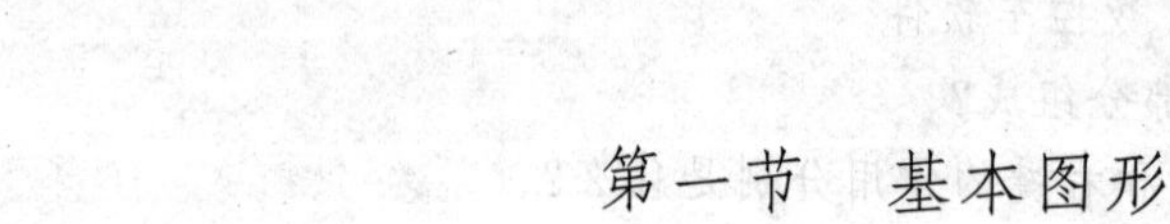

图 8－1　曲线工具条

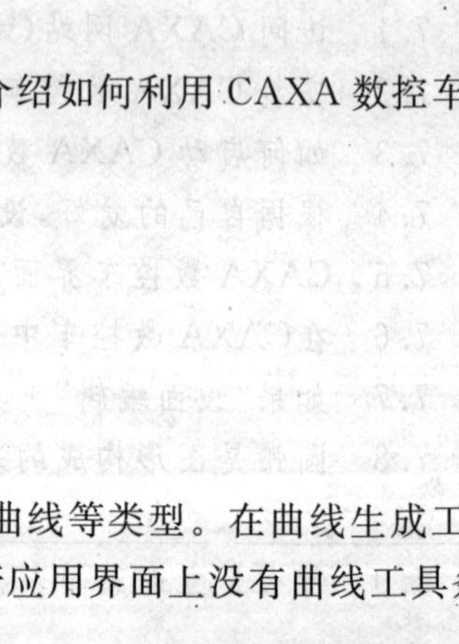

图 8－2　下拉曲线菜单

曲线生成工具条的熟练使用可以减少鼠标点击的次数，大大加快绘图速度。下面详细介绍曲线的基本绘制知识。

一、点

单击曲线生成工具条上的点按钮 × 或选择主菜单条中的“曲线”，在其下拉菜单中单击“点”，即激活了点的生成功能。点的生成，可有以下几种方式。

1. 单个点

(1)工具点。利用点工具菜单生成单个点。此时不能利用切点和垂足点生成单个点。

(2)曲线投影交点。对于两条不相交的空间曲线，如果它们在当前平面的投影有个交点，则生成该投影交点，生成的点在拾取的第一条线上。

(3)曲面上投影点。对于一个给定位置的点，通过矢量工具菜单给定一个投影方向，则可以在一张曲面上得到一个投影点。

(4)曲线曲面交点。可以求一条曲线和一张曲面的交点。

2. 批量点

(1)等分点。生成曲线上按照弧长等分的点。

(2)等距点。生成曲线上间隔为给定弧长距离的点。

(3)等角度点。生成圆弧上等圆心角间隔的点。

【例 8-1】在一条曲线上从一个指定点开始，生成弧长间隔为 10 的 5 个点。

【解】操作步骤：

①单击曲线生成工具条上的点按钮 ×，激活点的生成功能。在立即菜单中设置“批量点”“等距点”“点数”和“弧长”，如图 8-3 所示。

图 8-3　等距点的立即菜单设置

②根据信息提示区的提示信息“拾取曲线”，拾取一指定曲线。

③根据信息提示区的提示信息“拾取曲线上一点作为起始点”，在曲线上的某位置处单击鼠标，选定起始点，此时系统提示“选择等距方向”，在绘图区起始点的位置处出现一对箭头表示方向，如图 8-4 所示。

④选取图 8-4 中所需要的一个方向，生成等距点(5 个，生成的点不包括原起始点)，如图 8-5所示。

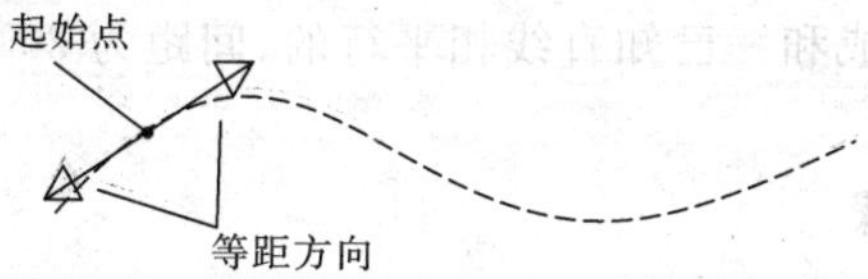

图 8-4　选择起始点和等距方向

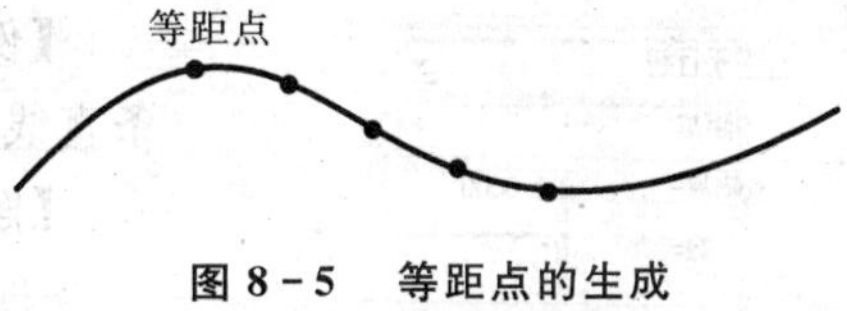

图 8-5　等距点的生成

【例 8-2】在一圆上生成圆心角间隔为 45°的 5 个点。

【解】操作步骤：

①单击曲线生成工具条上的点按钮 ×，激活点的生成功能。在立即菜单中设置“批量点”“等角度点”“点数”和“角度”，如图 8-6 所示。

②根据信息提示区的提示信息“拾取圆或圆弧”,拾取一指定圆。

③根据信息提示区的提示信息“选择方向”选定方向后,即生成等角度点,如图 8-7 所示。

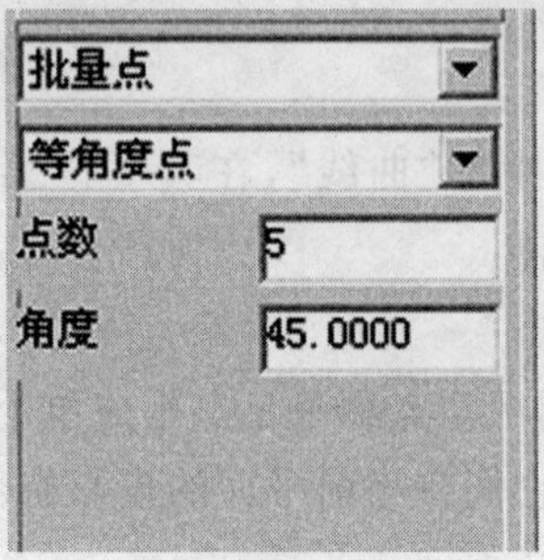

图 8-6 等角度点的立即菜单设置

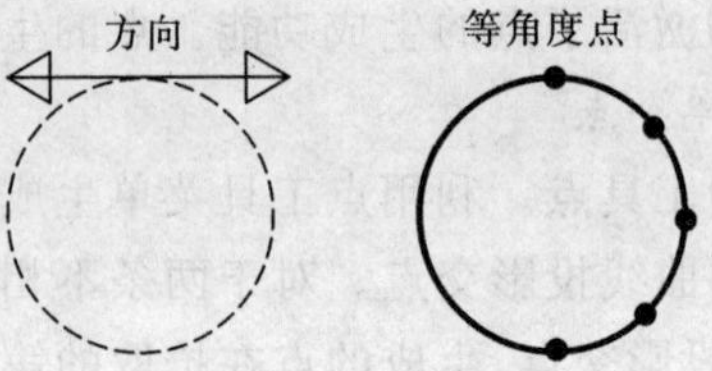

图 8-7 等角度点的生成

二、直线

单击曲线生成工具条上的直线按钮 或选择主菜单条中的“曲线”,在其下拉菜单中单击“直线”,即激活了直线功能。通过立即菜单的设置,可以用下面几种方式生成直线。

1. 两点线

通过定义两个点生成一条直线。生成直线时可以通过切换立即菜单,采用连续方式或非连续方式画线,也可以利用正交方式生成平行于当前平面坐标轴的直线,还可以利用点工具菜单中的“切点”或“垂足点”生成切线或垂线。

2. 平行线

生成与已知直线平行的直线。通过设置立即菜单,可以选择给定位置点或给定距离的方式生成平行线。

3. 角度线

生成与坐标轴或一条直线成一定夹角的直线。

4. 曲线切线/法线

生成与直线、圆弧、样条曲线在给定位置相切或垂直的直线。

5. 角等分线

生成两相交直线的角等分线。

6. 水平/铅垂线

生成平行或垂直于当前平面坐标轴的给定长度的直线。

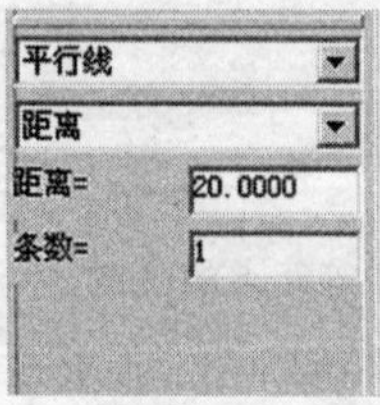

图 8-8 平行线的立即菜单设置

【例 8-3】生成和一已知直线相平行的、间距为 20 的一条直线。

【解】操作步骤:

①单击曲线生成工具条上的直线按钮 ,激活直线的生成功能。在立即菜单中设置“平行线”“距离”“条数”,如图 8-8 所示。

②根据信息提示区的提示信息“拾取直线”,拾取给定直线。

③信息提示区的信息提示“选择等距方向”,在绘图区起始点的位置处出现一对箭头表示方向,如图 8-9 所示。

④选取图 8-9 中所需要的一个方向，生成平行线，如图 8-10 所示。

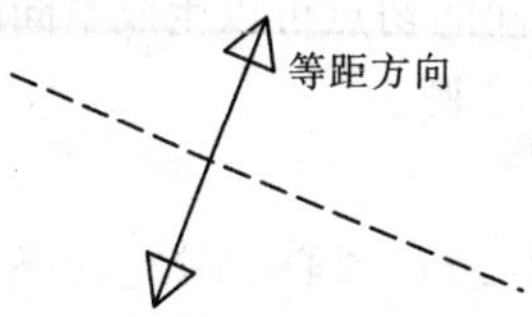

图 8-9　选择等距方向

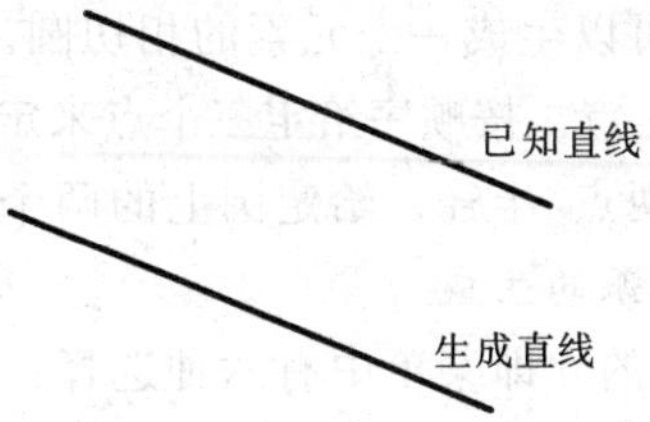

图 8-10　平行线的生成

【例 8-4】生成两个图形(给定的圆和椭圆)的切线。

【解】操作步骤：

①单击曲线生成工具条上的直线按钮，激活直线的生成功能。在立即菜单中设置“两点线”“连续”和“非正交”，如图 8-11 所示。

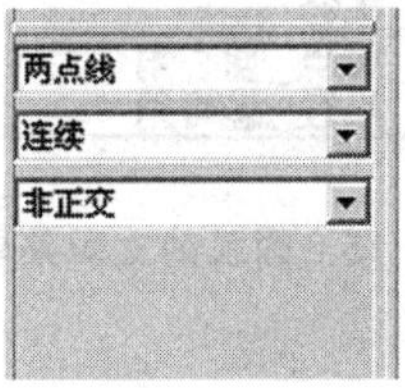

图 8-11　切线的立即菜单设置

②按空格键，激活点菜单，选择“切点”选项，把点状态切换成“切点”，如图 8-12 所示。

③根据信息提示区的提示信息“第一点(切点，垂足点)：”，选择给定的圆。

④根据信息提示区的提示信息“第二点(切点，垂足点)：”，选择给定的椭圆，完成切线的生成，如图 8-13 所示。

图 8-12　点菜单

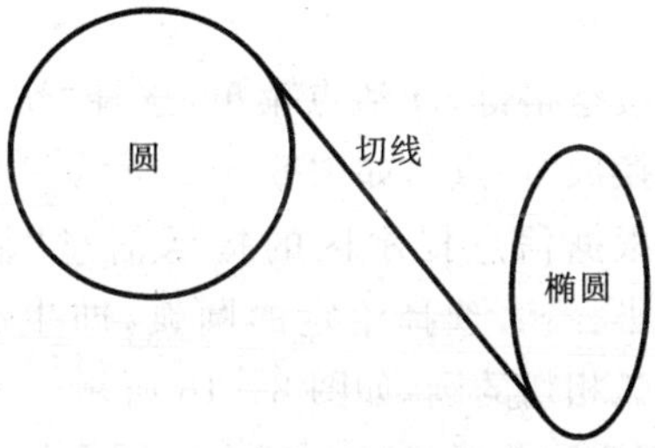

图 8-13　切线的生成

三、圆和圆弧

在曲线生成工具条中，分别单击圆按钮和圆弧按钮来生成圆和圆弧或选择主菜单条中的“曲线”，在其下拉菜单中分别单击“圆”和“圆弧”，即激活了圆和圆弧的生成功能。通过立即菜单的设置，可以用下面几种方式生成圆和圆弧。

1. 圆的生成

圆的立即菜单中有三种选择：圆心_半径、三点、两点_半径，如图 8-14 所示。

图 8-14　圆的立即菜单

(1)圆心_半径。指定圆心和半径生成一个圆弧。确定圆心后，可以输入半径定义一个圆，也可以通过给定圆上的一个点来定义圆。如果给定的点是一个切点，就可以生成一个元素的相切圆。

(2)三点。按顺序给定三个点来定义一个圆。通过给定不同的切点可以生成不同的相切圆。

(3)两点_半径。给定圆上的两个点和圆的半径来定义一个圆。

2. 圆弧的生成

圆弧的立即菜单中有六种选择：三点圆弧、圆心_起点_圆心角、圆心_半径_起终角、两点_半径、起点_终点_圆心角和起点_半径_起终角，如图 8-15 所示。

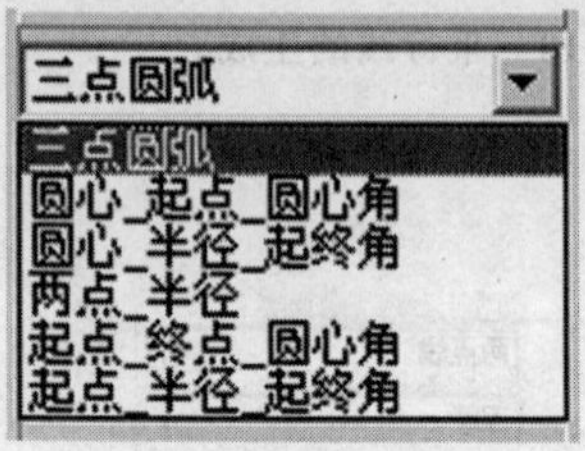

图 8-15 圆弧的立即菜单

(1)三点圆弧。按顺序给定三个点来定义一个圆弧。通过给定不同的切点可以生成不同的相切圆弧。

(2)圆心_起点_圆心角。指定圆心、圆弧起点和圆心角生成一个圆弧。圆心角的大小可以通过圆弧起点和圆心与圆弧终点所确定射线上的一点来定义。如果给定的点是一个切点，就可以生成一个元素的相切圆弧。

(3)圆心_半径_起终角。指定圆心、圆弧半径和起终角定义圆弧。

(4)两点_半径。指定圆弧上的两个点(起点和终点)和圆弧的半径来定义一个圆弧。

(5)起点_终点_圆心角。指定圆弧的起点、终点和圆心角的大小来定义一个圆弧。

(6)起点_半径_起终角。指定圆弧的起点、半径和起终角定义圆弧。

【例 8-5】通过“圆心_半径”生成一个和已知圆弧相切的圆。

【解】操作步骤：

①单击曲线生成工具条上的圆按钮⊙，激活圆的生成功能。在立即菜单中选择“圆心_半径”。

②根据信息提示区的提示信息“圆心点”，拾取圆心点。

③按空格键，激活点菜单，选择“切点”选项，把点状态切换成“切点”，如图 8-12 所示。

④根据信息提示区的提示信息“输入圆上一点(切点)半径：”，选择给定的圆弧，即生成一个和已知给定圆弧相切的圆，如图 8-16 所示。

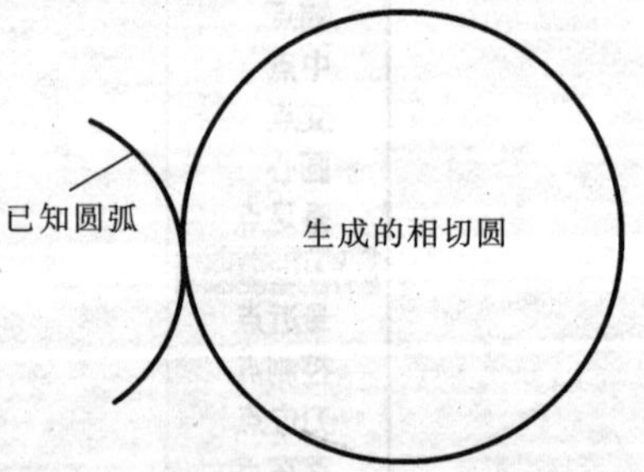

图 8-16 利用“圆心_半径”生成相切圆

【例 8-6】通过“三点”生成圆及圆弧。具体操作步骤从略，如图 8-17 所示。

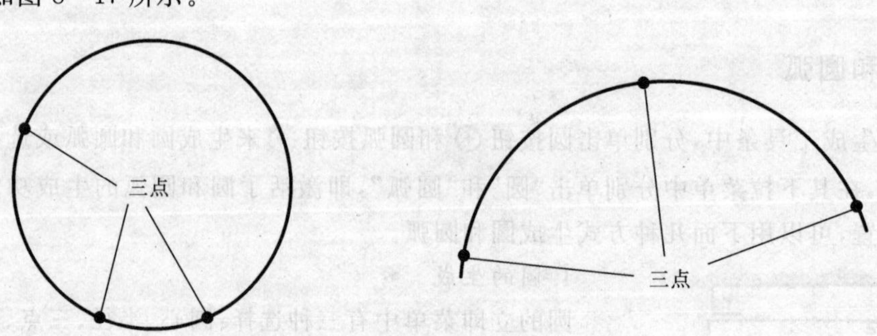

图 8-17 利用“三点”生成圆和圆弧

【例8-7】通过"起点_半径_起终角"生成圆弧。具体操作步骤从略,如图8-18所示。

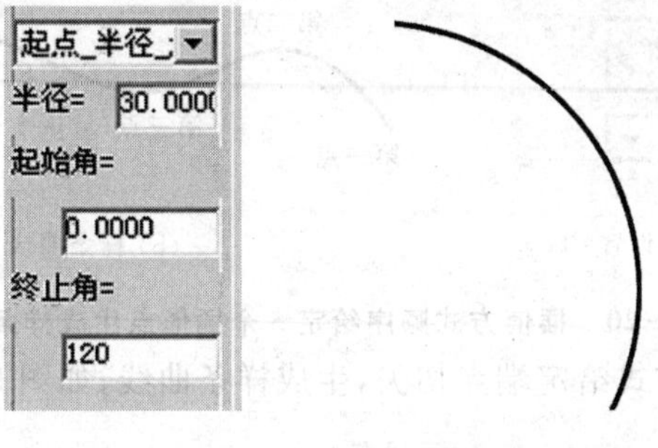

(a)立即菜单设置　　(b)生成圆弧

图8-18　利用"起点_半径_起终角"生成圆弧

【例8-8】利用一个定点和两个切点生成和已知元素相切的圆和圆弧。具体操作步骤从略,如图8-19所示。

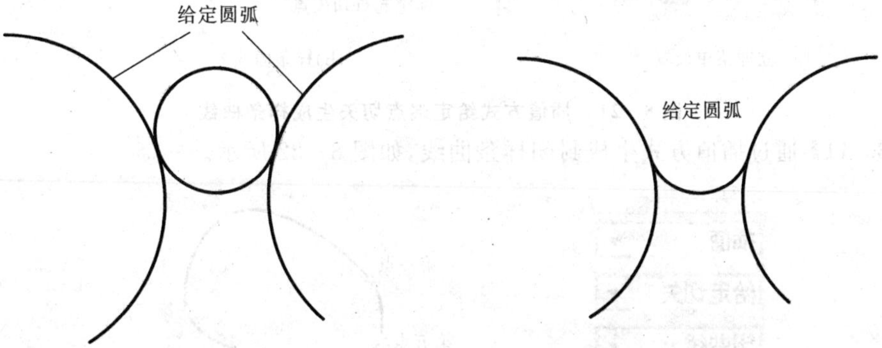

(a) 生成圆　　(b) 生成圆弧

图8-19　利用一个定点和两个切点生成圆和圆弧

四、其他曲线

在CAXA数控车中,除了基本的点、直线、圆和圆弧以外,还提供了样条曲线、公式曲线、椭圆、二次曲线、等距曲线和正多边形六种较为复杂的作图方式。下面依次介绍其功能和用法。

1. 样条曲线

在曲线生成工具条中,单击样条曲线按钮或选择主菜单条中的"曲线",在其下拉菜单中单击"样条",即激活了样条曲线的生成功能。通过立即菜单的设置,可以用下面两种方式生成样条曲线。

(1)插值方式。按顺序输入一系列的点,顺序地通过这些点生成一条光滑的样条曲线。通过设置立即菜单,可以控制生成的样条的端点切矢,使其满足一定的相切条件。也可以生成一条封闭的样条曲线。

(2)逼近方式。顺序输入一系列点,根据给定的精度生成拟合这些点的光滑样条曲线。

用逼近方式拟合一批点生成的样条曲线的控制顶点比较少,曲线品质较好,适用于数据点较多的情况。

【例8-9】通过插值方式顺序给定5个插值点,生成样条曲线,如图8-20所示。

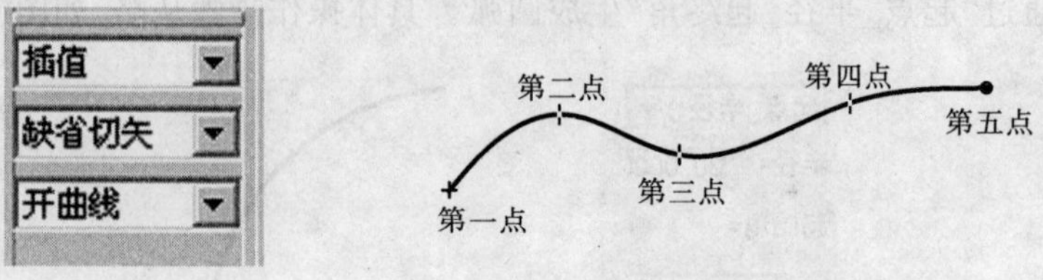

(a) 立即菜单设置　　　　(b) 样条曲线

图 8-20　插值方式顺序给定 5 个插值点生成样条曲线

【例 8-10】通过插值方式给定端点切矢，生成样条曲线，如图 8-21 所示。

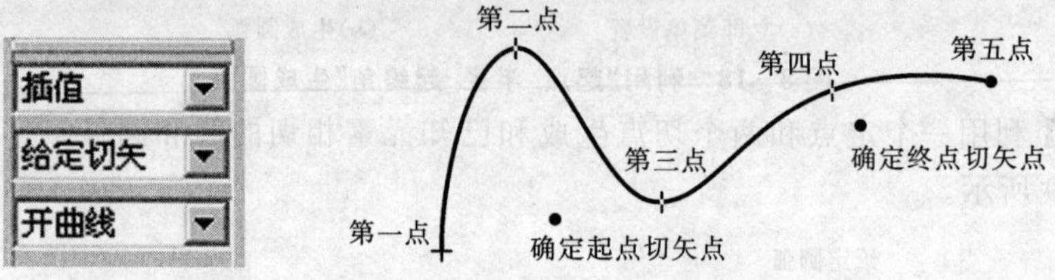

(a) 立即菜单设置　　　　(b)样条曲线

图 8-21　插值方式给定端点切矢生成样条曲线

【例 8-11】通过插值方式生成封闭样条曲线，如图 8-22 所示。

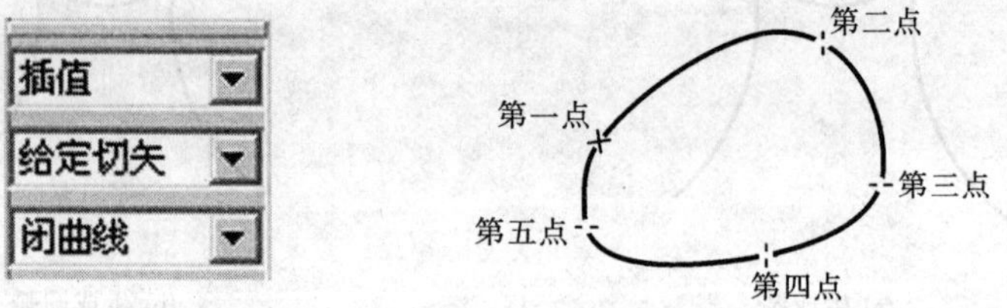

(a) 立即菜单设置　　　　(b) 样条曲线

图 8-22　插值方式生成封闭样条曲线

【例 8-12】通过逼近方式(逼近精度 0.01)生成样条曲线，如图 8-23 所示。

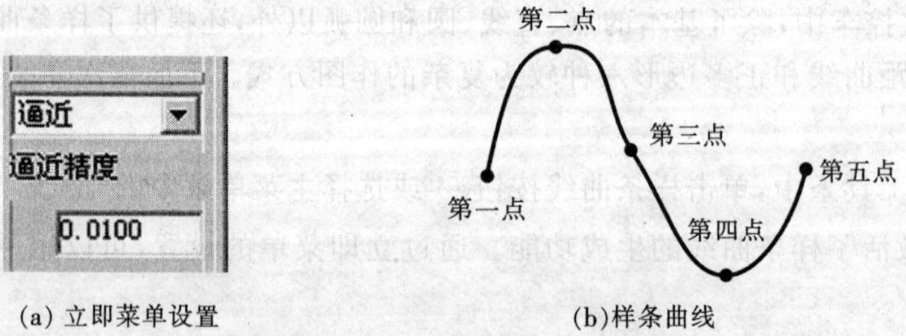

(a) 立即菜单设置　　　　(b)样条曲线

图 8-23　逼近方式生成样条曲线

除了利用样条生成功能可以生成样条曲线外，还可以用文本文件的方式生成样条曲线(这样生成的样条曲线是用插值方式生成的)。

在曲线生成工具条中，有“二次曲线”生成功能，可以生成抛物线、双曲线和椭圆。生成的曲线是用样条曲线来表示的。

2. 公式曲线

当需要生成的曲线是用数学公式表示时，可以利用“公式曲线”生成功能来得到所需要的曲线。公式曲线是用样条曲线来表示的。

在曲线生成工具条中，单击公式曲线按钮 f(x) 或选择主菜单条中的“曲线”，在其下拉菜单中单击“公式曲线...”，即激活了公式曲线的生成功能。通过“公式曲线”对话框来设置公式曲线的特性，如图 8-24 所示。

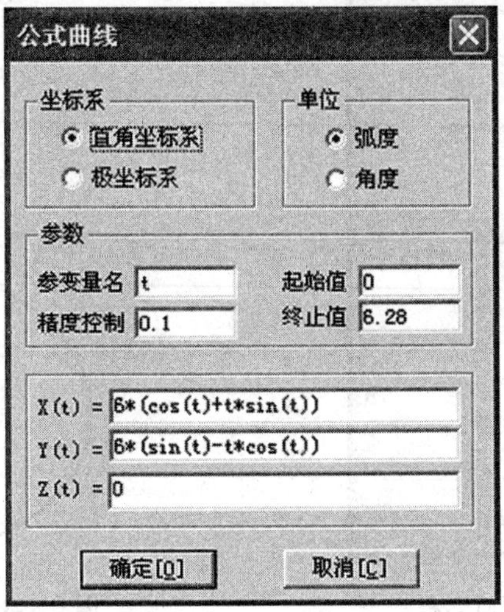

图 8-24　“公式曲线”对话框

曲线的表达式要用参数方程式来表达，如圆的方程 $x^2+y^2=R^2$ 要表示为：

$$x=R\cos(t)$$

$$y=R\sin(t)$$

若取 R 的实际值为 $R=10$，则参数表达式为：

$$X=10*\cos(t)$$

$$Y=10*\sin(t)$$

$$Z=0$$

并要确定 t 的取值范围。

在“公式曲线”对话框中可以进行以下设置。

(1)坐标系：参数表达式可采用直角坐标形式或极坐标形式。如果是直角坐标形式的，参数方程函数中就需要用 $X(t)$、$Y(t)$、$Z(t)$；如果是极坐标形式的，就需要用 $\rho(t)$、$z(t)$。

(2)精度：给定公式的曲线的最后结果是用样条曲线表示的。精度就是用样条拟合公式曲线所要达到的精确程度。

(3)起始参数、终止参数：指参数表达式中 t 的最小值、最大值。

(4)参数单位：当表达式中有三角函数时，设定函数的变量是用角度表示还是用弧度表示。

【例 8-13】已知椭圆：$\frac{x^2}{9}+\frac{y^2}{16}=1$，利用公式曲线功能绘制其曲线图形。

【解】操作步骤：

①椭圆方程用参数方程来表示：

$$X(t)=3*\cos(t)$$

$$Y(t)=4*\sin(t)$$

$$Z(t)=0$$

t 的取值范围为：0～360°。

②激活公式曲线的生成功能,设置“公式曲线”对话框,如图 8-25 所示。

③设置完成后,单击“确定”,根据信息提示区的提示信息“曲线定位点”,把公式曲线定位在绘图区的要求位置处,如图 8-26 所示(本图中把公式曲线定位于坐标原点)。

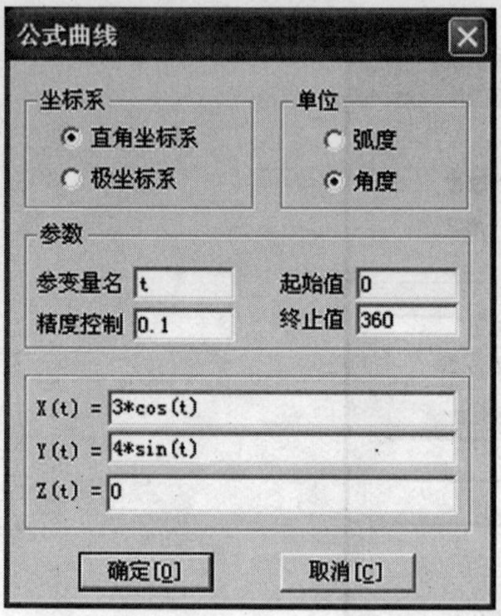

图 8-25 “公式曲线”对话框

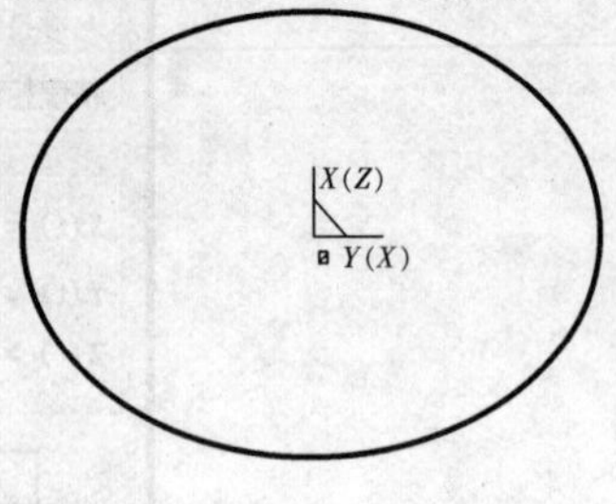

图 8-26 完成公式曲线的绘制

3. 椭圆

椭圆是常见的曲线类型,CAXA 数控车也专门提供了绘制椭圆的功能,下面介绍它的用法。

在公式曲线工具条中,单击椭圆按钮或选择主菜单条中的“曲线”,在其下拉菜单中单击“椭圆”,即激活了椭圆的绘制功能。通过椭圆的对话框来设置椭圆的相关参数。

【例 8-14】已知椭圆$\frac{x^2}{9}+\frac{y^2}{16}=1$,利用椭圆功能绘制其曲线图形。

【解】操作步骤:

①单击椭圆按钮或选择主菜单条中的“曲线”,在其下拉菜单中单击“椭圆”,激活椭圆的绘制功能。

②填写参数表,确定椭圆中心点在(0,0)点,即可绘制出椭圆,如图 8-27 所示,这种绘制椭圆的方式比用公式曲线绘制要简单、快捷。

图 8-27(a)参数的设置界面中提示信息的意义如下:

长半轴:椭圆的长半轴尺寸值。

短半轴:椭圆的短半轴尺寸值。

旋转角:椭圆的长轴与默认起终基准的夹角。

起始角:绘制椭圆弧时起始位置与默认起始基准的夹角。

终止角:绘制椭圆弧时终止位置与默认起始基准的夹角。

4. 二次曲线

在曲线生成工具条中,单击二次曲线按钮或选择主菜单条中的“曲线”,在其下拉菜单中单击“二次曲线”,即激活了二次曲线的生成功能。通过立即菜单的设置,可以用定点和比例两种方式生成样条曲线。

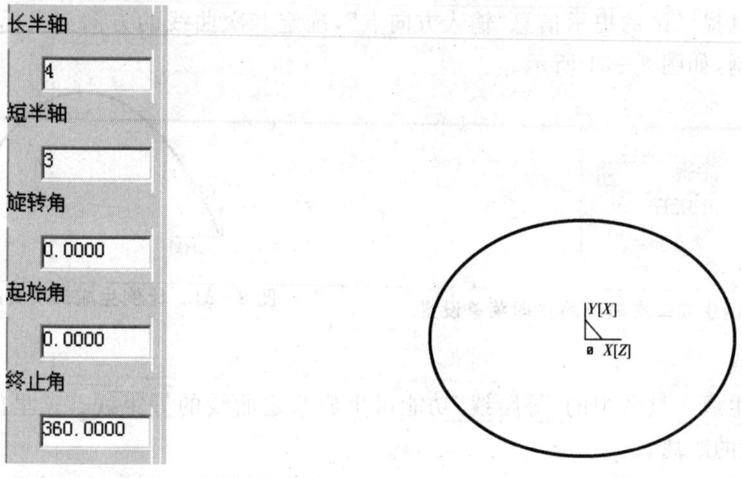

(a)参数设置的界面　　(b)椭圆的绘制完成图

图 8－27　椭圆的绘制

(1)定点

【例 8－15】生成一条任意的二次曲线。

【解】操作步骤：

①单击曲线生成工具条上的二次曲线按钮，即激活了二次曲线的生成功能。

②设置立即菜单，选择“定点”，如图 8－28 所示。

③根据信息提示区的提示信息“起点”，确定二次曲线的起点。

④根据信息提示区的提示信息“终点”，确定二次曲线的终点。

⑤根据信息提示区的提示信息“输入方向点”，确定二次曲线的方向点。

⑥根据信息提示区的提示信息“输入肩点”，确定二次曲线的肩点。完成二次曲线的绘制，如图 8－29 所示。

图 8－28　定点生成二次曲线的立即菜单设置

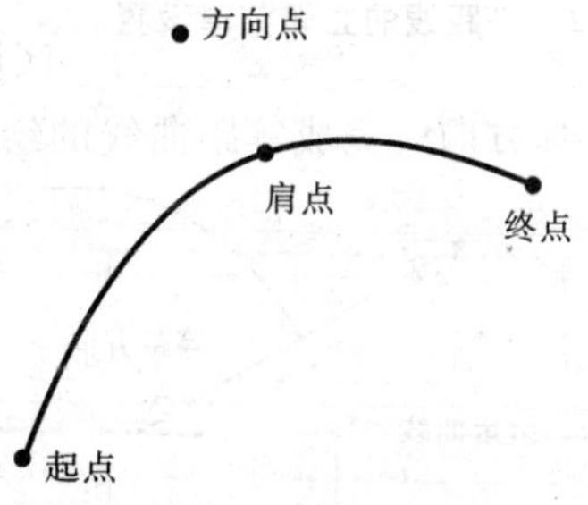

图 8－29　定点生成二次曲线完成图

(2)比例

【例 8－16】生成一条二次曲线，要求：比例因子为 0.5，起点坐标(0,80)，方向点(80,40)。

【解】操作步骤：

①单击曲线生成工具条上的二次曲线按钮，即激活了二次曲线的生成功能。

②设置立即菜单，选择“比例”，如图 8－30 所示。

③根据信息提示区的提示信息“起点”，输入二次曲线的起点坐标(0,0)。

④根据信息提示区的提示信息“终点”，输入二次曲线的终点坐标(0,80)。

⑤根据信息提示区的提示信息“输入方向点”,确定二次曲线的方向点坐标(80,40)。完成二次曲线的绘制,如图 8-31 所示。

图 8-30 比例生成二次曲线的立即菜单设置

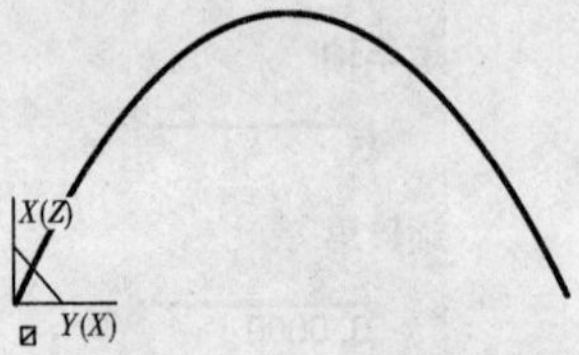

图 8-31 比例生成二次曲线的完成图

5. 等距曲线

利用曲线生成工具条中的“等距线”功能可生成给定曲线的等距线。这里的等距线是广义的,可以是变化的距离。

对于平面样条曲线而言,生成的等距线也在样条曲线所在的平面内;对于空间样条曲线而言,生成的等距线要依赖于当前面。也就是说,样条曲线和等距线在当前面的投影看起来是等距的。系统还可以生成线性变等距线,即给定曲线起始点等距距离和终点等距距离,中间的点的等距距离按照线性变化,生成一条曲线。这样的曲线叫做变等距曲线。

【例 8-17】生成已知曲线的等距曲线。

【解】操作步骤:

①单击曲线生成工具条上的等距线按钮  或选择主菜单条中的“曲线”,在其下拉菜单中单击“等距线”,激活等距线的生成功能。

图 8-32 等距线的立即菜单设置

②设置立即菜单,选择“等距”,“距离”输入值:5,精度输入值:0.001,如图 8-32 所示。

③根据信息提示区的提示信息“拾取曲线”,拾取给定的曲线。

④根据信息提示区的提示信息“选择等距方向”,在绘图区原给定曲线处出现一对箭头表示方向,如图 8-33 所示,按要求选择方向。完成等距曲线的绘制,如图 8-34 所示。

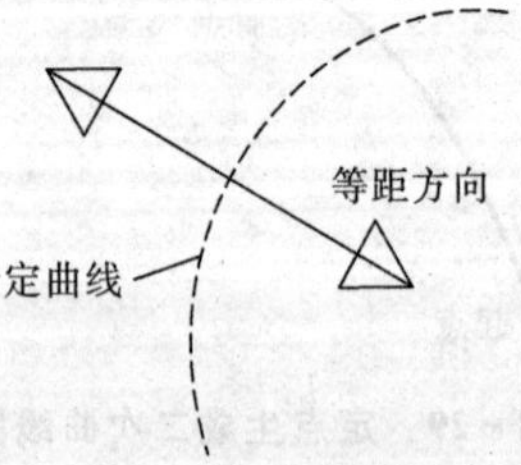

图 8-33 选择等距方向

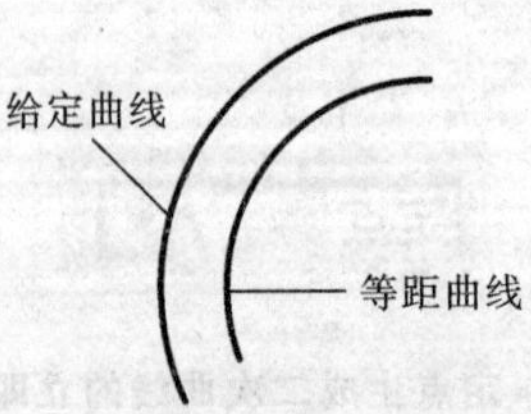

图 8-34 等距曲线的完成图

【例 8-18】生成已知曲线的变等距曲线。

【解】操作步骤:

①单击曲线生成工具条上的等距线按钮 ,激活等距线的生成功能。

②设置立即菜单,选择“变等距”,“起始距离”输入值:10,“终止距离”输入值:20,精度输入值:0.001,如图 8-35 所示。

③根据信息提示区的提示信息“拾取曲线”,拾取给定的曲线。

④在绘图区原给定曲线处出现一对箭头表示方向，如图 8－36 所示，根据信息提示区的提示信息“选择等距方向”，按要求选择方同。

图 8－35　变等距的立即菜单设置

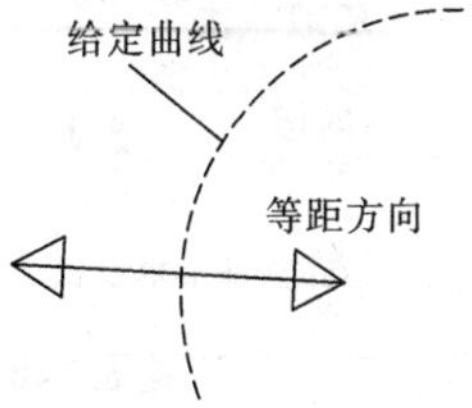

图 8－36　选择等距方向

在绘图区原给定曲线处出现一对箭头表示方向，如图 8－37 所示，根据信息提示区的提示信息“选择距离变化方向(从小到大)”，按要求选择方向。完成变等距曲线的绘制，如图 8－38 所示。

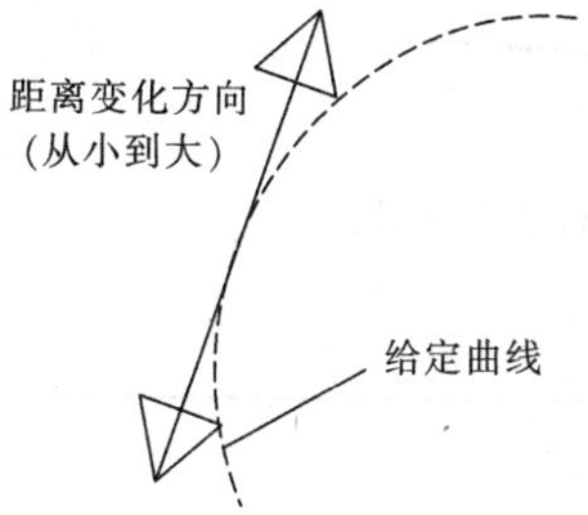

图 8－37　选择等距离变化方向

图 8－38　变等距曲线的完成图

6. 正多边形

在 CAXA 数控车 XP 中，可以方便地利用“正多边形”生成功能来得到所需要的多边形曲线。在曲线生成工具条中，单击正多边形按钮或选择主菜单条中的“曲线”，在其下拉菜单中单击“多边形”，即激活了正多边形的生成功能。通过立即菜单的设置，可以用“边”和“中心”两种方式生成正多边形。

(1)边。通过设定边的数量来定义正多边形。

(2)中心。先指定正多边形的中心点位置，再设定边数来定义正多边形。

【例 8－19】通过“边”来绘制正六边形，如图 8－39 所示。

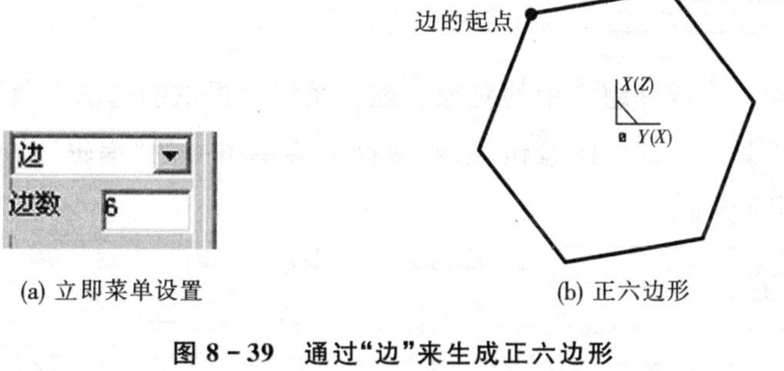

(a) 立即菜单设置　　(b) 正六边形

图 8－39　通过“边”来生成正六边形

【例 8－20】通过“中心”绘制正六边形，如图 8－40 和图 8－41 所示(图 8－40 是采用“内接”方式，图 8－41 是采用外切方式)。

(a) 立即菜单设置

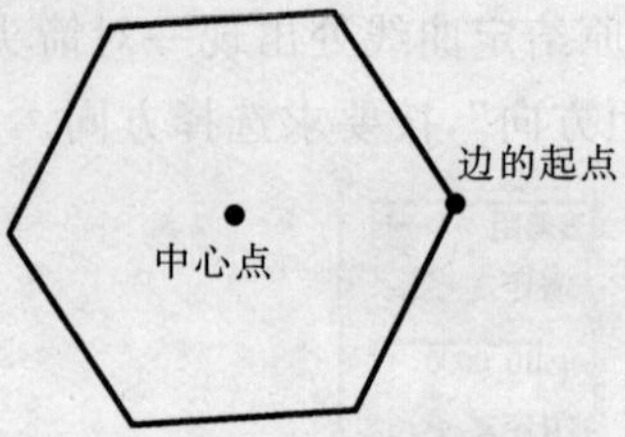

(b) 正六边形

图 8-40 通过"中心"来生成正六边形(内接方式)

(a) 立即菜单设置

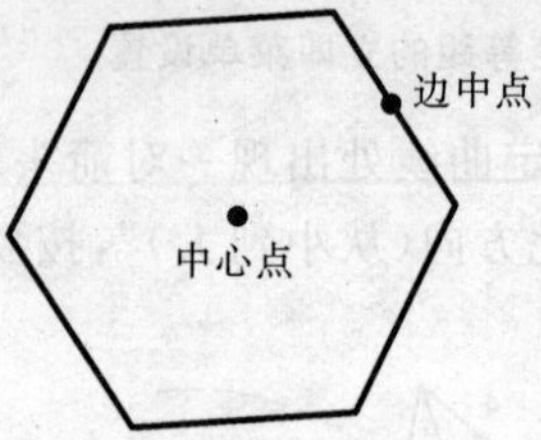

(b) 正六边形

图 8-41 通过"中心"来生成正六边形(外切方式)

第二节 曲线的编辑

对当前图形进行编辑修改,是交互式绘图软件不可缺少的基本功能。它对提高绘图速度及质量都具有十分重要的作用。CAXA 数控车为用户提供了功能齐全、操作灵活方便的编辑修改功能,如曲线编辑的功能主要有曲线删除、曲线裁剪、曲线过渡、曲线打断、曲线组合和曲线拉伸等。在"线面编辑"工具条中有与曲线编辑相应的工具按钮,如图 8-42 所示。工具条上的功能按钮在主菜单的"曲线"菜单中都有相应的选项,单击"曲线"也将显示下拉曲线菜单。

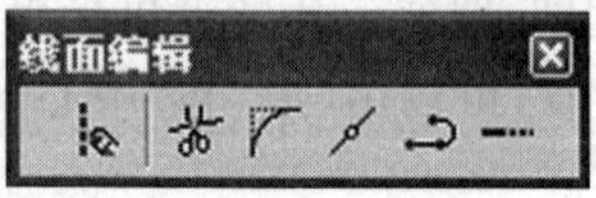

图 8-42 "线面编辑"工具条

下面将详细介绍各种曲线编辑功能的操作。

一、删 除

删除功能可删除一个或一组选中的对象。配合系统中提供的选取工具,删除非常方便。

单击线面编辑工具条上的删除按钮  或选择主菜单条中的"编辑",在其下拉菜单中单击"删除",即激活了删除功能。

二、曲线的裁剪

1. 裁剪的作用

使用曲线或点作为剪刀,裁掉曲线上不需要的部分。

2. 曲线裁剪的说明

利用一个或多个几何元素(曲线或点,称为剪刀)对给定曲线(称为被裁剪线)进行修剪,删除不需要的部分，得到新的曲线。

3. 曲线裁剪方式

系统提供快速裁剪、线裁剪、点裁剪和修剪四种曲线裁剪方式，可以通过曲线裁剪的立即菜单设置进行切换。

(1)快速裁剪

①快速裁剪的说明：该功能为“快速裁剪”，是指系统对曲线修剪具有“指哪裁哪”的快速反应特性，即鼠标点取哪部分，哪部分就被裁剪掉。

②快速裁剪的方式：正常裁剪和投影裁剪两种。

图 8-43　快速裁剪的立即菜单设置

【例 8-21】对给定的曲线进行快速裁剪，如图 8-43 和图 8-44 所示。

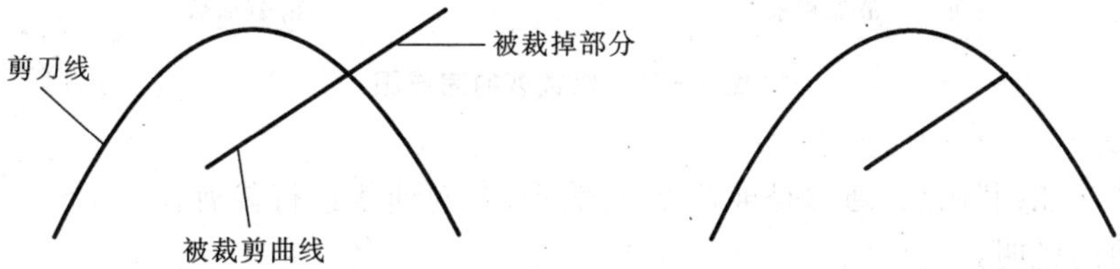

(a) 裁剪前　　(b) 裁剪后

图 8-44　快速裁剪曲线

当系统中的复杂曲线极多时，建议不用“快速裁剪”。因为在大量复杂曲线处理过程中，系统计算速度较慢，从而影响用户的工作效率。

(2)线裁剪

①线裁剪定义：以一条曲线作为剪刀线，对其他曲线进行裁剪。

②线裁剪说明：

a. 曲线延伸功能。如果裁剪曲线和被裁剪曲线之间没有实际交点，系统在依次自动延长被裁剪曲线和裁剪曲线后进行求交，在得到的交点处进行裁剪。

延伸的规则：直线和样条线按端点切线方向延伸，圆弧按整圆处理。由于采用了延伸的做法，可以利用该功能实现对曲线的延伸。

b. 在拾取了裁剪线之后，可拾取多条被裁剪曲线。系统约定拾取的曲线段是裁剪后保留的曲线段，因而可实现多根曲线在裁剪线处齐边的效果。

c. 不仅拾取被裁剪曲线的位置确定了裁剪后保留的曲线段，而且有时拾取裁剪线的位置也会对裁剪结果产生影响：在裁剪线与被裁剪线有两个以上的交点时，系统约定取离裁剪线上拾取点较近的交点进行裁剪。

③线裁剪方式：正常裁剪和投影裁剪。

正常裁剪只对曲线本身和延伸后的曲线进行求交处理；投影裁剪则对曲线在当前平面上施行投影后进行求交处理，因此可实现不共面曲线的裁剪。

【例 8-22】使用线裁剪进行给定曲线的裁剪。

【解】操作步骤：

①单击“线面编辑”工具条上的裁剪按钮或选择主菜单条中的“曲线”，在其下拉菜单中单击“曲线裁剪”，即激活了曲线裁剪功能。

图 8-45 线裁剪的立即菜单

②设置立即菜单,选择“线裁剪”“正常裁剪”,如图 8-45 所示。

③根据信息提示区的提示信息“拾取剪刀线”,选取矩形的上边为剪刀线。

④根据信息提示区的提示信息“拾取被裁剪线”,选取被裁剪线(选取保留的段),完成曲线的裁剪,如图 8-46 所示。

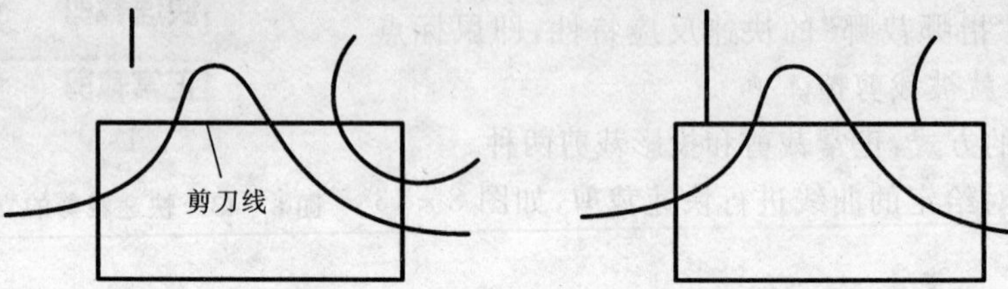

(a) 裁剪前 (b) 裁剪后

图 8-46 线裁剪的完成图

(3)点裁剪

①点裁剪功能:利用点(通常是屏幕点)作为剪刀,对曲线进行裁剪。

②点裁剪的说明:

a. 在拾取了被裁剪线之后,利用点工具菜单输入一个剪刀点,系统对曲线在距离剪刀点最近处实施裁剪。

b. 具有曲线延伸功能。用户可以利用本功能实现曲线的延伸。

【例 8-23】使用点裁剪进行给定曲线裁剪。

【解】操作步骤:

①单击“线面编辑”工具条上的裁剪按钮,即激活了曲线裁剪功能。

②设置立即菜单,选择“点裁剪”,如图 8-47 所示。

③根据信息提示区的提示信息“拾取被裁剪线”,选取被裁剪线(选取保留的段)。

④根据信息提示区的提示信息“拾取剪刀点”,选取曲线上给定的点,完成曲线的裁剪,如图 8-48 所示。

图 8-47 点裁剪的立即菜单

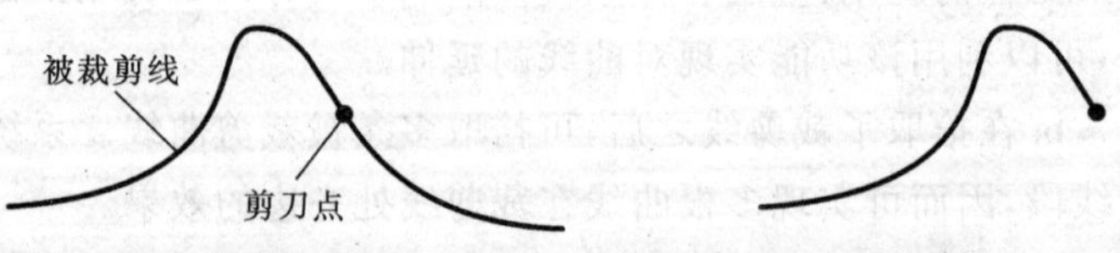

(a) 裁剪前 (b) 裁剪后

图 8-48 点裁剪的完成图

(4)修剪

①修剪功能:需要拾取一条曲线或多条曲线作为剪刀线,对一系列被裁剪曲线进行裁剪。

②修剪说明:

a. 与“线裁剪”和“点裁剪”不同,本功能中系统将裁剪掉所拾取的曲线段,而保留在剪刀线另一侧的曲线段。

b. 修剪不采用延伸的做法,只在有实际交点处进行裁剪。

c. 在本功能中,裁剪线同时也可作为被裁剪线。

【例 8-24】使用修剪进行给定曲线的裁剪。

【解】操作步骤：

①单击“线面编辑”工具条上的裁剪按钮，即激活了曲线裁剪功能。

②设置立即菜单，选择“修剪”，如图 8－49 所示。

③根据信息提示区的提示信息“拾取剪刀线”，选取椭圆作为剪刀线。

④根据信息提示区的提示信息“拾取被裁剪线”，选取要被裁剪的线（选取被裁掉的部分），完成曲线的裁剪，如图 8－50 所示。

图 8－49　修剪的立即菜单

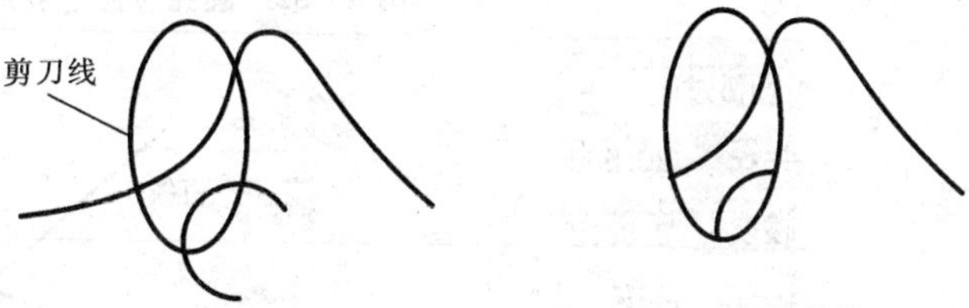

(a) 裁剪前　(b) 裁剪后

图 8－50　修剪的完成图

三、曲线的过渡

1. 曲线过渡的作用

对指定的两条曲线进行圆弧过渡、尖角过渡或对两条直线进行倒角。

2. 曲线过渡的说明

对尖角、倒角及圆角过渡中需裁剪的情况，拾取的曲线段均是需保留的曲线段。

3. 曲线过渡的形式

包括圆角过渡、尖角过渡和倒角过渡。

(1)圆角过渡

①圆角过渡的作用：用于在两根曲线之间进行给定半径的圆弧光滑过渡。

②圆角过渡的位置：圆弧在两曲线的哪个侧边生成取决于两根曲线上的拾取位置。

③圆角过渡的说明：可利用立即菜单控制是否对两条曲线进行裁剪，此处裁剪是用生成的圆弧对曲线进行裁剪。系统约定只生成劣弧（圆心角小于 180°的圆弧）。

【例 8－25】在两直线之间用半径为 20 的圆弧过渡。

【解】操作步骤：

①单击“线面编辑”工具条上的曲线过渡按钮或选择主菜单条中的“曲线”，在其下拉菜单中单击“曲线过渡”，即激活了曲线过渡功能。

②设置立即菜单，选择“圆弧过渡”，在“半径”处输入值为“20”，“精度”为“0.001”，选择对曲线进行裁剪，如图 8－51 所示。

③根据信息提示区的提示信息“拾取第一条线”，选取第一条直线。

④根据信息提示区的提示信息“拾取第二条线”，选取第二条直线，完成曲线的圆弧过渡，如图 8－52 所示。

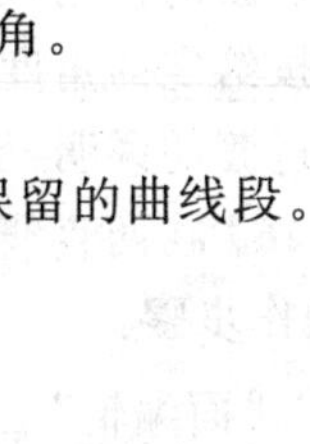

图 8－51　圆弧过渡的立即菜单

在上述第②步中对立即菜单进行设置时，若设定对曲线不进行裁剪，则圆弧过渡后原曲线保留，如图 8－53 和图 8－54 所示。

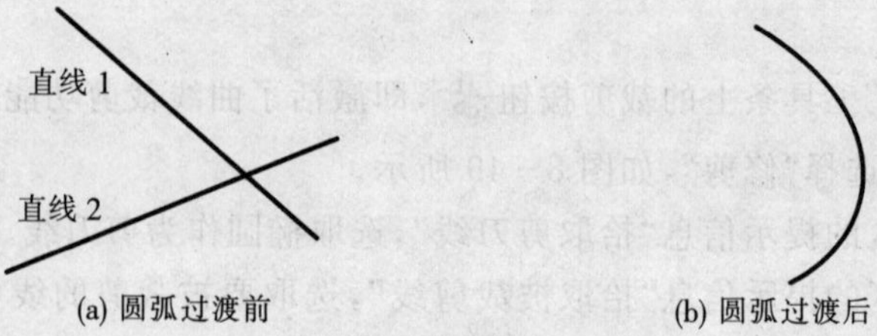

(a) 圆弧过渡前　　(b) 圆弧过渡后

图 8-52　圆弧过渡的完成图

图 8-53　圆弧过渡的立即菜单(不裁剪曲线)

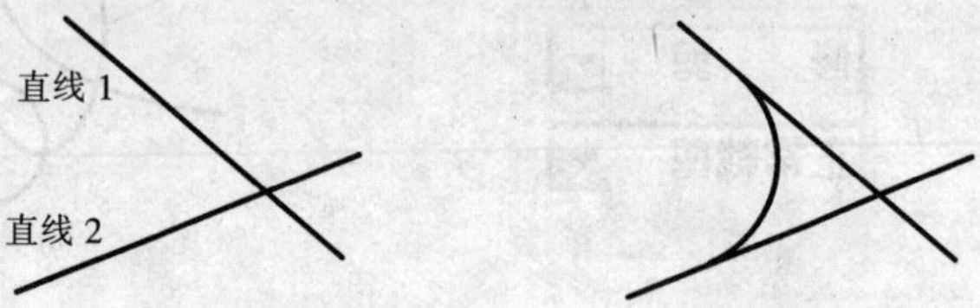

(a) 圆弧过渡前　　(b) 圆弧过渡后

图 8-54　圆弧过渡的完成图(不裁剪曲线)

(2)倒角过渡

①倒角过渡的作用:用于在给定的两直线之间进行过渡,过渡后在两直线之间产生一条直线(倒角线,按给定的角度和长度)连接。

②倒角过渡的说明:倒角过渡后,两直线分别被倒角线裁剪。

【例 8-26】在两直线之间进行倒角过渡,要求:角度为 45°,长度为 20。

【解】操作步骤:

①单击“线面编辑”工具条上的曲线过渡按钮,即激活了曲线过渡功能。

②设置立即菜单,选择“倒角”,“角度”输入值为 45,“距离”输入值为 20,选择对曲线进行裁剪,如图 8-55 所示。

③根据信息提示区的提示信息“拾取第一条线”,选取第一条直线。

④根据信息提示区的提示信息“拾取第二条线”,选取第二条直线,完成曲线的倒角过渡,如图 8-56 所示。

图 8-55　倒角过渡的立即菜单

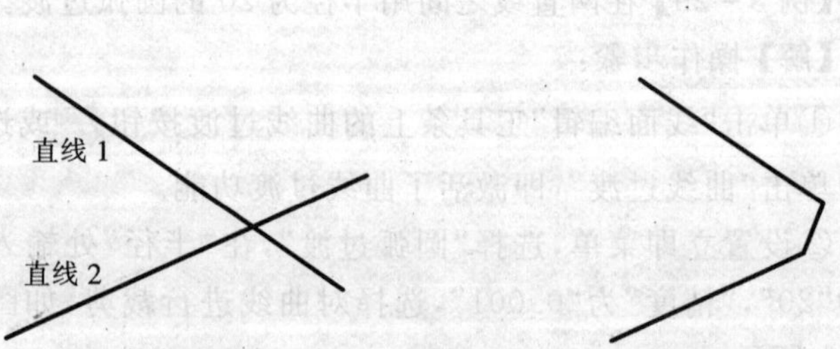

(a) 倒角过渡前　　(b) 倒角过渡后

图 8-56　倒角过渡完成图

在上述第②步中对立即菜单进行设置时,若设定对曲线不进行裁剪,则倒角过渡后原曲线保留,如图 8-57 和图 8-58 所示。

(3)尖角过渡

①尖角过渡的作用:用于在给定的两根曲线之间进行过渡,过渡后在两曲线的交点处呈尖角。

图 8－57　倒角过渡的立即菜单（不裁剪曲线）

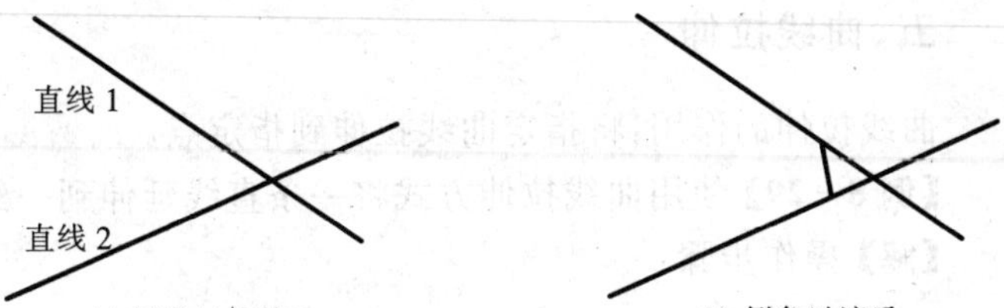

(a) 倒角过渡前　　(b) 倒角过渡后

图 8－58　倒角过渡完成图(不裁剪曲线)

②尖角过渡的说明：尖角过渡后，一根曲线被另一根曲线裁剪。

【例 8－27】在两直线之间进行尖角过渡。

【解】操作步骤：

①单击“线面编辑”工具条上的曲线过渡按钮，即激活了曲线过渡功能。

②设置立即菜单，选择“尖角”，“精度”为 0.001，如图 8－59 所示。

③根据信息提示区的提示信息“拾取第一条线”，选取第一条直线。

④根据信息提示区的提示信息“拾取第二条线”，选取第二条直线，完成曲线尖角过渡，如图 8－60 所示。

图 8－59　尖角过渡的立即菜单

(a) 尖角过渡前　　(b) 尖角过渡后

图 8－60　尖角过渡完成图

四、曲线的打断

曲线打断的作用：把拾取到的一条曲线在指定点处打断，形成两条曲线。

【例 8－28】把一曲线在其给定点处打断，形成两条曲线。

【解】操作步骤：

①单击“线面编辑”工具条上的曲线打断按钮或选择主菜单中的“曲线”，在其下拉菜单中单击“曲线打断”，即激活了曲线打断功能。

②根据信息提示区的提示信息“拾取被打断曲线”，选定给定打断的曲线。

③根据信息提示区的提示信息“拾取点”，选取曲线上给定的点，完成曲线的打断，在给定点处原曲线被分成两条曲线：曲线 1 和曲线 2，如图 8－61 所示。

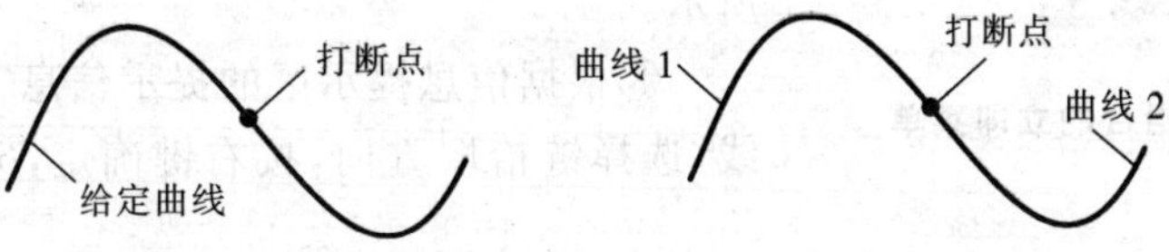

(a) 打断前　　(b) 打断后

图 8－61　曲线的打断

五、曲线拉伸

曲线拉伸的作用:将指定曲线拉伸到指定点。

【例 8-29】使用曲线拉伸方式将一条直线延伸到一给定点。

【解】操作步骤:

①单击“线面编辑”工具条上的曲线拉伸按钮或选择主菜单条中的“曲线”,在其下拉菜单中单击“曲线拉伸”,即激活了曲线拉伸功能。

②根据信息提示区的提示信息“拾取曲线”,选取要拉伸的曲线。

③根据信息提示区的提示信息“拾取插值点”,本例选取插值点 2。

④根据信息提示区的提示信息“拉伸到”,选取要拉伸到的给定点,按右键确定,完成曲线的拉伸,如图 8-62 所示。

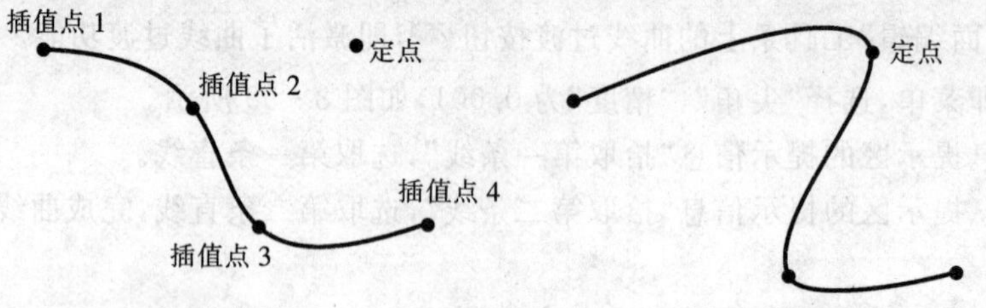

(a) 拉伸前　　(b) 拉伸后

图 8-62　曲线拉伸

六、曲线的组合

1. 曲线组合的作用

把首尾相连的多条直线、圆弧和样条组成一条曲线。

2. 曲线组合的方式

保留原曲线和删除原曲线。

3. 曲线组合的说明

把多条曲线用一条样条曲线表示,这种表示要求首尾相连的曲线是光滑的。如果首尾相连的曲线有尖点,系统会自动生成一条光滑的样条曲线。

【例 8-30】使用曲线组合方式将相连的一组直线组合成一条曲线。

【解】操作步骤:

①单击“线面编辑”工具条上的曲线组合按钮或选择主菜单条中的“曲线”,在其下拉菜单中单击“曲线组合”,即激活了曲线组合功能。

②设置立即菜单,选择“删除原曲线”,如图 8-63 所示。

图 8-63　曲线组合的立即菜单

③根据信息提示区的提示信息“拾取曲线”,选取曲线,选择链拾取方向,按右键确定,完成曲线的组合,如图 8-64 所示。

若在立即菜单中选择“保留原曲线”,则原曲线保留,如图 8-65 所示。

(a)组合前　(b)组合后生成的曲线

图 8-64　曲线组合

(a) 组合前　(b) 组合后生成的曲线

图 8-65　曲线组合(保留原曲线)

第三节　曲线的几何变换

曲线的几何变换方式包括：平面镜像、平面旋转、镜像、平移、缩放、阵列和旋转。在曲线工具条中有与曲线几何变换相应的工具按钮，如图 8-1 所示；工具条上的功能按钮在主菜单的“变换”菜单中都有相应的选项，单击“变换”，将会显示下拉菜单，如图 8-66 所示。

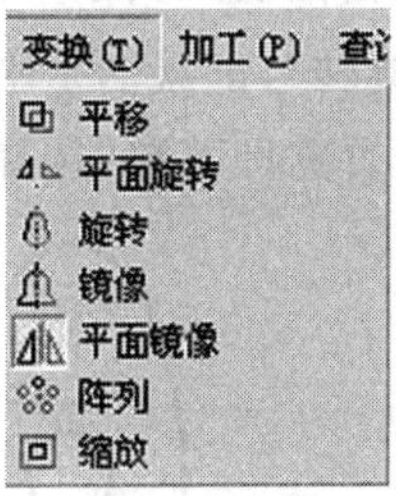

图 8-66　曲线几何变换下拉菜单

一、平面镜像

平面镜像是对拾取到的曲线以某一条直线为对称轴进行对称镜像或对称拷贝。通过设置其立即菜单，平面镜像包括镜像和移动两种操作。镜像后原图形保留，而进行移动操作后原图形将不再存在。

【例 8-31】进行某一给定图形的平面镜像，如图 8-67 所示。

【解】操作步骤：

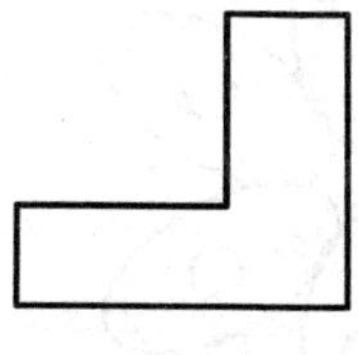

图 8-67　待镜像曲线

①单击曲线工具条上的平面镜像按钮或选择主菜单条中的“变换”，在其下拉菜单中单击“平面镜像”，即激活了平面镜像功能。

②设置立即菜单，选择“拷贝”，如图 8-68 所示。

③根据信息提示区的提示信息“镜像轴首点”，选取对称轴上的一点。

④根据信息提示区的提示信息“镜像轴末点”，选取对称轴上的另一点。

⑤根据信息提示区的提示信息“拾取元素”，选取待镜像的曲线，按右键确定，完成曲线的平

图 8-68　平面镜像的立即菜单

面镜像,如图 8-69 所示。

若在第②步立即菜单设置中选择“移动”,则平面镜像后原曲线不再被保留,镜像如图 8-70 所示。

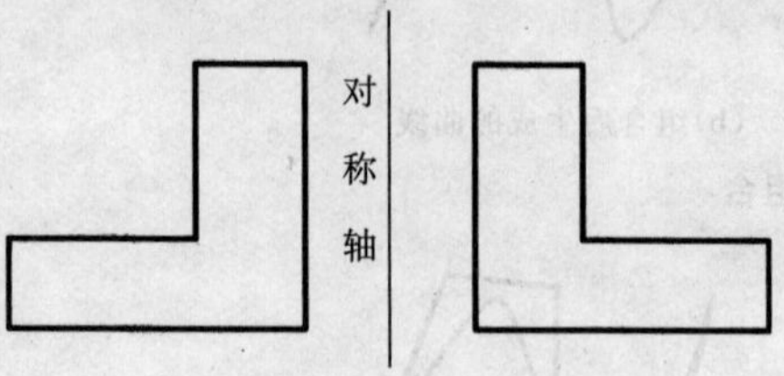

图 8-69　曲线的平面镜像结果

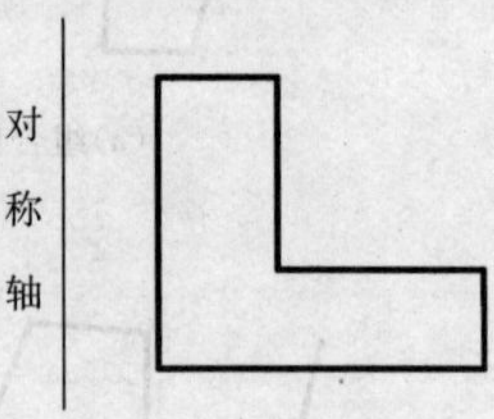

图 8-70　曲线的平面镜像结果(移动)

二、平面旋转

平面旋转是对拾取到的曲线以平面中某一点为中心进行旋转和旋转拷贝。通过设置其立即菜单,平面旋转包括拷贝和移动两种操作。拷贝后原图形保留,而进行移动操作后原图形将不再存在。

【例 8-32】 进行某一给定图形的平面旋转,如图 8-71 所示。要求:以坐标原点为中心进行旋转,得到 6 份图形(包括原图),相邻两图间隔为 60°。

【解】 操作步骤:

①单击曲线工具条上的平面旋转按钮或选择主菜单条中的“变换”,在其下拉菜单中单击“平面旋转”,即激活了平面旋转功能。

②设置立即菜单,选择“拷贝”,如图 8-72 所示。

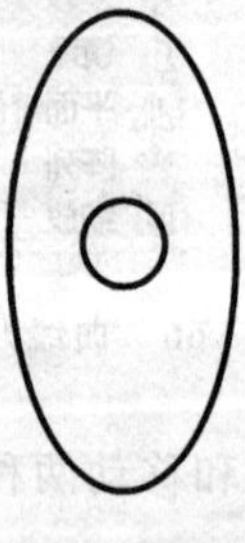

图 8-71　待旋转曲线

图 8-72　平面旋转的立即菜单

③根据信息提示区的提示信息“旋转中心点”,选取坐标原点。

④根据信息提示区的提示信息“拾取元素”,选取要进行平面旋转的曲线图形,按右键确定,完成曲线的平面旋转,如图 8-73 所示。

若在第②步立即菜单设置中选择“移动”,则平面旋转后原曲线图形将不再被保留,旋转结果如图 8-74 所示。

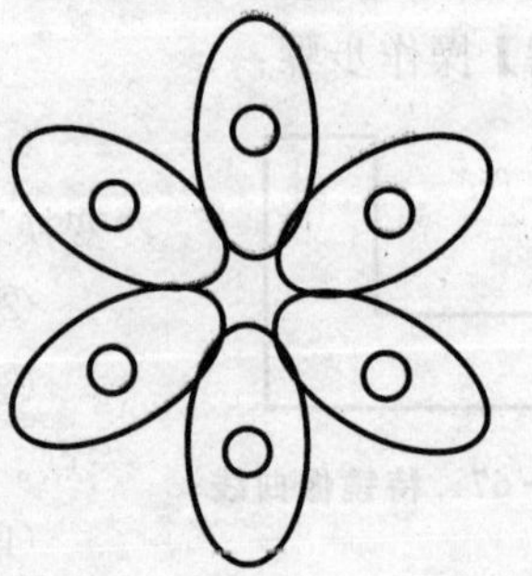

图 8-73　曲线的平面旋转结果

(a) 立即菜单　　(b) 平面旋转后

图 8-74　曲线的平面旋转结果(移动)

三、镜　像

镜像是对拾取到的曲线以空间平面为对称面进行镜像移动或镜像拷贝，此功能在绘制车削零件的轮廓时较少使用。

四、平　移

平移是对拾取到的曲线图形相对于原址进行平移和拷贝。

【例 8-33】 进行某一给定图形的平移，如图 8-75 所示。要求：沿 X 轴正方向移动 20，Y 轴正方向移动 20，Z 轴正方向移动 0。

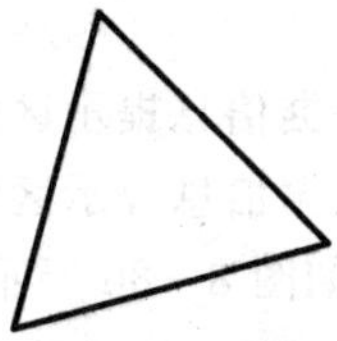

图 8-75　待平移曲线

【解】 操作步骤：

①单击曲线工具条上的平移按钮或选择主菜单条中的“变换”，在其下拉菜单中单击“平移”，即激活了平移功能。

②设置立即菜单，选择“偏移量”和“拷贝”。设置 $DX=20$，$DY=20$，$DZ=0$，如图 8-76 所示。

③根据信息提示区的提示信息“拾取元素”，选取要平移的曲线图形，按右键确定，完成曲线的平移，如图 8-77 所示。

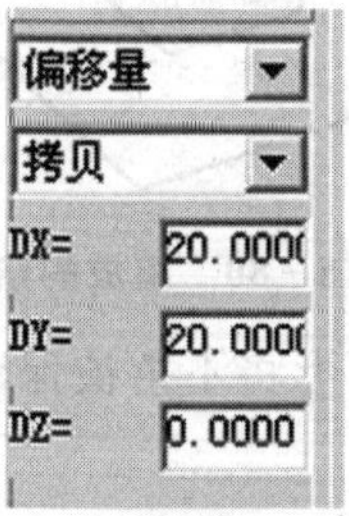

图 8-76　平移的立即菜单

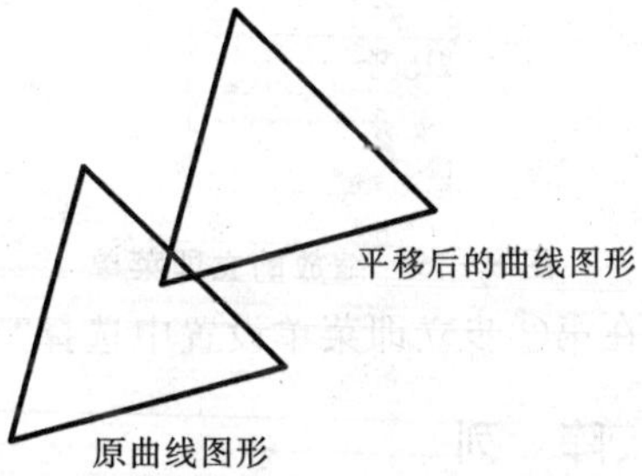

图 8-77　曲线的平移结果

若在第②步立即菜单设置中选择“移动”，则平移后原曲线图形将不再被保留。若在第②步立即菜单设置中选择“两点”进行平移，可以把待平移的图形移至某一指定点处，如图 8-78 所示。

五、缩　放

缩放是对拾取到的曲线图形按比例进行缩小和放大。

【例 8-34】 对某一给定图形进行放大。要求：选择坐标原点为基点，各轴的放大倍数均为 2。

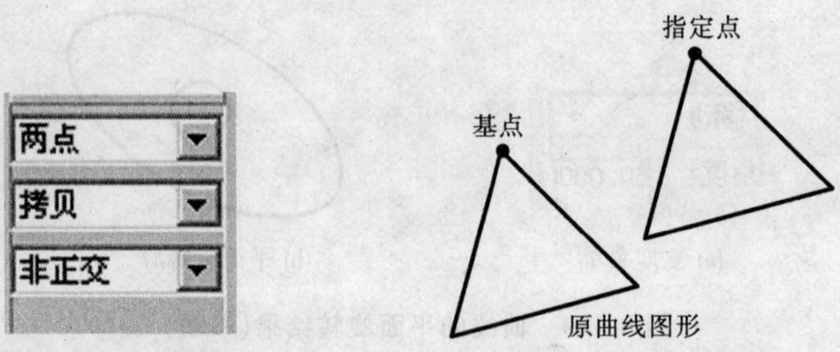

(a) 立即菜单设置　　　　(b) 平移结果

图 8-78　曲线的平移结果(定点移动)

【解】操作步骤：

①单击曲线工具条上的缩放按钮或选择主菜单条中的“变换”，在其下拉菜单中单击“缩放”，即激活了缩放功能。

②设置立即菜单，选择“拷贝”，设置份数＝1，X 比例＝2，Y 比例＝2，Z 比例＝2，如图 8-79 所示。

③根据信息提示区的提示信息“输入基点”，选取坐标原点。

④根据信息提示区的提示信息“拾取元素”，选取要平移的曲线图形，按右键确定，完成曲线的缩放，如图 8-80 所示。

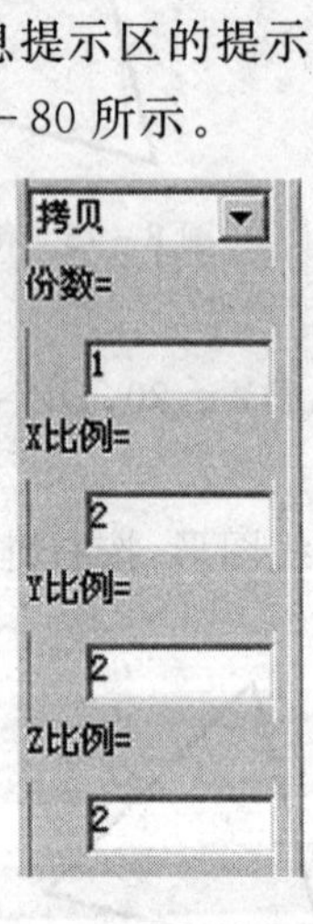

图 8-79　缩放的立即菜单

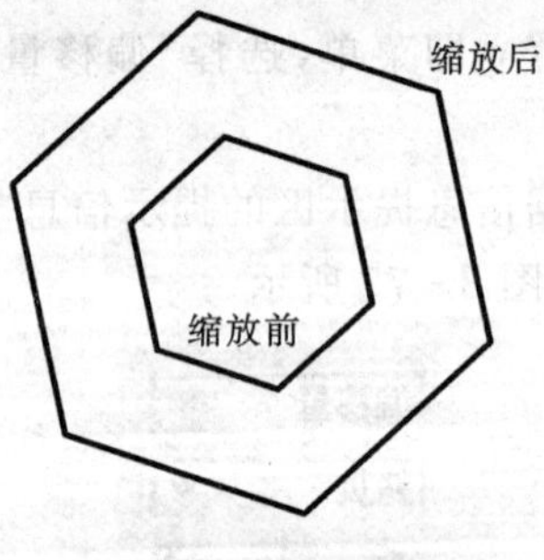

图 8-80　缩放的结果

若在第②步立即菜单设置中选择“移动”，则缩放后原曲线图形将不再被保留。

六、阵　列

阵列的目的是通过一次操作同时生成若干个相同图形，以提高作图速度，它分为圆阵列和矩形阵列两种。

【例 8-35】对某一图形进行阵列，如图 8-81 所示。要求：阵列图形以坐标原点为中心均匀分布在一圆上，阵列图形个数为 6 个(包括原图形)。

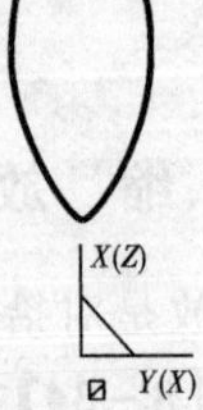

图 8-81　待阵列图形

【解】操作步骤：

①单击曲线工具条上的阵列按钮或选择主菜单条中的“变换”，在其下拉菜单中单击“阵列”，即激活了阵列功能。

②设置立即菜单，选择“圆形”“均布”，设置份数＝6，见图 8-82。

③根据信息提示区的提示信息“拾取元素”，选取要阵列的图形，按右键确定。

④根据信息提示区的提示信息“输入中心点”，选取坐标原点，完成图形的阵列，如图 8－83 所示。

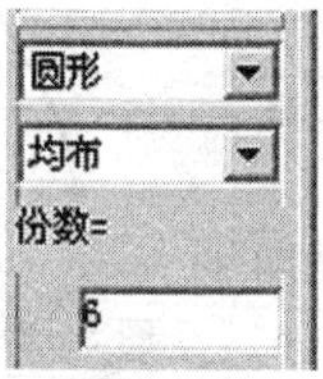

图 8－82　圆形阵列的立即菜单

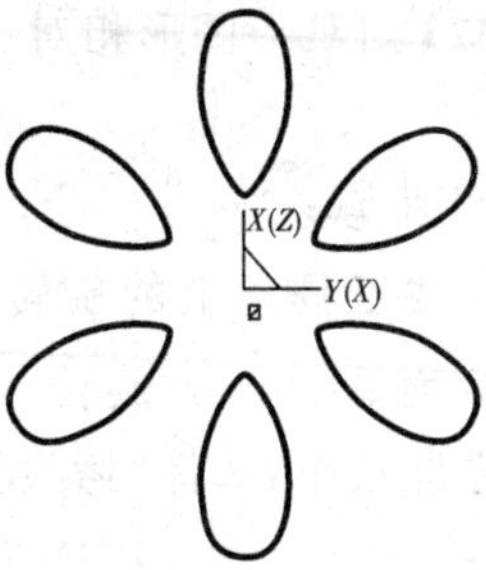

图 8－83　圆形阵列的结果

若在第②步立即菜单设置中选择“圆形”“夹角”，则阵列的图形按指定的角度分布在以坐标原点为中心的圆周上，如图 8－84 和图 8－85 所示。

图 8－84　圆形夹角阵列的立即菜单

图 8－85　圆形夹角阵列的结果

【例 8－36】对图 8－81 所示的图形进行矩形阵列。要求：阵列后得到 4 行 3 列图形，行距为 50，列距为 50，倾斜角度为 30°。

【解】操作步骤：

①单击曲线工具条上的阵列按钮或选择主菜单条中的“变换”，在其下拉菜单中单击“阵列”，即激活了阵列功能。

②设置立即菜单，选择“矩形”，设置行数＝4，行距＝50，列数＝3，列距＝50，角度＝30°，如图 8－86 所示。

③根据信息提示区的提示信息“拾取元素”，选取要阵列的图形，按右键确定，完成图形的阵列，如图 8－87 所示。

图 8－86　矩形阵列的立即菜单

图 8－87　矩形阵列的结果

七、旋　转

旋转是对拾取到的曲线以空间直线为对称轴进行旋转移动和旋转拷贝。

【例 8－37】对某一图形相对于给定对称轴进行旋转,如图 8－88 所示。

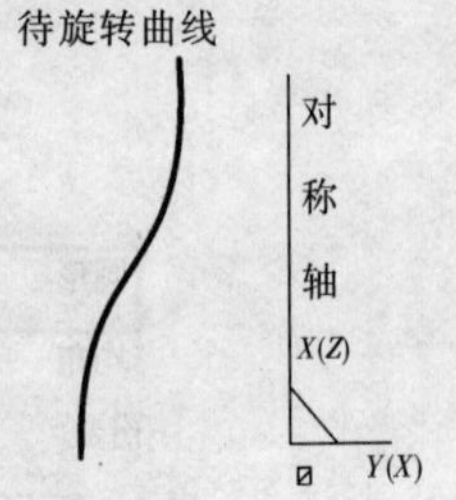

图 8－88　待旋转曲线

【解】操作步骤:

①单击曲线工具条上的旋转按钮或选择主菜单条中的“变换”,在其下拉菜单中单击“旋转”,即激活了旋转功能。

②设置立即菜单,选择“拷贝”,设置份数＝1,角度＝180°,如图 8－89 所示。

③根据信息提示区的提示信息“旋转轴首点”,选取对称轴上的一点。

④根据信息提示区的提示信息“旋转轴末点”,选取对称轴上的另一点。

⑤根据信息提示区的提示信息“拾取元素”,选取待旋转的曲线,按右键确定,完成曲线的旋转,如图 8－90 所示。

图 8－89　旋转的立即菜单

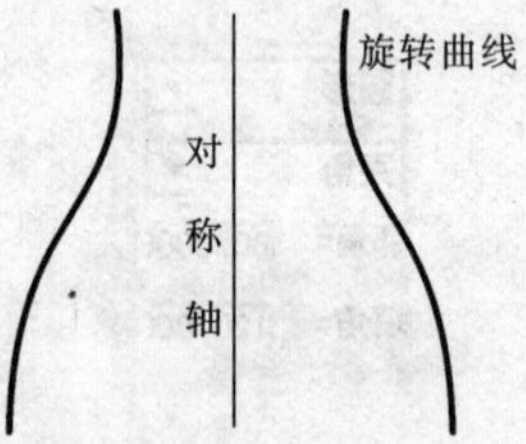

图 8－90　旋转的结果

若在第②步立即菜单设置中选择“移动”,则旋转后原曲线图形将不再被保留。

第四节　造型实例

【例 8－38】绘制如图 8－91 所示的轴类零件。

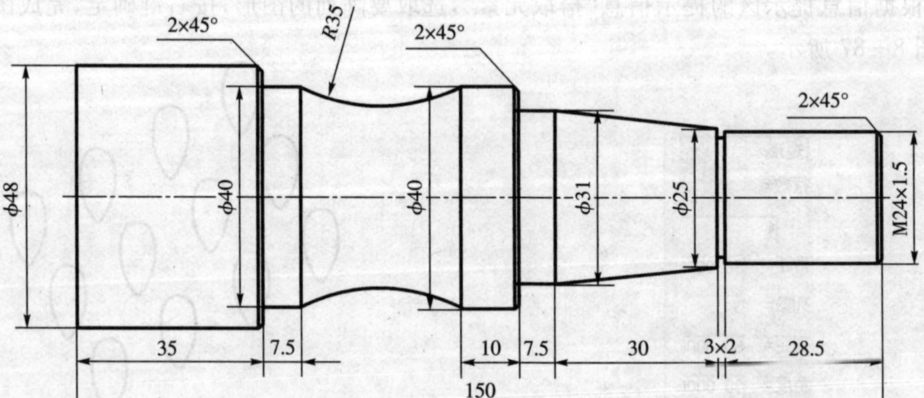

图 8－91　轴类零件

【解】操作步骤：

(1)运行 CAXA 数控车 XP。

(2)单击曲线生成工具条上的直线按钮，激活直线的生成功能。

(3)立即菜单的设置如图 8－92 所示。

图 8－92 立即菜单设置

(4)根据提示信息，分别输入如下坐标值的点进行零件轮廓直线的绘制：(0,0)，(24,0)，(24,35)，(20,35)，(20,42.5)，(20,71)，(20,81)，(15.5,81)，(15.5,88.5)，(12.5,118.5)，(10,118.5)，(10,121.5)，(12,121.5)，(12,150)，(0,150)，点击右键确定，结束直线的绘制，如图 8－93 所示。

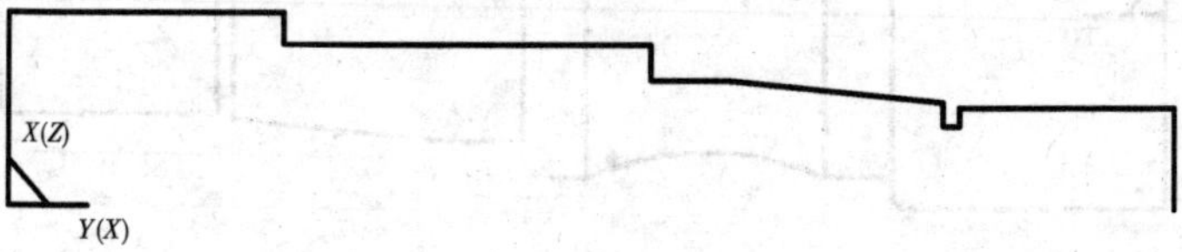

图 8－93 直线绘制

(5)单击曲线生成工具条上的圆弧按钮，激活圆弧的生成功能，完成轮廓上的圆弧绘制，如图 8－94 所示。

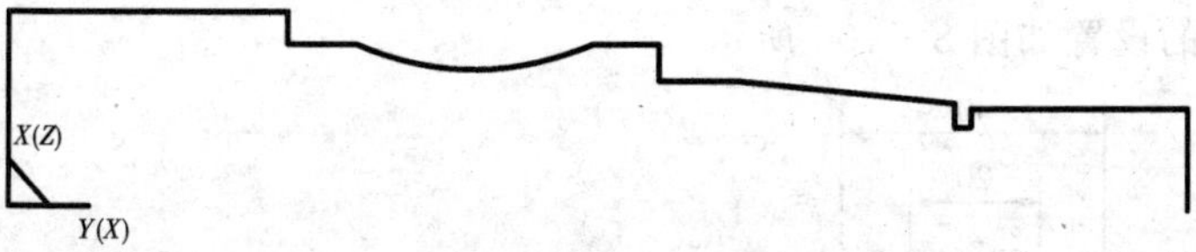

图 8－94 生成圆弧

(6)单击“线面编辑”工具条上的曲线过渡按钮，激活曲线过渡功能，设置立即菜单，选择“倒角”，在“角度”处输入“45”，“距离”处输入“2”，选择对曲线进行裁剪，如图 8－95 所示。根据提示信息分别选择要进行倒角的直线，结果如图 8－96 所示。

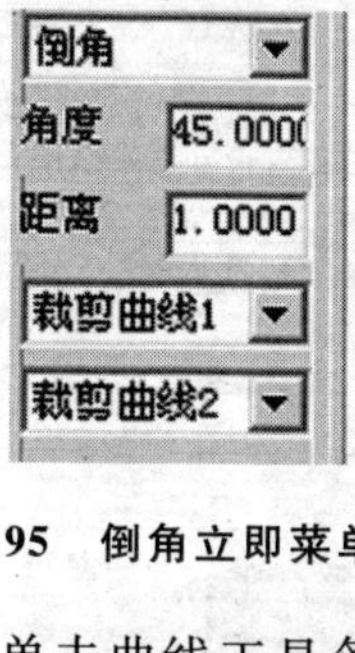

图 8－95 倒角立即菜单设置

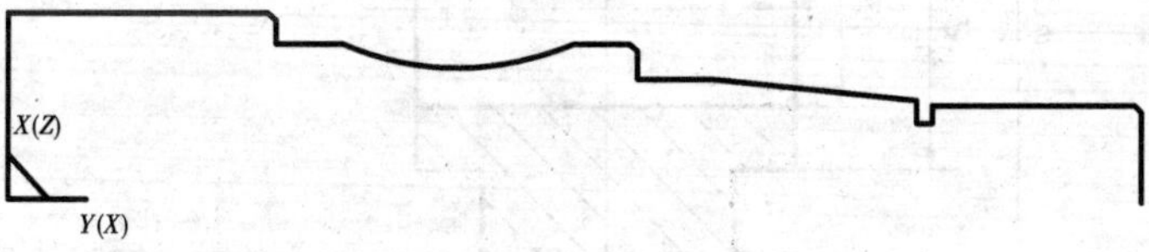

图 8－96 倒角完成图

(7)单击曲线工具条上的平面镜像按钮，激活平面镜像功能，立即菜单设置为“拷贝”，镜像轴首点选择为坐标原点，镜像轴末点输入坐标为(0,100)的点，拾取图 8－96 所示绘制好的曲线，按右键确定，完成零件图的平面镜像，如图 8－97 所示。

(8)单击曲线生成工具条上的直线按钮，激活直线生成功能，绘制直线。完成整个图形的绘制，如图 8－98 所示。

【例 8－39】绘制如图 8－99 所示的槽轮零件。

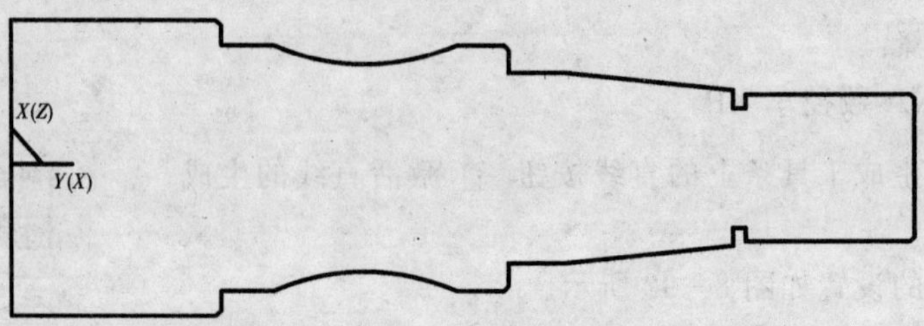

图 8 - 97　镜像完成图

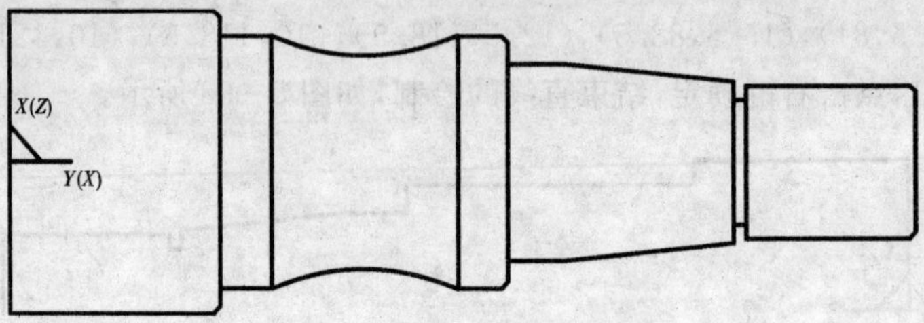

图 8 - 98　轴类零件完成图

【解】操作步骤：

(1)运行 CAXA 数控车 XP。

(2)单击曲线生成工具条上的直线按钮 ╲ ,激活直线的生成功能。

(3)立即菜单的设置如图 8 - 100 所示。

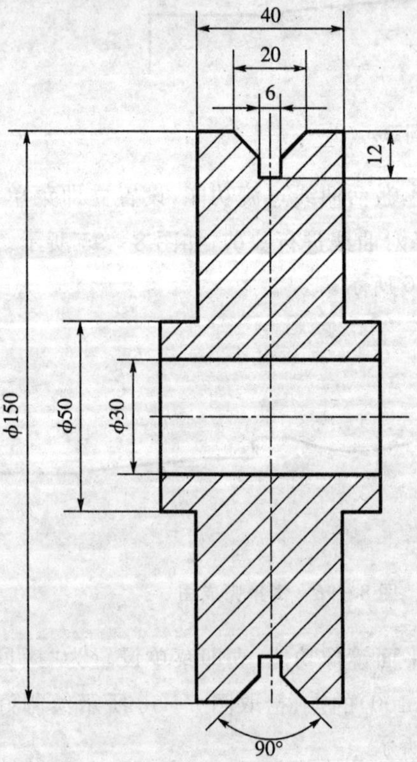

图 8 - 99　槽轮零件

图 8 - 100　立即菜单设置

(4)根据提示信息，分别输入如下坐标值的点进行零件轮廓直线的绘制：(15,0)，(15,30)，(25,30)，(25,20)，(75,20)，(75,10)，(68,3)，(63,3)，(63,0)，点击右键确定，结束直线的绘制，如图 8－101 所示。

(5)单击曲线工具条上的平面镜像按钮，激活平面镜像功能。

(6)立即菜单设置为“拷贝”，镜像轴首点选择为坐标原点，镜像轴末点输入坐标为(10,0)的点，拾取图 8－101 所绘制好的曲线，按右键确定。完成零件图的左右平面镜像，结果如图 8－102所示。

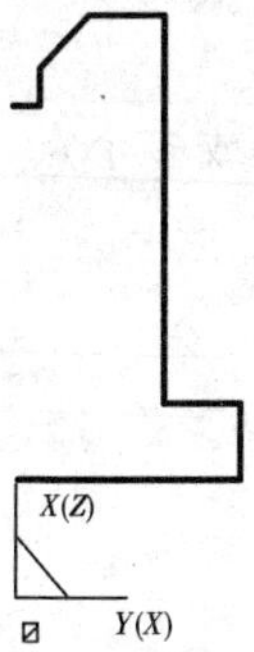

图 8－101　直线绘制

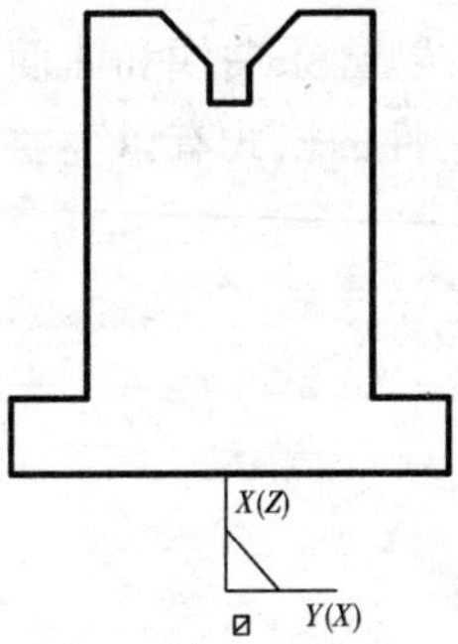

图 8－102　左右平面镜像

(7)继续进行平面镜像，镜像轴首点选择为坐标原点，镜像轴末点输入坐标为(0,10)的点，拾取图 8－102 所绘制好的曲线，按右键确定。完成零件图的上下平面镜像，结果如图8－103 所示。

(8)绘制直线，把上下两部分图形连接起来，完成整个图形的绘制，如图 8－104 所示。

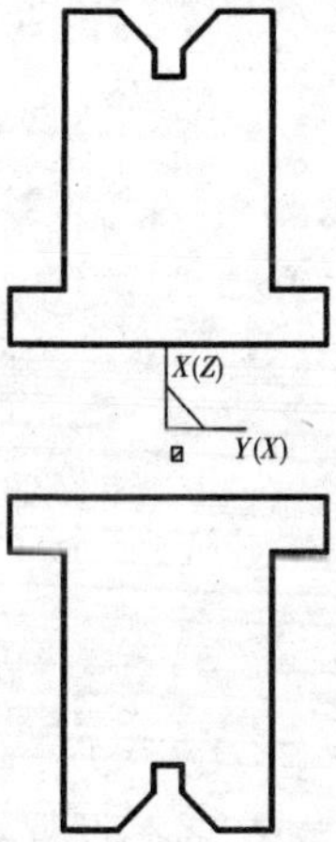

图 8－103　上下平面镜像

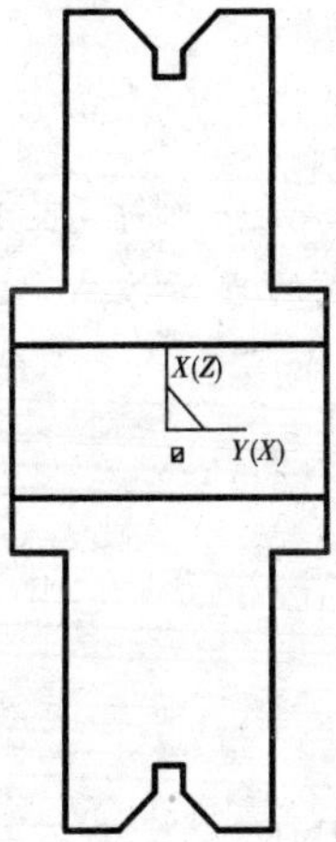

图 8－104　槽轮零件完成图

第五节 DAT数据文件*

一、DAT数据文件简介

DAT数据文件也称自定义数据文本文件,文件格式说明如下:读入一个文本数据文件,直接生成点、直线、样条曲线和曲面;数据文件的扩展名是DAT。

该文本文件的格式有以下要求:文件分段表示,每一段是一个或多个点、直线、样条曲线或曲面。

1.点的表示方式

POINT

x_1, y_1, z_1

x_2, y_2, z_2

……

x_n, y_n, z_n

其中,POINT是关键字,表示下面一段数据代表点,每一行数据代表一个点。

2.直线的表示方式

LINE

x_1, y_1, z_1

x_2, y_2, z_2

……

x_n, y_n, z_n

其中,LINE是关键字,表示下面一段数据是首尾相连的直线。

3.样条曲线的表示方式

SPLINE

n

x_1, y_1, z_1

x_2, y_2, z_2

……

x_n, y_n, z_n

其中,SPLINE是关键字,表示下面一段数据是样条数据;n 指有 n 个点,(x_1, y_1, z_1),(x_2, y_2, z_2),…,(x_n, y_n, z_n)为 n 个坐标点。

在文件的结尾有关键字EOF,表示文件结束。

二、示 例

下面举一个数据文件(文件名:数据文件示例1)的例子。

POINT

40,−80,0

65,−80,0
40,−60,0
65,−60,0
LINE
20.5,−40.6,0
41.1,−23.2,0
41.1,−23.2,0
22,43.6,0
25.3,80.1,0
SPLINE
4
10,−40,0
20,−25.9,0
55.7,19.6,0
10,100.3,0
SPLINE
8
20,−80,0
0,−41.9,0
−20.7,0,0
−10.5,18.5,0
0,40,0
10,53.3,0
15.2,70,0
65.5,110.4,0
EOF

选择主菜单条中的"文件",在其下拉菜单中单击"数据输入",如图8-105所示。弹出"打开"对话框,在该对话框中"文件类型"选择"DAT文件","文件名"选择要打开的文件"数据文件示例1",如图8-106所示。单击"打开",完成该数据文件的读入,系统将自动生成4个点、4条直线和2个样条曲线,如图8-107所示。

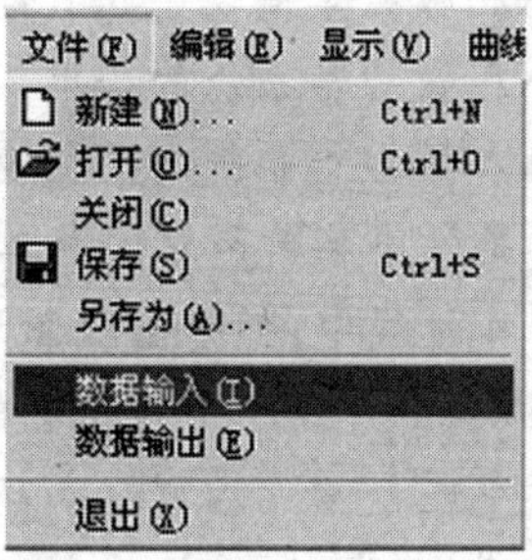

图8-105 选择"数据输入"功能

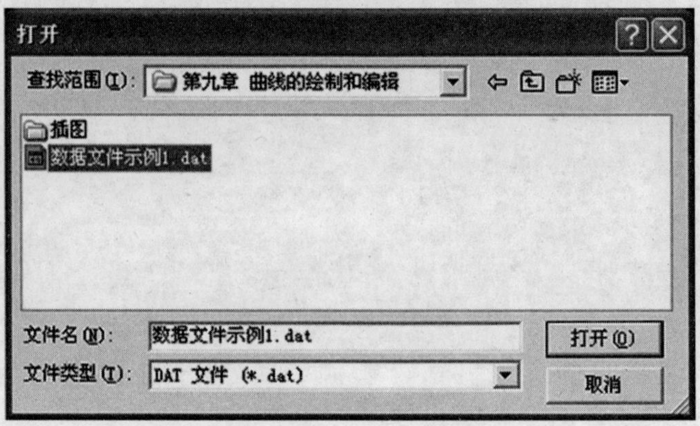

图 8-106 打开对话框

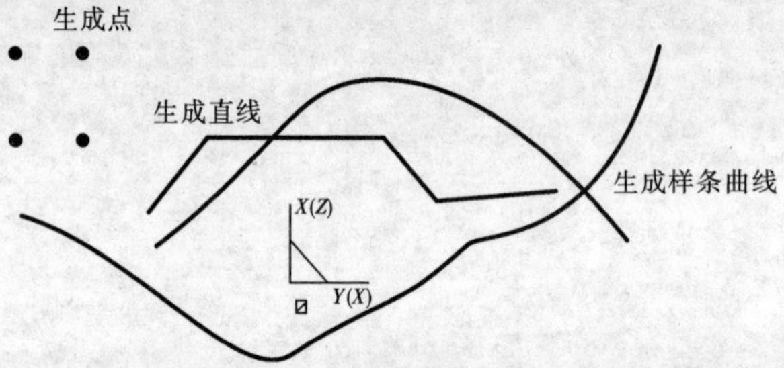

图 8-107 读入数据文件生成曲线

习 题 八

8.1 思考题

(1)CAXA 数控车提供了几种绘制直线的方法?分别是什么?

(2)CAXA 数控车系统的拾取工具有几种拾取方式?怎么激活?

(3)CAXA 数控车系统的几何变换功能有哪些?

(4)什么是弹出菜单和立即菜单?怎样激活?

(5)在操作过程中,如果出现图形对象不能拾取的现象,怎么处理?

(6)等距线、平行线和平移三者的功能有何异同?

8.2 填空题

(1)曲线裁剪共有______、______、______、______四种方式。其中,______、______和______具有延伸特性。

(2)用户可以选择对工具点状态是否进行锁定,可在______功能里根据需要和习惯选择相应选项。

8.3 上机练习题

(1)绘制题图 8-108 所示的手柄零件图。

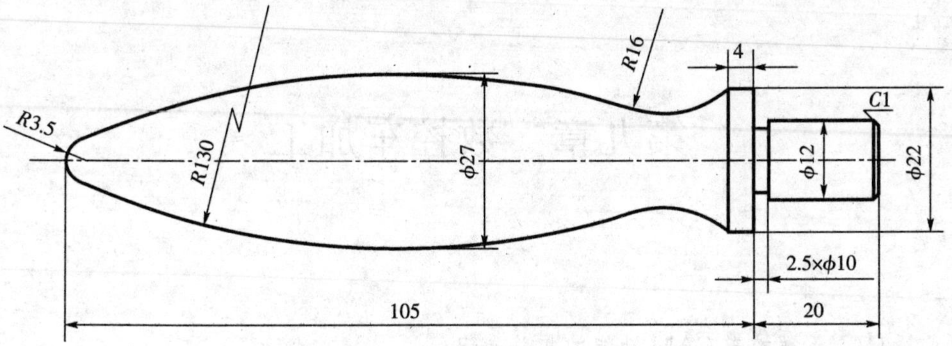

图 8－108　题 8－3(1)图

(2)绘制图 8－109 所示的零件图。

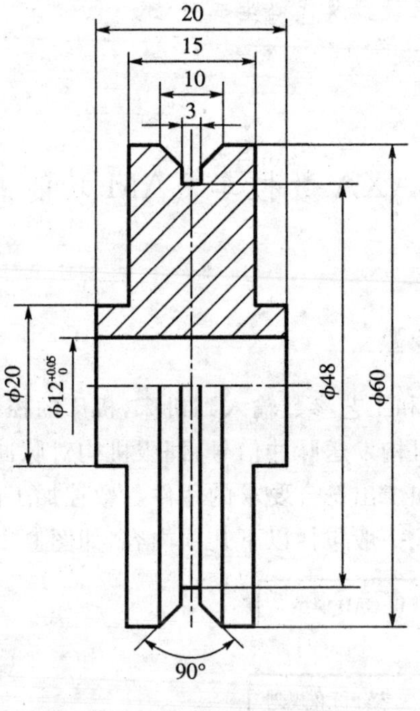

图 8－109　题 9－3(2)图

第九章　数控车加工

学习目标：

1. 了解 CAXA 数控车 CAM 功能的相关知识。
2. 熟悉刀具库相关操作。
3. 掌握轮廓粗车、轮廓精车、切槽、钻中心孔、车螺纹功能的使用。
4. 掌握机床后置处理、机床设置及代码生成方法。

第一节　CAXA 数控车 CAM 功能的基础知识

一、CAM 主要内容和步骤

数控加工就是将加工数据和工艺参数输入到机床，机床的控制系统对输入信息进行运算与控制，并不断地向机床的伺服机构发送脉冲信号，伺服机构对脉冲信号进行转换和放大处理，然后由传动机构驱动机床，从而加工出符合要求的零件。数控加工的关键是加工数据和工艺参数的获取，即数控编程。数控编程一般包括以下几项内容，如图 9－1 所示。

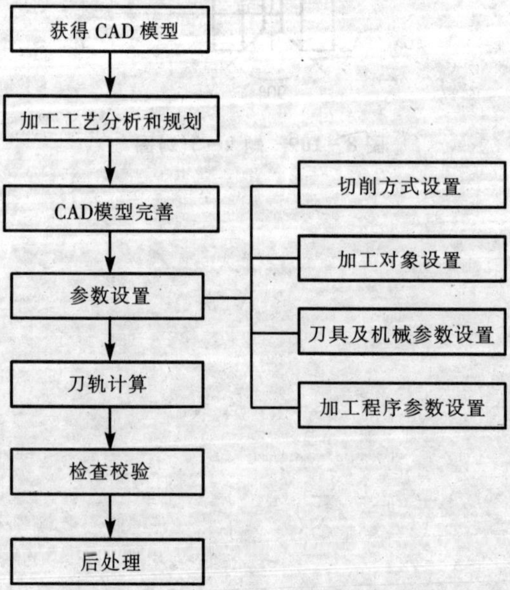

图 9－1　CAM 主要内容和步骤

①对图纸进行分析，确定需要数控加工的部分。

②用图纸软件对需要数控加工的部分造型。

③根据加工条件，选择合适的加工参数生成加工轨迹。

④轨迹的仿真检验，如不符合要求，应重新进行参数修改。

⑤轨迹的仿真检验符合要求后，生成数控代码。

⑥将生成的数控代码通过数据接口输出，传给机床进行零件加工。

二、CAM 功能的几个基本概念

1. 两轴加工

在 CAXA 数控车加工中，机床坐标系的 Z 轴即是绝对坐标系中的 X 轴，软件中的 Y 轴相当于车床的 X 轴，平面图形均指投影到绝对坐标系的 XOY 平面。

2. 轮廓

轮廓是一系列首尾相连接曲线的集合，分为外轮廓、内轮廓和端面轮廓。

毛坯轮廓是指加工前毛坯的表面轮廓。在进行数控编程及交互指定待加工图形时，常常需要用户指定毛坯轮廓，将该轮廓用来界定被加工的表面或被加工的毛坯本身。如果毛坯轮廓是用来界定被加工表面的，则要求制定的轮廓是闭合的；如果加工的是毛坯轮廓本身，则毛坯轮廓也可以不闭合。

3. 加工余量

车削加工是一个从毛坯开始逐步除去多余的材料（即加工余量）的过程，以便得到需要的零件。这个过程可以由粗加工、半精加工和精加工构成，在前一道工序中，往往要给下一道工序留下一定的余量。

4. 加工误差

刀具轨迹和实际加工模型的偏差即加工误差。在两轴加工中，对于直线和圆弧的加工不存在加工误差，加工误差指对样条线进行加工时用折线段逼近样条线时的误差。

5. 干涉

切削被加工表面时，刀具切到不应该切的部分，称为干涉现象。在 CAXA 数控车系统中，干涉分为两种。一种是指被加工表面存在刀具切削不到的部分时的干涉现象。另一种是指切削时，刀具与未加工表面存在的干涉现象。

6. 机床的速度参数

数控机床的速度参数，主要包括主轴转速、接近速度、进给速度和退刀速度等。

第二节 机床的设置

一、机床设置的功能

机床设置就是针对不同的机床、不同的数控系统，设置特定的数控代码、数控程序格式及参数，并生成配置文件。生成数控程序时，系统根据该配置文件的定义生成用户所需要的特定代码格式的加工指令。

机床设置给用户提供了一种灵活方便的设置系统配置的方法。对不同的机床进行适当的配置,具有重要的实际意义。通过设置系统配置参数,后置处理所生成的数控程序可以直接输入数控机床或加工中心进行加工,而无需进行修改。如果已有的机床类型中没有所需的机床,可增加新的机床类型以满足使用需求,并可对新增的机床进行设置。机床设置的各参数如图9-2所示。

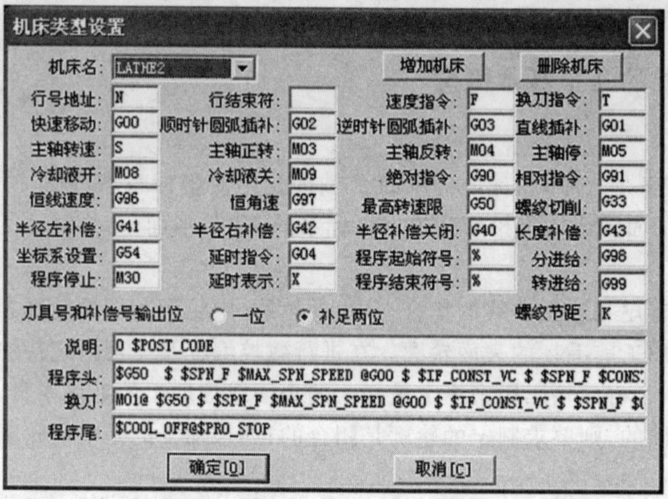

图 9-2 “机床类型设置”对话框

机床参数设置包括主轴控制、数值插补方法、补偿方式、冷却控制、程序启停以及程序首尾控制符等。

二、操作步骤

单击数控车工具条上的机床设置按钮或选择主菜单条中的“加工”,在其下拉菜单中单击“机床设置”菜单项,系统弹出机床设置参数表,用户可按自己的需求增加新的机床或更改已有的机床设置。点击“确定”按钮可将用户的更改保存,“取消”则放弃已做的更改。

下面以某系统参数设置为例,进行具体参数的设置。

三、机床参数设置

在“机床名”一栏内用鼠标点击下拉菜单,可选择一个已存在的机床并进行修改。若想新增加一台机床,则点击“增加新机床”按钮,点击“删除机床”按钮可删除当前的机床,如图 9-3 和图 9-4 所示。

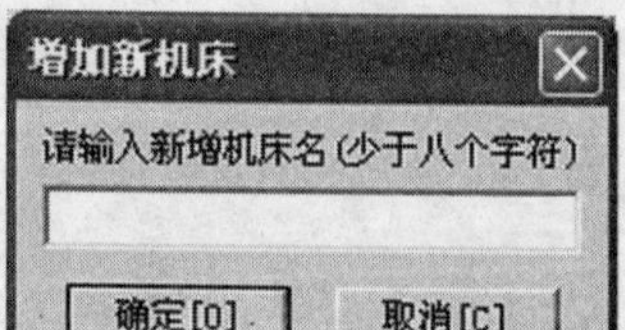

图 9-3 “增加新机床”对话框

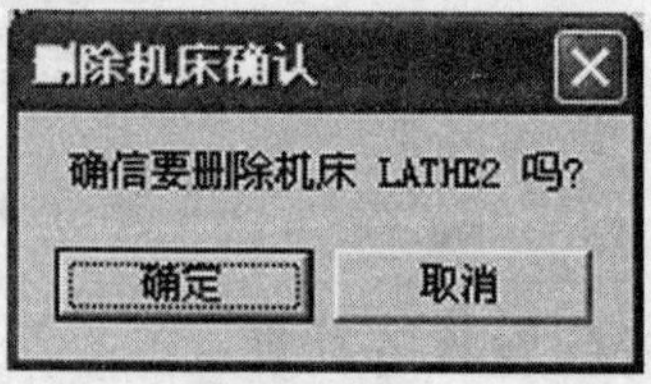

图 9-4 “删除机床确认”对话框

在机床设置对话框中可对机床的以下各种指令地址进行设置。

1. 行号地址(N××××)

一个完整的数控程序由许多程序段组成，每一个程序段前有一个程序段号，即行号地址。系统可以根据行号识别程序段。如果程序过长，还可以利用调用行号很方便地把光标移到所需的程序段。行号可以从 1 开始，连续递增，如 N0001，N0002，N0003 等；也可以间隔递增，如 N0001，N0005，N0010 等。建议用户采用后一种方式。因为间隔行号比较灵活方便，可以随时插入程序段，对原程序进行修改，而无需改变后续行号。如果采用前一种连续递增的方式，每修改一次程序，插入一个程序段，都必须对后续的程序段的行号进行修改，很不方便。

2. 行结束符(;)

在数控程序中，一行数控代码就是一个程序段。数控程序一般以特定的符号而不是以回车键作为程序段结束的标志，它是一段程序段不可缺少的组成部分。有些系统以分号符“;”作为程序段结束符。系统不同，程序段结束符一般不同，如有的系统结束符是“*”，有的系统是“#”等。一个完整的程序段应包括行号、数控代码和程序段结束符。

例如：

N 10 G92 X10 Y5;

3. 插补方式控制

插补就是把空间曲线分解为 X、Y、Z 各个方向的很小的曲线段，然后以微元化的直线段去逼近空间曲线。数控系统都提供直线插补和圆弧插补两种插补方式，其中圆弧插补又可分为顺时针圆弧插补和逆时针圆弧插补。

插补指令都是模态代码。所谓模态代码就是只要指定一次功能代码的格式，以后就不用再次指定，系统会以前面最近的功能模式确认本程序段的功能。除非重新指定同类型功能代码，否则以后的程序段仍然可以默认该功能代码。

(1)直线插补(G01)。系统以直线段的方式逼近所给定的点，需给出终点坐标。

例如：

G01 X100 Y200 表示刀具将以直线的方式从当前点到达点(100,200)。

(2)顺时针圆弧插补(G02)。系统以半径一定的圆弧的方式按顺时针的方向逼近该点，要求给出终点坐标、圆弧半径以及圆心坐标。

例如：

G02 X100 Y100 CR=50 表示刀具将以半径为 50 圆弧的方式，按顺时针方向从当前点到达目的点(100,100)。

G02 X100 Y200 I50 J50 表示刀具将以当前点、终点(100,200)和圆心(50,50)所确定的圆弧的方式，按顺时针方向从当前点到达目的点(100,200)。

(3)逆时针圆弧插补(G03)。系统以半径一定的圆弧的方式按逆时针的方向逼近该点，要求给出终点坐标、圆弧半径以及圆心坐标。

例如：

G03 X100 Y200 CR=50 表示刀具将以半径为 50 圆弧的方式，按逆时针方向从当前点到达目的点(100,200)。

G03 X100 Y200 I50 J50 表示刀具将以当前点、终点(100,200)和圆心(50,50)所确定的圆弧的方式，按逆时针方向从当前点到达目的点(100,200)。

4. 主轴控制指令

(1)主轴转数：S。

(2)主轴正转:M03。

(3)主轴反转:M04。

(4)主轴停:M05。

5.冷却液开关控制指令

(1)冷却液开(M08)。M08 指令打开冷却液阀门开关,开始提供冷却液。

(2)冷却液关(M09)。M09 指令关掉冷却液阀门开关,停止提供冷却液。

6.坐标设定指令

用户可以根据需要设置坐标系,系统根据用户设置的参照系确定坐标值是绝对坐标还是相对坐标。

(1)坐标系设置(G54)。G54 是程序坐标系设置指令。一般以零件原点作为程序的坐标原点。程序零点坐标存储在机床的控制参数区。程序中不设置此坐标系,而是通过 G54 指令调用。

(2)绝对指令(G90)。G90 指令把系统设置为绝对编程模式。以绝对模式编程的指令,坐标值都以 G54 所确定的工件零点为参考点。绝对指令 G90 也是模态代码,除非被同类型代码 G91 所代替,否则系统一直默认。

(3)相对指令(G91)。G91 指令把系统设置为相对编程模式。以相对模式编程的指令,坐标值都以该点的前一点为参考点,指令值以相对递增的方式编程。同样 G91 也是模态代码指令。

(4)设置当前点坐标(G92)。G92 指令把随后跟着的 X 值、Y 值作为当前点的坐标值。

7.补偿指令

补偿包括左补偿、右补偿及补偿关闭等。有了补偿后,编程时可以直接根据曲线轮廓编程。

(1)半径左补偿(G41)。半径左补偿指加工轨迹以进给的方向为正方向,沿轮廓线左边让出一个刀具半径。

(2)半径右补偿(G42)。半径右补偿指加工轨迹以进给的方向为正方向,沿轮廓线右边让出一个刀具半径。

(3)半径补偿关闭(G40)。补偿的关闭是通过代码 G40 来实现的。左右补偿指令代码都是模态代码,所以,也可以通过开启一个补偿指令代码来关闭另一个补偿指令代码。

8.延时控制指令

(1)延时指令(G04)。程序执行延时指令时,刀具将在当前位置停留给定的延时时间。

(2)延时表示(F)。其后跟随的数值表示延时的时间。

9.程序停止指令(M02)

程序结束指令 M02 将结束整个程序的运行,所有的功能 G 代码和与程序有关的一些机床运行开关,如冷却液开关、走丝开关、机械手开关等都将关闭,处于原始禁止状态。机床处于当前位置,如果要使其停止在机床零点位置,则必须用机床回零指令使之回零。

10.恒线速度指令(G96)

恒线速度指令 G96 可使机床在切削过程中按指定线速值保持线速度恒定。

11.恒角速度指令(G97)

恒角速度指令 G97 可使机床在切削过程中按指定的主轴转速保持主轴转速恒定,直到下一条指令改变该指令为止。

12. 最高转速指令(G26)

最高转速 G26 指令限制机床主轴的最高转速,常与恒线速度指令(G96)匹配使用。

四、程序格式设置

程序格式设置就是对 G 代码各程序段格式进行设置。

用户可以对以下程序段进行格式设置:程序起始符号、程序结束符号、程序说明、程序头和程序层换刀段。

1. 设置方式

字符串或宏指令@字符串或宏指令。

其中宏指令为:$+宏指令串,系统提供的宏指令串有以下几种。

当前后置文件名:POST_NAME;

当前日期:POST_DATE;

当前时间:POST_TIME;

当前 X 坐标值:COORD_Y;

当前 Z 坐标值:COORD_X;

当前程序号:POST_CODE;

行号指令:LINE_NO _ ADD;

行结束符:BLOCK _ END;

直线插补:G01;

顺时针圆弧插补:G02;

逆时针圆弧插补:G03;

绝对指令:G90;

相对指令:G91;

指定当前点坐标:G92;

冷却液开:COOL_ON;

冷却液关:COOL_OFF;

程序止:PRO_STOP;

左补偿:DCMP _ LFT;

右补偿:DCMP _ RGH;

补偿关闭:DCMP _ OFF;

@号:换行标志。若是字符串,则输出@本身。

$号:输出空格。

2. 程序说明

说明部分是对程序的名称、与此程序对应的零件名称编号、编制日期和时间等有关信息的记录。程序说明部分是为了管理的需要而设置的。有了这个功能项目,用户可以很方便地进行管理。比如要加工某个零件时,只需要从管理程序中找到对应的程序编号即可,而不需要从复杂的程序中去一个一个地寻找需要的程序。

例如:N100-50123,$POST _ NAME,$ POST_ DATE 和 $ POST _ TIME,在生成的后置程序中的程序说明部分输出如下说明:

N 100-50123, 010053, 2007, 2 , 9 , 14 : 10 : 31

3. 程序头

针对特定的数控机床来说,其数控程序开头部分都是相对固定的,程序头包括一些机床信息,如机床回零、工件零点设置以及冷却液开启等。

例如:直线插补指令内容为 G01,那么,$G01 的输出结果为 G01,同样 $COOL _ ON 的输出结果为 M8,$ PRO _STOP 为 M02,依此类推。

例如:$ COOL_ ON@ $SPN _ CW@ $G90 $G0 $COORD _ Y $ COORD _ X @ G41 在后置文件中的输出内容如下:

M08;

M03;

G90 G00 X10 Z20;

G41;

第三节　后置处理设置

一、后置处理设置的功能

后置处理设置就是针对特定的机床,结合已经设置好的机床配置,对后置输出的数控程序的格式,如程序段行号、程序大小、数据格式、编程方式、圆弧控制方式等进行设置。本功能可以设置默认机床及 G 代码输出选项。机床名选择已存在的机床名作为默认机床。

后置参数设置包括程序段行号、程序大小、数据格式、编程方式和圆弧控制方式等。

二、后置处理设置的操作步骤

(1)单击数控车工具条上的后置处理设置按钮或选择主菜单条中的"加工",在其下拉菜单中单击"后置处理设置"菜单项,系统弹出"后置处理设置"对话框,如图 9-5 所示。

(2)用户可以根据自己的需要更改已有机床的后置设置。点击"确定"按钮可将用户的更改保存,"取消"则放弃已做的更改。

三、后置处理设置选项定义

1. 机床系统

首先,数控程序必须针对特定的数控机床,特定的配置才具有加工的实际意义,所以后置设置必须先调用机床配置。在图 9-5 所示的"后置处理设置"对话框中,用鼠标点击机床名下拉菜单栏,就可以很方便地从配置文件中调出每一机床的相关配置。图 9-5 中调用的是 LATHE2 数控系统的相关配置。

2. 输出文件最大长度

输出文件长度可以对数控程序的大小进行控制,文件大小控制以 KB(字节)为单位。当输出的代码文件长度大丁规定长度时,系统将自动分割文件。例如当输出的 G 代码文件 Output. ISO 超过规定的长度时,系统就会自动分割为 Output0001. ISO、Output0002. ISO、Output0003. ISO、Output0004. ISO 等文件。

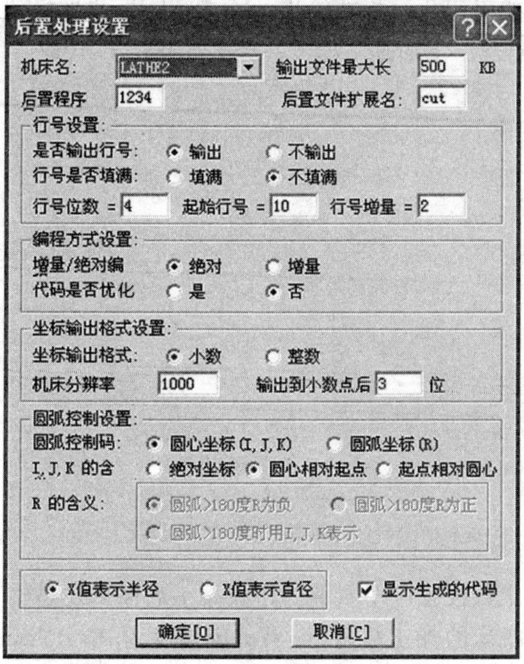

图 9－5　“后置处理设置”对话框

3. 后置文件扩展名控制和后置程序号

(1)后置文件扩展名是控制所生成的数控程序文件名的扩展名。有些机床对数控程序要求有扩展名,有些机床则没有这个要求,应视不同的机床而定。

(2)后置程序号是记录后置设置的程序号。不同的机床其后置设置不同,所以采用程序号来记录这些设置,以便于用户日后使用。

4. 行号设置

程序段行号设置包括是否输出行号、行号是否填满、行号位数、起始行号以及行号增量等。

(1)是否输出行号:选择行号输出,则在数控程序中的每一个程序段前面输出行号;选择不输出,则在数控程序中的每一个程序段前面将不显示行号。

(2)行号是否填满:行号是否填满是指行号达不到规定的行号位数时,是否用 0 进行填充。行号填满就是将达不到要求的行号位数进行补零,反之则不进行补零。例如行号 N10,若选择了行号填满,则输出显示行号为 N0010;若选择不填满,则输出显示行号仍为 N10。

(3)行号位数:定义行号的位数。如设定行号位数＝4,则每一行号都将以 4 位数字显示,如 N0050。

(4)起始行号:程序第一行的行号。以后每行的行号都将在起始行号的基础上按照行号递增数值递增。

(5)行号递增数值:行号递增数值就是程序段行号之间的间隔。相邻两行的行号之间的间隔等于行号递增数值。如图 9－5 中设置行号增量＝2,则任意相邻两行间的间隔都将为 2,如一行的行号为 N0025,则下一行的行号将为 N0027。建议用户选取比较适中的递增数值,这样有利于程序的管理。

5. 编程方式设置

(1)编程方式设置有绝对编程 G90 和增量编程 G91 两种方式可供选择。

(2)代码是否优化。代码优化是指在输出的 G 代码中,若坐标值的某分量与上一次相同,则此分量在 G 代码中不出现。下面是一段没有经过优化的 G 代码。

X0 Y0 Z0

X0 Y0 Z50

X0 Y50 Z50

X0 Y50 Z0

X0 Y0 Z0

经过代码优化后,结果如下:

X0 Y0 Z0

Z50

Y50

Z0

Y0

6. 坐标输出格式设置

(1)坐标输出格式决定数控程序中数值的格式是小数输出还是整数输出。

(2)机床分辨率就是机床的加工精度,如果机床精度为 0.001 mm,则分辨率设置为 1000,依此类推。

(3)输出小数位数可以控制加工精度,但不能超过机床精度,否则将没有实际意义。

7. 圆弧控制设置

圆弧控制设置主要设置圆弧控制的编程方式,即采用圆心编程方式还是半径编程方式。

第四节 刀具库管理

CAXA 数控车 XP 提供了多种数控车加工功能,如刀具库管理、轮廓粗车、轮廓精车、切槽、机床设置等,数控车工具条如图 9-6 所示。下面将详细介绍各种功能的具体使用方法。

图 9-6 数控车工具条

一、刀具库管理的功能

刀具库管理功能用于定义、确定刀具的有关数据,以便于用户从刀具库中获取刀具信息和对工具库进行维护。该功能包括轮廓车刀、切槽刀具、钻孔刀具和螺纹车刀四种刀具类型的管理。

二、具体操作方法

单击数控车工具条上的刀具库管理按钮或选择主菜单条中的“加工”,在其下拉菜单中单击“刀具库管理”菜单项(图 9-7),即激活了刀具库管理功能。系统便弹出“刀具库管理”对话框，如图 9－8 所示。用户可按自己的需要添加新的刀具，对已有刀具的参数进行修改，更换当前使用的刀具等。

图 9－7　打开刀具库管理菜单

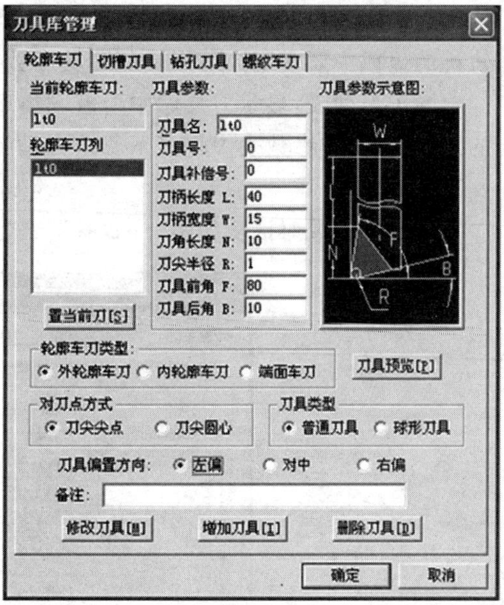

图 9－8　轮廓车刀参数对话框

当需要定义新的刀具时，按“增加刀具”按钮可弹出“添加刀具”对话框。

在刀具列表中选择要删除的刀具名，按“删除刀具”按钮可从刀具库中删除所选择的刀具。应当注意的是，不能删除当前刀具。

在刀具列表中选择要使用的当前刀具名，按“置当前刀”可将选择的刀具设为当前刀具，也可以在刀具列表中双击所选的刀具。

改变参数后，按“修改刀具”按钮即可对刀具参数进行修改。

需要指出的是，刀具库中的各种刀具只是同一类刀具的抽象描述，并非符合国标或其他标准的详细刀具库。所以刀具库只列出了对轨迹生成有影响的部分参数，其他与具体加工工艺相关的刀具参数并未列出。例如，将各种外轮廓、内轮廓、端面粗(精)车刀均归为轮廓车刀，对轨迹生成没有影响。其他补充信息可在“备注”栏中输入。

下面将对各种刀具参数做详细说明。

三、参数说明

1. 轮廓车刀

轮廓车刀参数对话框如图 9－8 所示。各参数含义如下：

刀具名：刀具的名称，用于刀具标识和列表。刀具名是唯一的。

刀具号：刀具的系列号，用于后置处理的自动换刀指令。刀具号是唯一的，并对应机床的刀库。

刀具补偿号：刀具补偿值的序列号，其值对应于机床的数据库。

刀柄长度：刀具可夹持段的长度。

刀柄宽度：刀具可夹持段的宽度。

刀角长度：刀具可切削段的长度。

刀尖半径:刀尖部分用于切削的圆弧的半径。

刀具前角:刀具前刃与工件旋转轴的夹角。

当前轮廓车刀:显示当前使用刀具的刀具名。当前刀具就是在加工中要使用的刀具,在加工轨迹的生成中要使用当前刀具的刀具参数。

轮廓车刀列表:显示刀具库中所有同类型刀具的名称,可通过鼠标或键盘的上、下键选择不同的刀具名,刀具参数表中将显示所选刀具的参数。双击所选的刀具还能将其置为当前刀具。

2. 切槽刀具

切槽刀具参数对话框如图 9 - 9 所示。各参数含义如下:

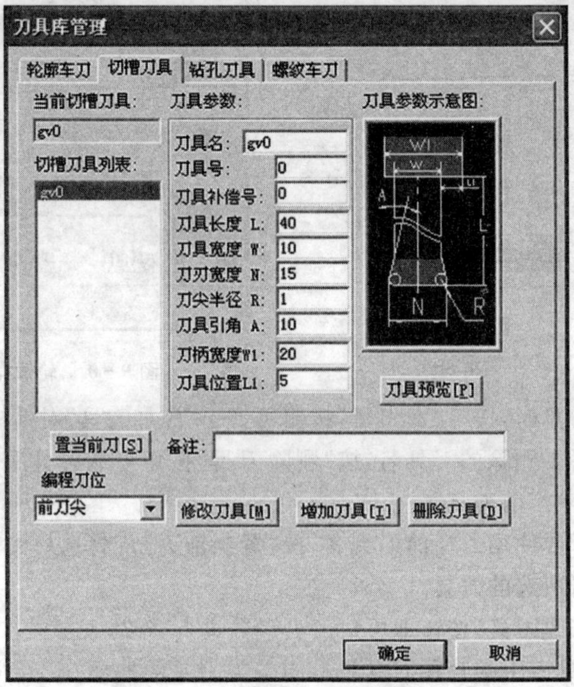

图 9 - 9　切槽刀具参数对话框

刀具名:刀具的名称,用于刀具标识和列表。刀具名是唯一的。

刀具号:刀具的系列号,用于后置处理的自动换刀指令。刀具号是唯一的,并对应机床的刀具库。

刀具补偿号:刀具补偿值的序列号,其值对应于机床的数据库。

刀具长度:刀具的总体长度。

刀刃宽度:刀具切削刃的宽度。

刀尖半径:刀具切削刃两端圆弧的半径。

刀具引角:刀具切削段两侧边与垂直于切削方向的夹角。

刀柄宽度:刀具夹持段的宽度。

当前切槽刀具:显示当前使用刀具的刀具名。当前刀具就是在加工中要使用的刀具。在加工轨迹的生成中要使用当前刀具的刀具参数。

切槽刀具列表:显示刀具库中所有同类型刀具的名称,可通过鼠标或键盘的上、下键选择不同的刀具名,刀具参数表中将显示所选刀具参数。双击所选的刀具还能将其置为当前刀具。

3. 钻孔刀具

钻孔刀具参数对话框如图 9-10 所示。各参数含义如下：

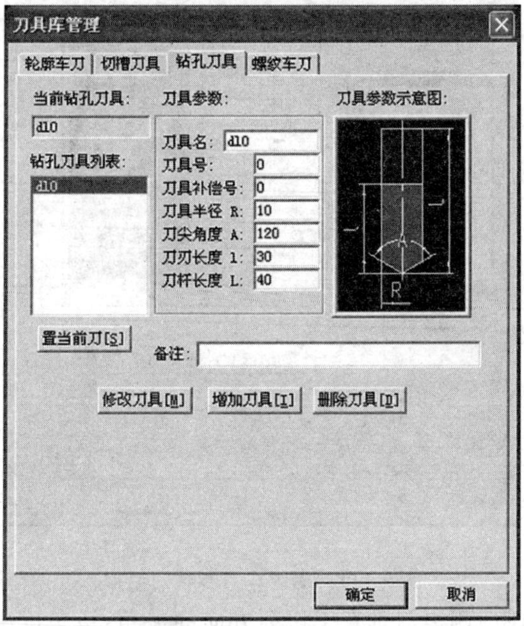

图 9-10 钻孔刀具参数对话框

刀具名：刀具名称，用于刀具标识和列表。刀具名是唯一的。

刀具号：刀具的系列号，用于后置处理的自动换刀指令。刀具号是唯一的，并对应机床的刀具库。

刀具补偿号：刀具补偿值的序列号，其值对应机床的数据库。

刀具半径：刀具的半径。

刀尖角度：钻头前段尖部的角度。

刀刃长度：刀具的刀杆可用于切削部分的长度。

刀杆长度：刀尖到刀柄之间的距离。刀杆长度应大于刀刃有效长度。

当前钻孔刀具：显示当前使用刀具的刀具名。当前刀具就是在加工中要使用的刀具，在加工轨迹的生成中要使用当前刀具的刀具参数。

钻孔刀具列表：显示刀具库中所有同类型刀具名称，可通过鼠标或键盘的上、下键选择不同的刀具名，刀具参数表中将显示所选刀具参数。双击所选的刀具还能将其置为当前刀具。

4. 螺纹车刀

螺纹车刀参数对话框如图 9-11 所示。各参数含义如下：

刀具名：刀具的名称，用于刀具标识和列表。刀具名是唯一的。

刀具号：刀具的系列号，用于后置处理的自动换刀指令。刀具号是唯一的，并对应机床的刀具库。

刀具补偿号：刀具补偿值的序列号，其值对应机床的数据库。

刀柄长度：刀具可夹持段的长度。

刀刃长度：刀具切削刃顶部的宽度。对于三角螺纹车刀，刀刃宽度等于 0。

刀尖宽度：螺纹齿底宽度。

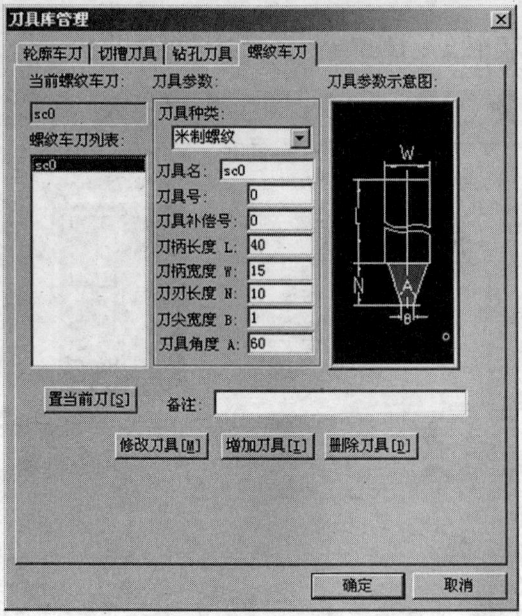

图 9-11　螺纹车刀参数对话框

刀具角度:刀具切削段两侧边与垂直于切削方向的夹角,该角度决定了车削出的螺纹的螺纹角。

当前螺纹车刀:显示当前使用刀具的刀具名。当前刀具就是在加工中要使用的刀具,在加工轨迹的生成中要使用当前的刀具参数。

螺纹车刀列表:显示刀具库中所有同类型刀具的名称,可通过鼠标或键盘的上、下键选择不同的刀具名,刀具参数表中将显示所选刀具的参数。双击所选的刀具还能将其置为当前刀具。

第五节　轮 廓 粗 车

一、轮廓粗车的功能

轮廓粗车功能用于实现对工件外轮廓表面、内轮廓表面和端面的粗车加工,用来快速清除毛坯的多余部分。

做轮廓粗车时要确定被加工轮廓和毛坯轮廓,被加工轮廓就是加工结束后的工件表面轮廓,毛坯轮廓就是加工前毛坯的表面轮廓。被加工轮廓和毛坯轮廓两点相连,两轮廓共同构成一个封闭的加工区域,在此区域的材料将被去除。被加工轮廓和毛坯轮廓不能单独闭合或自相交。

二、操作步骤

轮廓粗车的操作步骤如下:

(1)单击数控车工具条上的轮廓粗车按钮或选择主菜单条中的“加工”,在其下拉菜单中

单击“轮廓粗车”菜单项，即激活了轮廓粗车功能。系统便弹出“轮廓粗车参数表”，如图 9－12 所示。

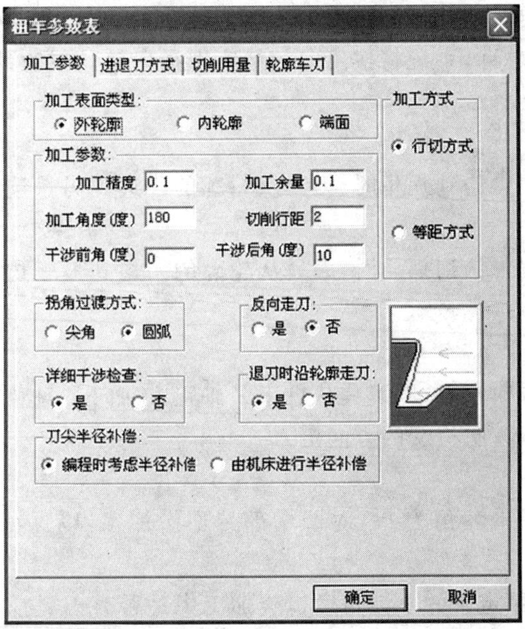

图 9－12 轮廓粗车参数表界面

在参数表中首先要确定被加工的是外轮廓表面还是内轮廓表面或端面，接着按加工要求确定其他各加工参数。

(2)确定参数后拾取被加工的轮廓和毛坯轮廓，此时可使用系统提供的轮廓拾取工具，对于多段曲线组成的轮廓，使用“限制链拾取”将极大地方便拾取。采用“链拾取”和“限制链拾取”时的拾取箭头方向与实际的加工方向无关。

(3)确定进退刀点。指定一点为刀具加工前和加工后所在的位置。右击可忽略该点的输入。

完成上述步骤后即可生成加工轨迹。在“数控车”菜单区中选取“生成代码”功能项，拾取刚生成的刀具轨迹，即可生成加工指令。

三、参数说明

1. 加工参数

单击图 9－12 所示对话框中的“加工参数”标签即进入加工参数表。加工参数表主要用于对粗车加工中的各种工艺条件和加工方式进行限定。各加工参数含义说明如下：

(1)加工表面类型

①外轮廓。采用外轮廓车刀加工外轮廓，此时默认加工方向角度为 180°。

②内轮廓。采用内轮廓车刀加工内轮廓，此时默认加工方向角度为 180°。

③端面。此时默认加工方向应垂直于系统 X 轴，即加工角度为－90°或 270°。

(2)加工参数

①干涉后角。做底切干涉检查时，确定干涉检查的角度。

②干涉前角。做前角干涉检查时，确定干涉检查的角度。

③加工角度。刀具切削方向与机床 Z 轴(软件系统 X 轴)正方向的夹角。

④切削行距。行间切入深度,即两相邻切削行之间的距离。

⑤加工余量。加工结束后,被加工表面没有加工部分的剩余量(与最终加工结果比较)。

⑥加工精度。用户可按需要控制加工的精度。对轮廓中的直线和圆弧,机床可以精确地加工;对由样条曲线组成的轮廓,系统将按给定的精度把样条转化成直线段来满足用户所需的加工精度。

(3)拐角过渡方式

①圆弧。在切削过程中遇到拐角时,刀具从轮廓的一边到另一边的过程中,以圆弧的方式过渡。

②尖角。在切削过程中遇到拐角时,刀具从轮廓的一边到另一边的过程中,以尖角的方式过渡。

(4)反向走刀

①否。刀具按默认方向走刀,即刀具从机床 Z 轴正方向向 Z 轴负方向移动。

②是。刀具按与默认方向相反的方向走刀。

(5)详细干涉检查

①否。假定刀具前后干涉角为 0°,对凹槽部分不做加工,以保证切削轨迹无前角及底切干涉。

②是。加工凹槽时,用定义的干涉角度检查加工中是否有刀具前角及底切干涉,并按定义的干涉角度生成无干涉的切削轨迹。

(6)退刀时沿轮廓走刀

①否。刀位行首末直接进退刀,对行与行之间的轮廓不加工。

②是。两刀位行之间如果有一段轮廓,在后一刀位行之前、之后增加对行间轮廓的加工。

(7)刀尖半径补偿

①编程时考虑半径补偿。在生成加工轨迹时,系统根据当前所用刀具的刀尖半径进行补偿计算(按假想刀尖点编程)。所生成代码即为已考虑半径补偿的代码,无需机床再进行刀尖半径补偿。

②由机床进行半径补偿。在生成加工轨迹时,假设刀尖半径为 0,按轮廓编程,不进行刀尖半径补偿计算。所生成代码用于实际加工时,应根据实际刀尖半径由机床制定补偿值。

2. 进退刀方式

单击对话框中的"进退刀方式"标签,即进入进退刀方式参数表,如图 9－13 所示。该参数表用于对加工中的进退刀方式进行设定。

(1)进刀方式。进刀方式有两种,"每行相对毛坯进刀方式"为用于对毛坯部分进行切削时的进刀方式,"每行相对加工表面进刀方式"为用于对加工部分进行切削时的进刀方式。

①与加工表面成定角:指在每一切削行前加入一段与轨迹切削方向成一定角度的进刀段,刀具垂直进刀到该进刀段的起点,再沿该进刀段进刀至切削行。其中,"长度"定义该进刀段的长度,"角度"定义该进刀段与轨迹切削方向的夹角。

②垂直进刀:指刀具直接进刀到每一切削行的起始点。

③矢量进刀:指在每一切削行前加入一段与系统 X 轴(机床 Z 轴)正方向成一定夹角的进刀段。刀具进刀到该进刀段的起始点,再沿该进刀段进刀至切削行。其中,"长度"定义矢量(进刀段)的长度。"角度"定义矢量(进刀段)与系统 X 轴正方向的夹角。

(2)退刀方式。退刀方式有两种,"每行相对毛坯退刀方式"为用于对毛坯部分进行切削时

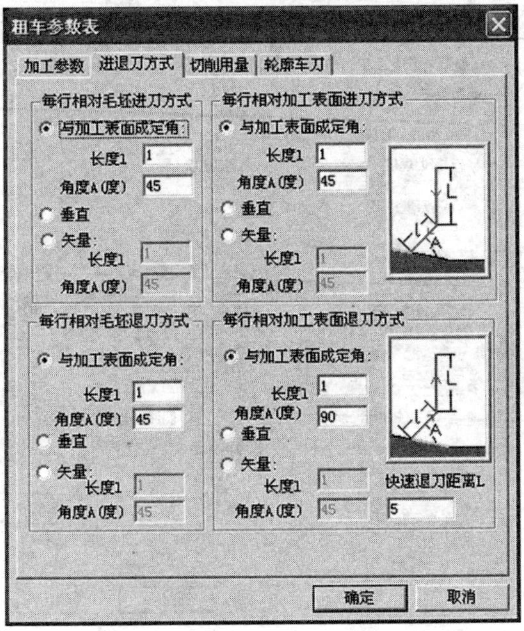

图 9-13　轮廓粗车进退刀方式界面

的退刀方式,“每行相对加工表面退刀方式”为用于对加工表面部分进行切削时的退刀方式。

①与加工表面成定角:指在每一切削行后加入一段与轨迹切削方向成一定角度的退刀段,刀具先沿该退刀段退刀,再从该退刀段的末点开始垂直退刀。“长度”定义该退刀段的长度,“角度”定义该退刀段与轨迹切削方向的夹角。

②轮廓垂直退刀:指刀具直接从每一切削行的终点垂直退刀。

③轮廓矢量退刀:指在每一切削行后加入一段与系统 X 轴(机床 Z 轴)正方向成一定夹角的退刀段。刀具先沿该退刀段退刀,再从该退刀段的末点开始垂直退刀。“长度”定义矢量(退刀段)的长度,“角度”定义矢量(退刀段)与系统 X 轴正方向的夹角。“快速退刀距离”指以给定的退刀速度回退的距离(相对值),在此距离上以机床允许的最大进给速度退刀。

3. 切削用量

在每种刀具轨迹生成时,都需要设置一些与切削用量及机床加工相关的参数。单击“切削用量”标签可进入切削用量参数设置页,如图 9-14 所示。各选项具体含义如下:

(1)速度设定

①接近速度:刀具接近工件时的进给速度。

②切削速度:刀具切削工件时的进给速度。

③主轴转速:机床主轴旋转的速度。计量单位是机床默认的单位。

④退刀速度:刀具离开工件的速度。

(2)主轴转速选项。主轴转速选项分恒转速和恒线速度两种。

①恒转速:切削过程中按指定的主轴转速保持主轴转速恒定,直到下一指令改变该转速。

②恒线速度:切削过程中按指定的线速度值保持线速度恒定。

(3)样条拟合方式。样条拟合方式分直线拟合和圆弧拟合两种。

①直线拟合:对加工轮廓中的样条线根据给定的加工精度用直线段进行拟合。

②圆弧拟合:对加工轮廓中的样条线根据给定的加工精度用圆弧段进行拟合。

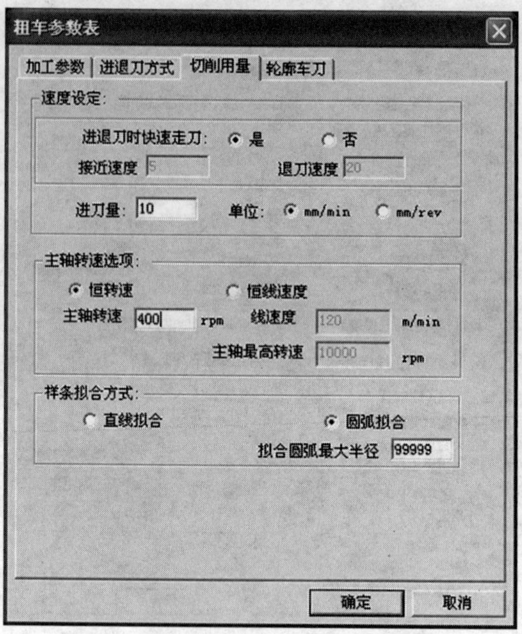

图 9-14　轮廓粗车切削用量参数表界面

4. 轮廓车刀

单击“轮廓车刀”标签可进入轮廓车刀参数设置页。该页用于对加工中所用的刀具参数进行设置。具体参数说明请参考第四节“刀具库管理”中有关内容。

四、加工实例

1. 实例

【例 9-1】 图 9-15 所示为待加工零件图,曲线轮廓内部部分为要加工出的外轮廓,方框部分为毛坯轮廓。进行零件的粗车加工。

【解】 操作步骤:

(1)生成轨迹时,画出由要加工出的外轮廓和毛坯轮廓的上半部分组成的封闭区域(需切除部分)即可,其余线条不用画出,如图 9-16 所示。

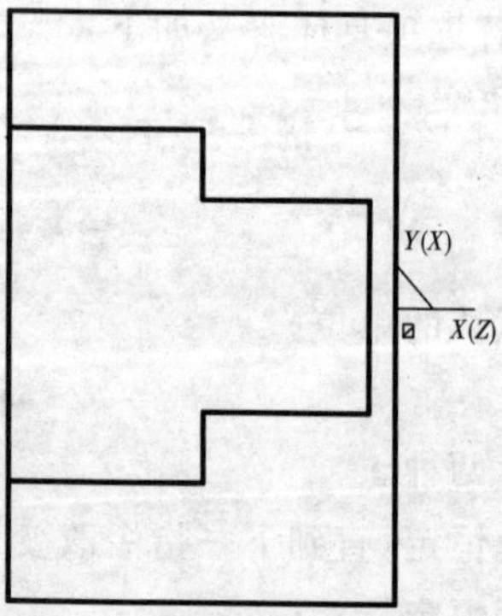

图 9-15　待加工零件及毛坯外轮廓

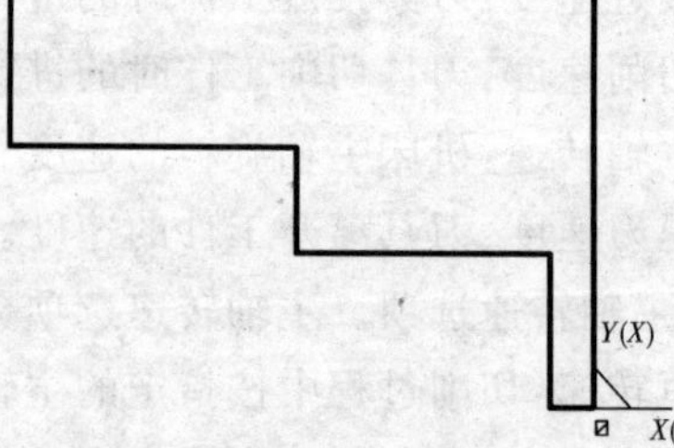

图 9-16　待加工外轮廓和毛坯轮廓的上半部分组成的封闭区域

(2)填写参数表:在图 9-12 所示的轮廓粗车参数表中填写参数,填写完参数后,单击“确认”按钮。

(3)拾取轮廓,系统提示用户选择轮廓线。拾取轮廓线可以利用曲线拾取工具菜单,空格键弹出“链拾取”立即菜单,如图 9-17 所示。

当拾取第一条轮廓线后,此轮廓线变为红色的虚线。系统给出提示选择方向,要求用户选择一个方向,此方向只表示拾取轮廓线的方向,与刀具的加工方向无关,如图 9-18 所示。

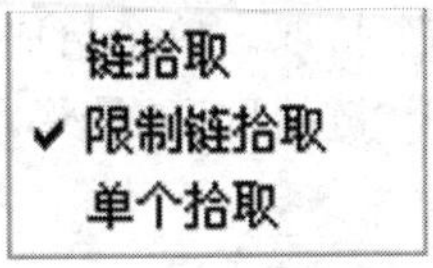

图 9-17　“链拾取”立即菜单

选择方向后,如果采用的是链拾取方式,则系统自动拾取首尾连接的轮廓线;如果采用单个拾取方式,则系统提示继续拾取轮廓线;如果采用限制链拾取方式,则系统自动拾取该曲线与限制曲线之间连接的曲线。若加工轮廓与毛坯轮廓首尾相连,采用链拾取方式会将加工轮廓与毛坯轮廓混在一起;采用限制链拾取方式或单个拾取方式则可以将加工轮廓与毛坯轮廓区分开。

(4)拾取毛坯轮廓。拾取方法与上面所述类似。

(5)确定进退刀点。指定一点为刀具加工前和加工后所在的位置。单击鼠标右键可忽略该点的输入。

(6)生成刀具轨迹。当确定进退刀点之后,系统生成绿色的刀具轨迹,如图 9-19 所示。

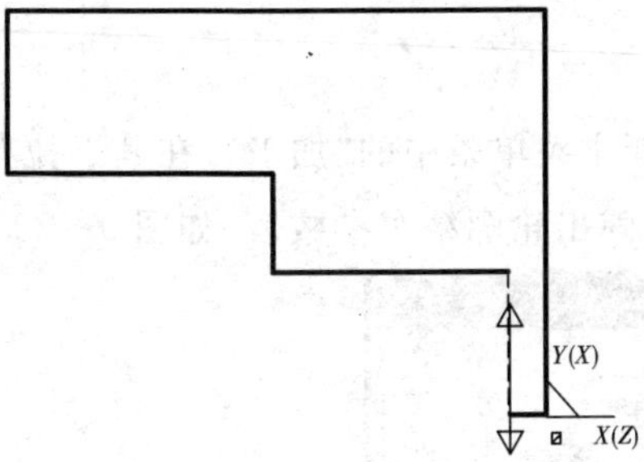

图 9-18　轮廓拾取方向示意图

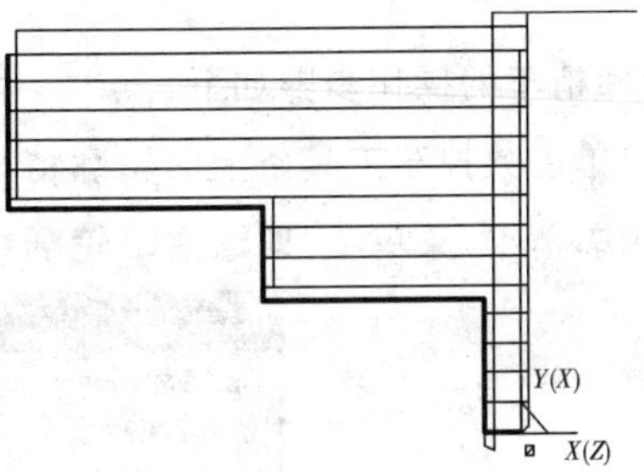

图 9-19　生成粗车加工轨迹

(7)在“加工”下拉菜单中选取“代码生成”功能项,拾取刚生成的刀具轨迹,即可生成加工指令。

注意:①加工轮廓与毛坯轮廓必须构成一个封闭区域,被加工轮廓和毛坯轮廓不能单独闭合或自相交。

②为便于采用链拾取方式,可以将加工轮廓与毛坯轮廓绘成相交,系统能自动求出其封闭区域。

③软件绘图坐标系与机床坐标系的关系:在软件坐标系中,X 轴正方向代表机床的 Z 轴正方向,Y 轴正方向代表机床的 X 轴正方向。本软件用加工角度将软件的 XY 向转换成机床的 ZX 向。如切外轮廓,刀具由右向左运动,与机床的 Z 轴正向成 180°,加工角度取 180°。如切端面,刀具从上到下运动,与机床的 Z 轴正向成 −90°或 270°,加工角度取 −90°或 270°。

2. 轮廓曲线拾取菜单介绍

在生成轨迹时经常需要拾取轮廓。在此对轮廓拾取方式作一专门的介绍。

轮廓拾取工具提供三种拾取方式:链拾取、限制链拾取和单个拾取,如图 9-17 所示。

(1)链拾取。链拾取时需用户指定起始曲线及链搜索方向,系统按起始曲线及搜索方向自动寻找所有首尾搭接的曲线。它适合于需批量处理的曲线数目较大且无两根以上曲线搭接在一起的情形。

(2)限制链拾取。限制链拾取需用户指定起始曲线、搜索方向和限制曲线,系统按起始曲线及搜索方向自动寻找首尾搭接的曲线至指定的限制曲线。适用于避开有两根以上曲线搭接在一起的情形,以正确地拾取所需要的曲线。

(3)单个拾取。单个拾取需用户依次拾取需批量处理的各条曲线。它适合于曲线条数不多且不适合于"链拾取"的情形。

第六节 轮廓精车

一、轮廓精车的功能

轮廓精车功能用于实现对工件外轮廓表面、内轮廓表面和端面的精车加工。做轮廓精车时要确定被加工轮廓,被加工轮廓就是加工结束后的工件表面轮廓,被加工轮廓不能闭合或自相交。

二、操作步骤

轮廓精车的操作步骤如下:

(1)单击数控车工具条上的轮廓精车按钮或选择主菜单条中的"加工",在其下拉菜单中单击"轮廓精车"菜单项,即激活了轮廓精车功能。系统弹出轮廓精车参数表,如图 9-20 所示。

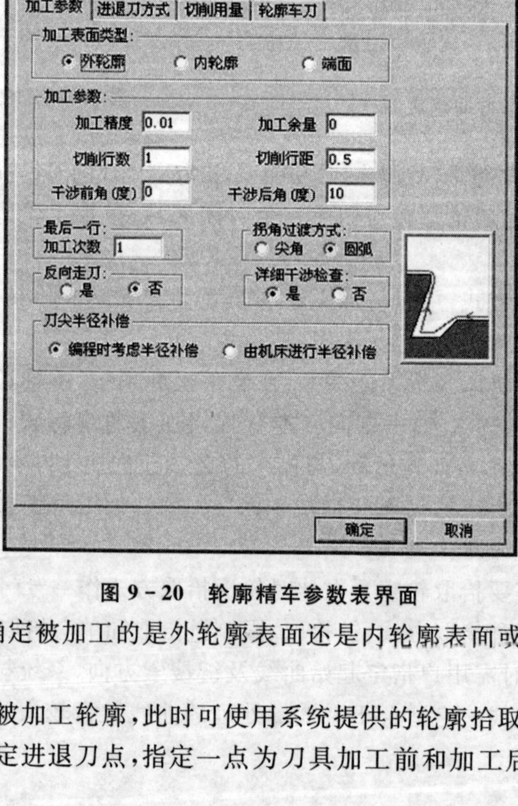

图 9-20 轮廓精车参数表界面

在参数表中首先要确定被加工的是外轮廓表面还是内轮廓表面或端面,接着按加工要求确定其他各加工参数。

(2)确定参数后拾取被加工轮廓,此时可使用系统提供的轮廓拾取工具。

(3)选择完轮廓后确定进退刀点,指定一点为刀具加工前和加工后所在的位置。右击可以忽略该点的输入。

完成上述步骤后即可生成精车加工轨迹。在“加工”下拉菜单中选取“代码生成”功能项，拾取刚生成的刀具轨迹，即可生成加工指令。

三、参数说明

1.加工参数

单击如图 9－20 所示对话框中的“加工参数”标签即进入加工参数表。加工参数表主要用于对精车加工中的各种工艺条件和加工方式进行限定。各加工参数含义说明如下：

(1)加工表面类型

①外轮廓。采用外轮廓车刀加工外轮廓，此时默认加工方向角度为 180°。

②内轮廓。采用内轮廓车刀加工内轮廓，此时默认加工方向角度为 180°。

③端面。此时默认加工方向应垂直于系统 X 轴，即加工角度为－90°或 270°。

(2)加工参数

①加工精度。用户可按需要控制加工的精度。对轮廓中的直线和圆弧，机床可以精确地加工；对由样条曲线组成的轮廓，系统将按给定的精度把样条曲线转化成直线段来达到用户所需的加工精度。

②加工余量。加工结束后，被加工表面没有加工部分的剩余量(与最终加工结果比较)。

③切削行数。刀位轨迹的加工行数，不包括最后一行的重复次数。

④切削行距。行间切入深度，两相邻切削行之间的距离。沿加工轮廓走刀一次称为一行。

⑤干涉前角。做前角干涉检查时，确定干涉检查的角度。避免加工倒锥时出现刀具底面与工件干涉的情况。

⑥干涉后角。做底切干涉检查时，确定干涉检查的角度。避免加工正锥时出现刀具底面与工件干涉的情况。

(3)最后一行加工次数。精车加工时，为提高车削的表面质量，最后一行常常在相同进给量的情况下进行多次车削，该处定义多次切削的次数。

(4)拐角过渡方式

①尖角。在切削过程中遇到拐角时，刀具从轮廓的一边到另一边的过程中，以尖角的方式过渡。

②圆弧。在切削过程中遇到拐角时，刀具从轮廓的一边到另一边的过程中，以圆弧的方式过渡。

(5)反向走刀

①是。刀具按与默认方向相反的方向走刀。

②否。刀具按默认方向走刀，即刀具从机床 Z 轴正向向 Z 轴负向移动。

(6)详细干涉检查

①是。加工凹槽时，用定义的干涉角度检查加工中是否有刀具前角及底切干涉，并按定义的干涉角度生成无干涉的切削轨迹。

②否。假定刀具前后干涉角均为 0°，对凹槽部分不做加工，以保证切削轨迹无前角及底切干涉。

(7)刀尖半径补偿

①编程时考虑半径补偿。在生成加工轨迹时，系统根据当前所用刀具的刀尖半径进行补偿

计算(按假想刀尖点编程)。所生成代码即为已考虑半径补偿的代码,无需机床再进行刀尖半径补偿。

②由机床进行半径补偿。在生成加工轨迹时,假设刀尖半径为0,按轮廓编程,不进行刀尖半径补偿计算。所生成代码用于实际加工时,应根据实际刀尖半径由机床指定补偿值。

2.进退刀方式

单击对话框中的"进退刀方式"标签,即进入进退刀方式参数表,如图9-21所示。该参数表用于对加工中的进退刀方式进行设定。

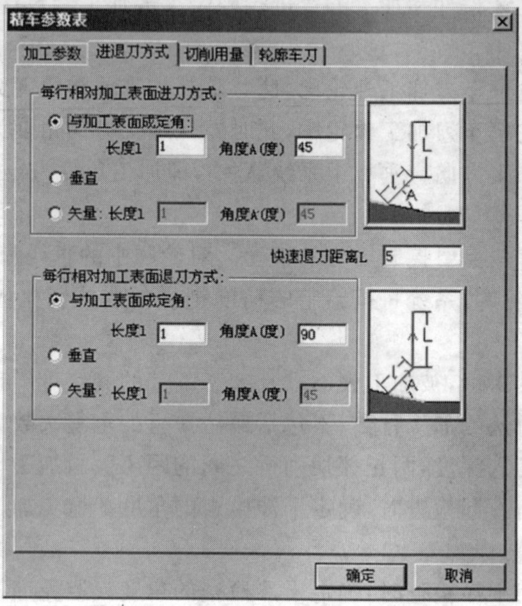

图9-21 轮廓精车进退刀方式界面

(1)每行相对加工表面进刀方式

①与加工表面成定角。指在每一切削行前加入一段与轨迹切削方向成一定角度的进刀段。刀具先垂直进刀到该进刀段的起点,再沿该进刀段进刀至切削行。"长度"定义该进刀段的长度。"角度"定义该进刀段与轨迹切削方向的夹角。

②垂直。指刀具直接进刀到每一切削行的起始点。

③矢量。指在每一切削行前加入一段与系统 X 轴(机床 Z 轴)正方向成一定夹角的进刀段。刀具进刀到该进刀段的起点,再沿该进刀段进刀至切削行。"长度"定义矢量(进刀段)的长度。"角度"定义矢量(进刀段)与系统 X 轴正方向的夹角。

(2)每行相对加工表面退刀方式

①与加工表面成定角:指在每一切削行后加入一段与轨迹切削方向成一定角度的退刀段,刀具先沿该退刀段退刀,再从该退刀段的末点开始垂直退刀。"长度"定义该退刀段的长度。"角度"定义该退刀段与轨迹切削方向的夹角。

②垂直:指刀具直接从每一切削行的终点垂直退刀。

③矢量:指在每一切削行后加入一段与系统 X 轴(机床 Z 轴)正方向成一定夹角的退刀段。刀具先沿该退刀段退刀,再从该退刀段的末点开始垂直退刀。"长度"定义矢量(退刀段)的长度。"角度"定义矢量(退刀段)与系统 X 轴正方向的夹角。

3. 切削用量

在每种刀具轨迹生成时，都需要设置一些与切削用量及机床加工相关的参数。单击“切削用量”标签可进入切削用量参数设置页，如图 9－22 所示。各选项具体含义如下：

(1)速度设定

①接近速度。刀具接近工件时的进给速度。

②切削速度。刀具切削工件时的进给速度。

③主轴转速。机床主轴旋转的速度。计量单位是机床默认的单位。

④退刀速度。刀具离开工件的速度。

(2)主轴转速选项。主轴转速选项分恒转速和恒线速度两种。

①恒转速。切削过程中按指定的主轴转速保持主轴转速恒定，直到下一指令改变该转速。

②恒线速。切削过程中按指定的线速度值保持线速度恒定。

(3)样条拟合方式。样条拟合方式分直线拟合和圆弧拟合两种。

①直线拟合。对加工轮廓中的样条线根据给定的加工精度用直线段进行拟合。

②圆弧拟合。对加工轮廓中的样条线根据给定的加工精度用圆弧段进行拟合。

4. 轮廓车刀

单击“轮廓车刀”标签可进入轮廓车刀参数设置页，如图 9－23 所示。该页用于对加工中所用的刀具参数进行设置。具体参数说明请参考第四节“刀具库管理”中的有关内容。

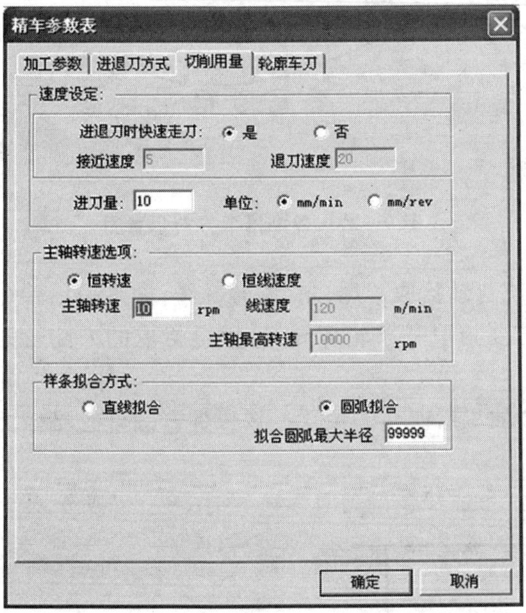

图 9－22　轮廓精车切削用量参数表界面

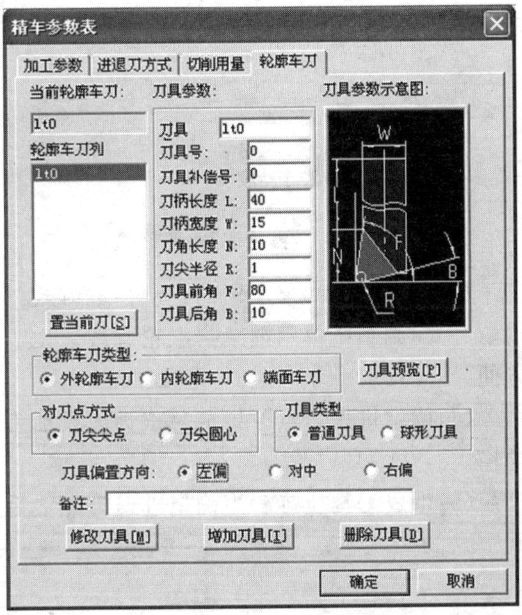

图 9－23　轮廓车刀参数表界面

四、加工实例

【例 9－2】 图 9－24 所示为待加工零件图，曲线轮廓内部部分为要加工出的外轮廓，阴影部分为要去除的材料。要求：进行零件的精车加工。

【解】 操作步骤：

(1)生成轨迹时，只需画出要加工出的外轮廓的上半部分即可，其余线条不用画出，如图

9-25 所示。

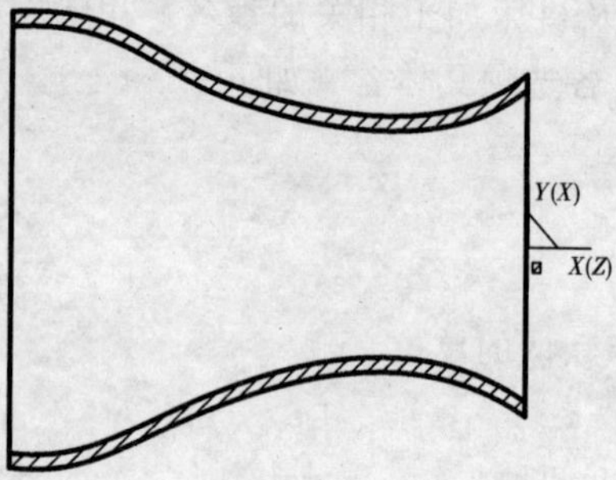

图 9-24 待进行精车零件轮廓

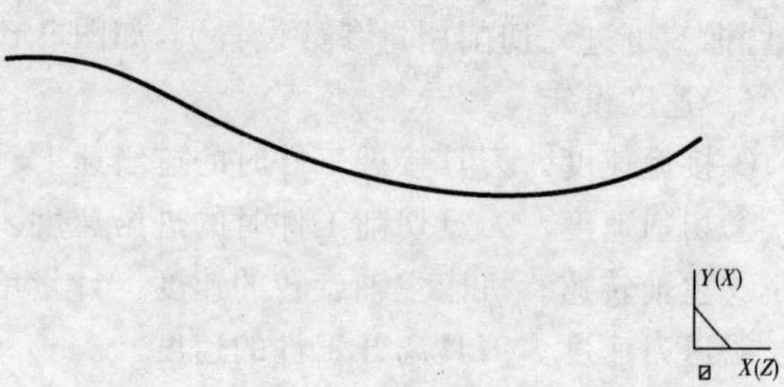

图 9-25 待加工出的外轮廓的上半部分

(2)填写参数表。在图 9-20 所示的轮廓精车参数表中填写参数,填写完参数后,点击"确认"按钮。

(3)拾取轮廓,系统提示用户选择被加工工件表面轮廓线。拾取轮廓线可以利用曲线拾取工具菜单,用空格键弹出立即工具菜单,如图 9-26 所示。菜单提供三种拾取方式:链拾取、限制链拾取和单个拾取。

当拾取第一条轮廓线后,此轮廓线变为红色的虚线。系统给出提示选择方向,要求用户选择一个方向,此方向只表示拾取轮廓线的方向,与刀具的加工方向无关,如图 9-27 所示。

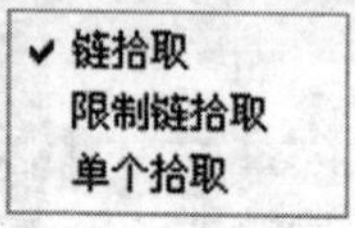

图 9-26 "链拾取"立即菜单

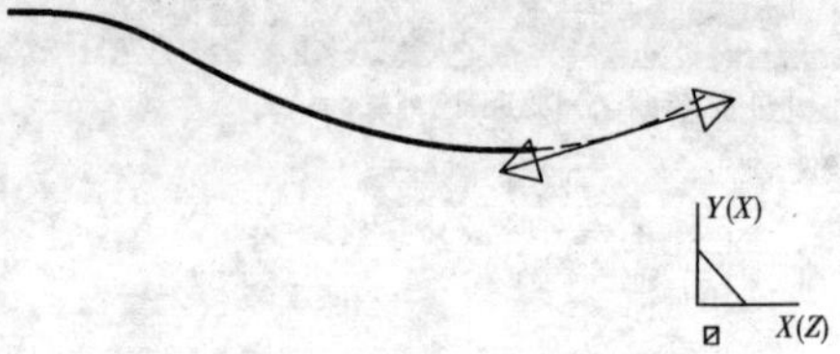

图 9-27 轮廓拾取方向示意图

选择方向后,如果采用的是链拾取方式,则系统自动拾取首尾连接的轮廓线;如果采用单个拾取方式,则系统提示继续拾取轮廓线。由于只需要拾取一条轮廓线,采用链拾取的方法较为方便。

(4)确定进退刀点。指定一点为刀具加工前和加工后所在的位置。按鼠标右键可忽略该点的输入。

(5)生成刀具轨迹。当确定进退刀点之后,系统生成绿色的刀具轨迹,如图 9-28 所示。

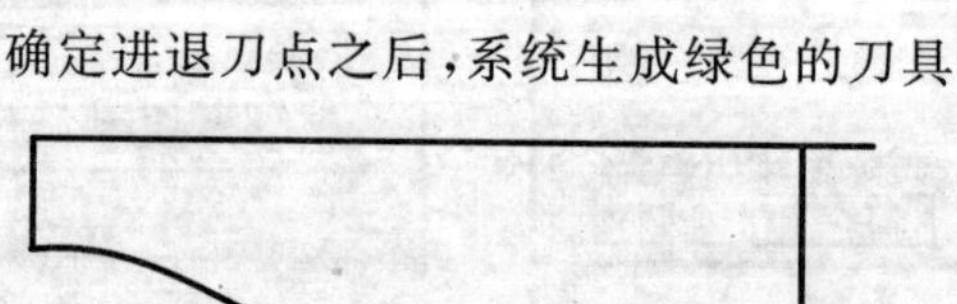

图 9-28 生成精车加工轨迹

(6)在"加工"下拉菜单中选取"代码生成"功能项,拾取刚生成的刀具轨迹,即可生成加工指令。

注意:被加工轮廓不能闭合或自相交。

第七节 切 槽

一、切槽的功能

切槽功能用于在工件外轮廓表面、内轮廓表面和端面切槽。切槽时要确定被加工轮廓。被加工轮廓就是加工结束后的工件表面轮廓,被加工轮廓不能闭合或自相交。

二、操作步骤

(1)单击数控车工具条上的切槽按钮或选择主菜单条中的“加工”,在其下拉菜单中单击“切槽”菜单项,即激活了切槽功能。系统弹出切槽参数表,如图 9-29 所示。

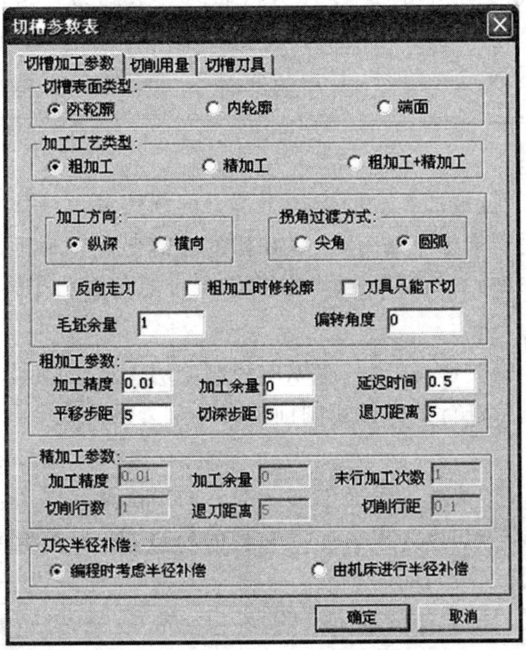

图 9-29 “切槽参数表”界面

在参数表中首先要确定被加工的是外轮廓表面还是内轮廓表面或端面,接着按加工要求确定其他各加工参数。

(2)确定参数后拾取被加工轮廓,此时可使用系统提供的轮廓拾取工具。

(3)选择完轮廓后确定进退刀点。指定一点为刀具加工前和加工后所在的位置。按鼠标右键可忽略该点的输入。

完成上述步骤后即可生成切槽加工轨迹。在“加工”下拉菜单中选取“代码生成”功能项,拾取刚生成的刀具轨迹,即可生成加工指令。

三、参数说明

1.切槽加工参数

切槽加工参数主要用于对切槽加工中各种工艺条件和加工方式进行限定。各加工参数的含义说明如下：

(1)切槽表面类型

①外轮廓。外轮廓切槽，或用切槽刀加工外轮廓。

②内轮廓。内轮廓切槽，或用切槽刀加工内轮廓。

③端面。端面切槽，或用切槽刀加工端面。

(2)加工工艺类型

①粗加工。对槽只进行粗加工。

②精加工。对槽只进行精加工。

③粗加工＋精加工。对槽进行粗加工之后接着进行精加工。

(3)拐角过渡方式

①尖角。在切削过程遇到拐角时，刀具从轮廓的一边到另一边的过程中，以尖角的方式过渡。

②圆弧。在切削过程遇到拐角时，刀具从轮廓的一边到另一边的过程中，以圆弧的方式过渡。

(4)粗加工参数

①加工余量。粗加工时，被加工表面未加工部分的预留量。

②延迟时间。延迟时间指粗车槽时，刀具在槽的底部停留的时间。

③平移步距。指粗车槽时，刀具切到指定的切深步距后进行下一次切削前的水平平移量(机床 Z 轴向)。

④切深步距。指粗车槽时，刀具每一次纵向切槽的切入量(机床 X 轴向)。

⑤退刀距离。粗车槽中进行下一行切削前退刀到槽外的距离。

(5)精加工参数

①加工余量。精加工时，被加工表面未加工部分的预留量。

②末行加工次数。精车槽时，为提高加工的表面质量，最后一行常常在相同进给量的情况下进行多次车削，该处定义多次切削的次数。

③切削行数。精加工刀位轨迹的加工行数，不包括最后一行的重复次数。

④退刀距离。精加工中切削完一行之后，进行下一行切削前退刀的距离。

⑤切削行距。精加工时行与行之间的距离。

(6)刀尖半径补偿

①编程时考虑半径补偿。在生成加工轨迹时，系统根据当前所用刀具的刀尖半径进行补偿计算(按假想刀尖点编程)。所生成代码即为已考虑半径补偿的代码，无需机床再进行刀尖半径补偿。

②由机床进行半径补偿。在生成加工轨迹时，假设刀尖半径为0，按轮廓编程，不进行刀尖半径补偿计算。当生成代码用于实际加工时，应根据实际刀尖半径由机床指定补偿值。

2.切削用量

在每种刀具轨迹生成时，都需要设置一些与切削用量及机床加工相关的参数。单击“切削用量”标签可进入切削用量参数设置，如图 9－30 所示。

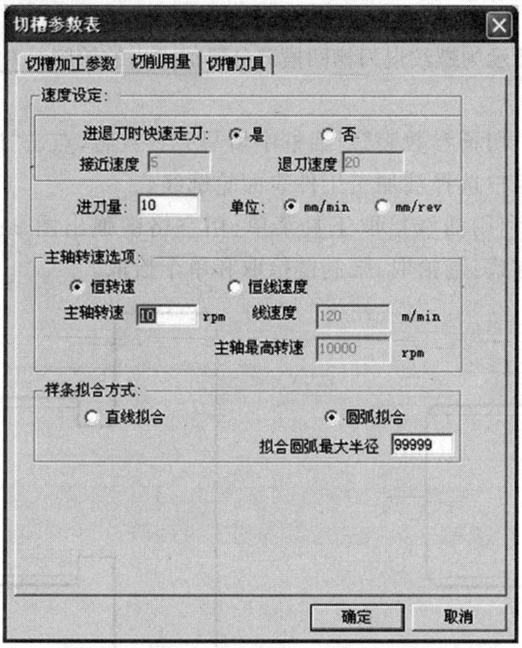

图 9－30 切槽切削用量参数表界面

切槽切削用量参数表中各参数的含义与轮廓粗车和轮廓精车切削用量参数表中参数含义相同，具体定义请参考轮廓粗车或轮廓精车切削用量参数的说明。

3. 切槽刀具

单击“切槽刀具”标签可进入切槽刀具参数设置页，如图 9－31 所示。该页用于对加工中所用的切槽刀具参数进行设置，具体参数说明请参考第四节“刀具库管理”中有关内容。

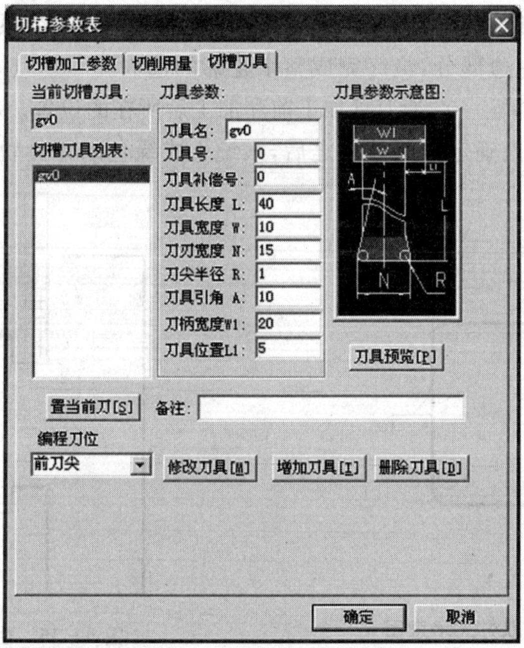

图 9－31 切槽刀具参数表界面

四、加工实例

【例 9-3】 图 9-32 所示为螺纹退刀槽凹槽部分要加工出的轮廓。对该退刀槽进行切槽加工。

【解】 操作步骤:

(1)填写参数表。在“切槽参数表”对话框中填写完参数后,点击“确认”按钮。

(2)拾取轮廓,提示用户选择被加工工件表面轮廓线。

(3)拾取轮廓线可以利用曲线拾取工具菜单,用空格键弹出图 9-33 所示立即工具菜单。工具菜单提供三种拾取方式:链拾取、限制链拾取和单个拾取。

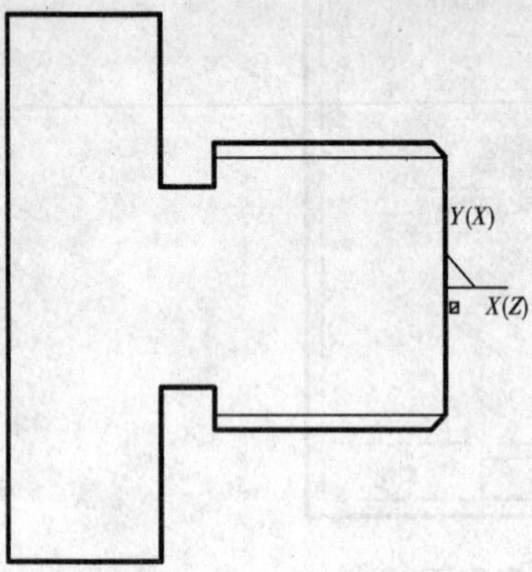

图 9-32 待加工的退刀槽

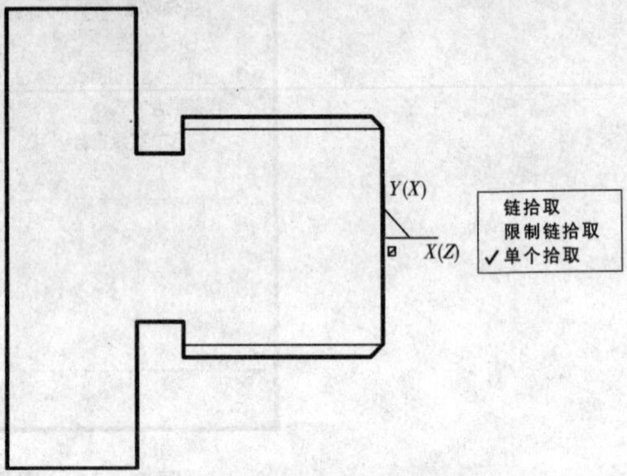

图 9-33 立即菜单选择工件

(4)当拾取第一条轮廓线后,此轮廓线变为红色的虚线。然后系统给出提示:“选择方向”,要求用户选择一个方向,此方向只表示拾取轮廓线的方向,与刀具的加工方向无关,如图 9-34 所示。

选择方向后,如果采用的是链拾取方式,则系统自动拾取首尾连接的轮廓线;如果采用单个拾取方式,则系统提示继续拾取轮廓线。此处采用限制链拾取方式,系统继续提示选取限制线,选取终止线段即凹槽的左边部分,最终完成整个轮廓的选取。

(5)确定进退刀点。指定一点为刀具加工前和加工后所在的位置。右击可忽略该点的输入。

(6)生成刀具轨迹。当确定进退刀点之后,系统生成绿色的刀具轨迹,如图 9-35 所示。

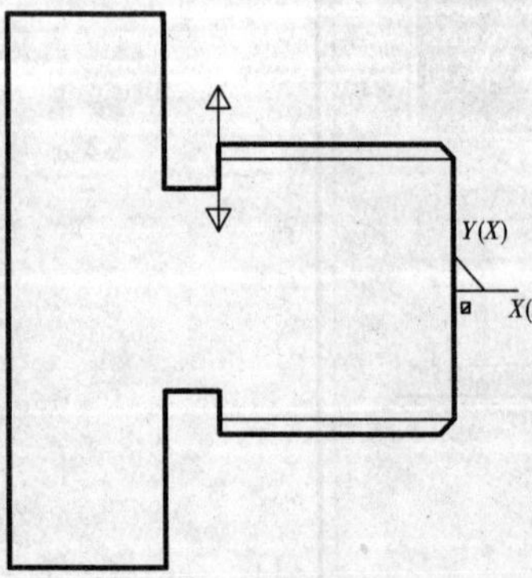

图 9-34 轮廓拾取方式示意图

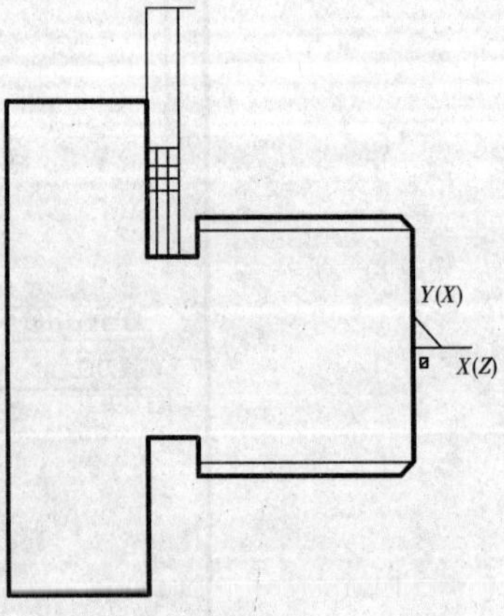

图 9-35 生成切槽加工轨迹

（7）在“加工”下拉菜单中选取“代码生成”功能项，拾取刚生成的刀具轨迹，即可生成加工指令。

注意：①被加工轮廓不能闭合或自相交。

②生成的轨迹与切槽刀角半径、刀刃宽度等参数密切相关。

③可按实际需要只绘制出退刀槽的上半部分。

第八节　钻中心孔*

一、钻中心孔的功能

钻中心孔功能用于在工件的旋转中心钻中心孔。该功能提供了多种钻孔方式，包括高速啄式深孔钻、左攻丝、精镗孔、钻孔、镗孔和反镗孔等。

因为车削加工中的钻孔位置只能是工件的旋转中心，所以，最终所有的加工轨迹都在工件的旋转轴上，也就是系统的 X 轴（机床的 Z 轴）上。

二、操作步骤

（1）单击数控车工具条的钻孔中心按钮或选择主菜单条中的“加工”，在其下拉菜单中单击“钻中心孔”菜单项，即激活了钻孔功能。系统便弹出钻孔参数表，如图 9－36 所示。

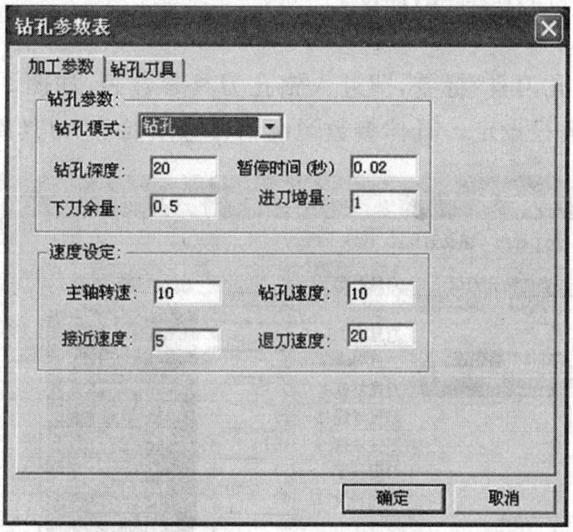

图 9－36　钻孔参数表界面

（2）确定各加工参数后，拾取钻孔的起始点，因为轨迹只能在系统的 X 轴（机床的 Z 轴）上，所以把输入的点向系统的 X 轴投影，得到的投影点作为钻孔的起始点，然后生成钻孔的加工轨迹。

（3）拾取完钻孔点之后即生成加工轨迹。

（4）在“数控车”菜单区中选取“生成代码”功能项，拾取刚生成的轨迹，即可生成加工指令。

三、参数说明

1. 加工参数

单击图 9-36 所示对话框中的"加工参数"标签即进入加工参数表。加工参数表主要用于对钻孔加工中的各种工艺条件和加工方式进行限定。各加工参数含义说明如下。

(1)钻孔参数

①钻孔模式。钻孔模式是指钻孔的方式,系统提供了多种钻孔方式,包括:高速啄式钻深孔、左攻丝、精镗孔、钻孔、钻孔+反镗孔、啄式钻孔、攻丝、镗孔、镗孔(主轴停)、反镗孔、镗孔(暂停+手动)和镗孔(暂停)。各种钻孔方式在钻孔下拉菜单中均可选择,如图 9-37 所示。钻孔模式不同,则后置处理中用于机床的固定循环指令也不同。

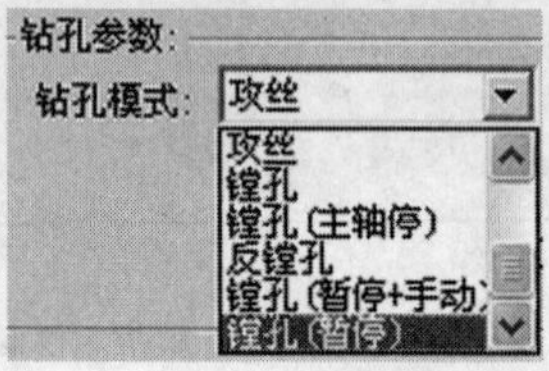

图 9-37　钻孔模式下拉菜单

②钻孔深度。指要钻孔的深度。

③暂停时间。指攻丝时刀在工件底部的停留时间。

④下刀余量。指当钻下一个孔时,刀具从前一个孔顶端的抬起量。

⑤进刀增量。指深孔钻时每次进刀量或镗孔时每次的侧进量。

(2)速度设定

①主轴转速。指机床主轴旋转的速度。计量单位是机床默认的单位。

②钻孔速度。指钻孔时的进给速度。

③接近速度。指刀具接近工件时的进给速度。

④退刀速度。指刀具离开工件的速度。

2. 钻孔刀具

单击对话框中的"钻孔刀具"标签,即进入钻孔刀具参数表,如图 9-38 所示。该参数表用于对加工中的刀具参数进行设定。具体参数说明请参考第四节"刀具库管理"中的有关内容。

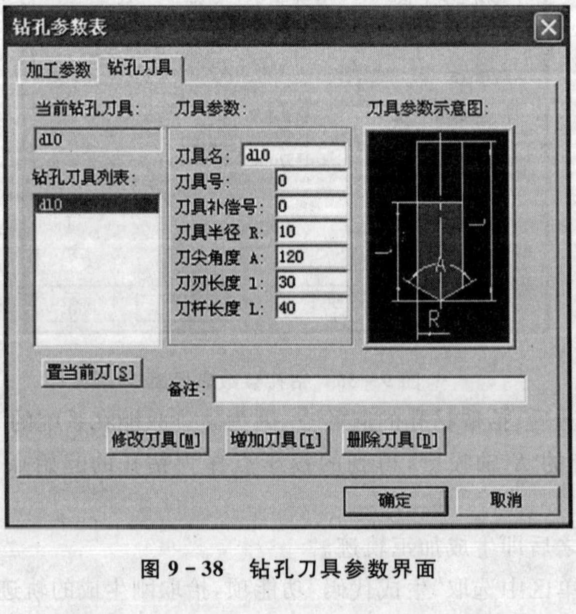

图 9-38　钻孔刀具参数界面

四、加工实例

【例 9-3】 图 9-39 所示为一带孔的零件。加工出该零件上的孔。

【解】 操作步骤：

(1)绘出零件图的轮廓。如图 9-40 所示。

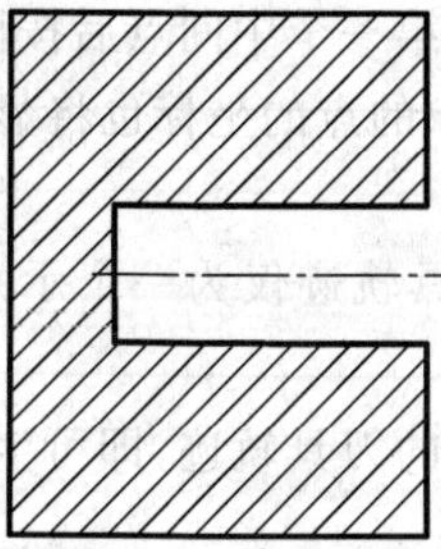

图 9-39　待钻孔的零件

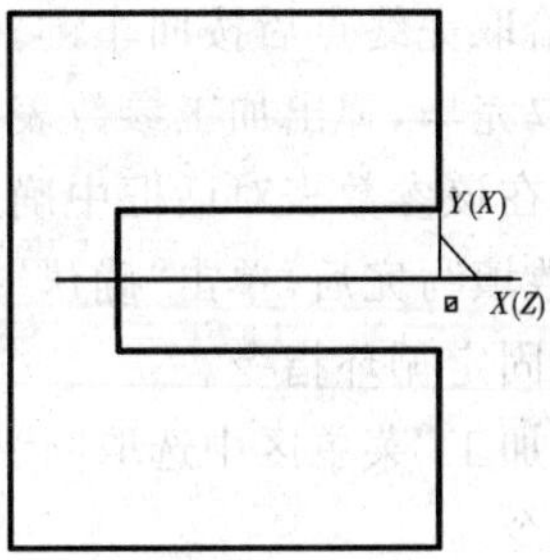

图 9-40　钻孔轮廓

(2)填写参数表。在“钻孔参数表”对话框中填写完参数后，点击“确认”按钮。

(3)拾取起始点，提示用户选择被钻孔的起始点。

(4)拾取起始点可以利用点拾取工具菜单，用空格键弹出图 9-41 所示立即工具菜单。立即工具菜单提供多种拾取方式。

(5)完成起始点的拾取后，系统生成绿色的刀具轨迹(刀具轨迹与系统 X 轴重合)，如图 9-42 所示。

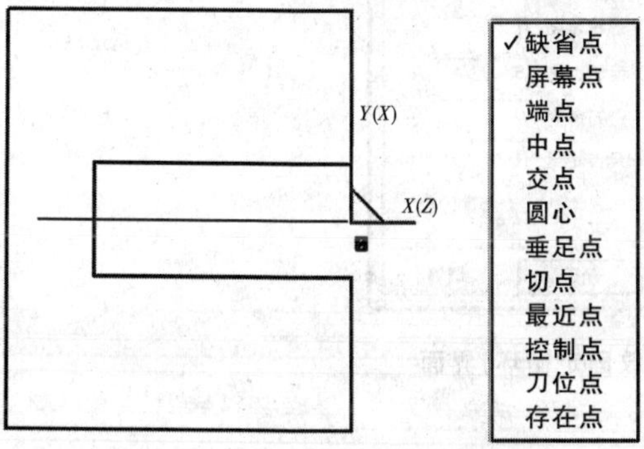

图 9-41　立即工具菜单

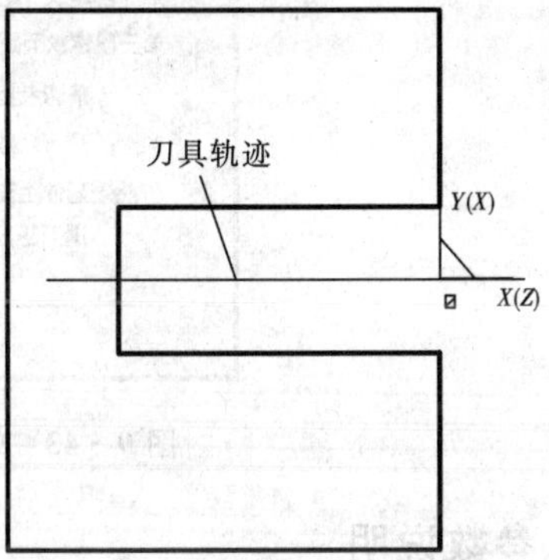

图 9-42　生成切槽加工轨迹

(6)在“加工”下拉菜单中选取“代码生成”功能项，拾取刚生成的刀具轨迹。

第九节　螺纹固定循环*

一、螺纹固定循环的功能

螺纹固定循环功能采用固定循环方式加工螺纹，输出的代码适用于西门子 840C/840 控制器。

二、操作步骤

(1)单击数控车工具条上的螺纹固定循环按钮 或选择主菜单条中的“加工”,在其下拉菜单中单击“螺纹固定循环”菜单项,激活螺纹固定循环加工功能,依次拾取螺纹起点、终点、第一个中间点和第二个中间点。该固定循环功能可以进行两段或三段螺纹连接加工。若只有一段螺纹,则在拾取完终点后按回车键。若有两段螺纹,则在拾取完第一个中间点后按回车键。

(2)拾取完毕,弹出加工参数表,如图 9-43 所示。前面拾取的点的坐标也将显示在参数表中。用户可在该参数表对话框中确定各加工参数。

(3)参数填写完后,单击“确认”按钮,生成刀具轨迹。该刀具轨迹仅为一个示意性的轨迹,可用于输出固定循环指令。

(4)在“加工”菜单区中选取“代码生成”功能项,拾取刚生成的刀具轨迹,即可生成螺纹加工固定循环指令。

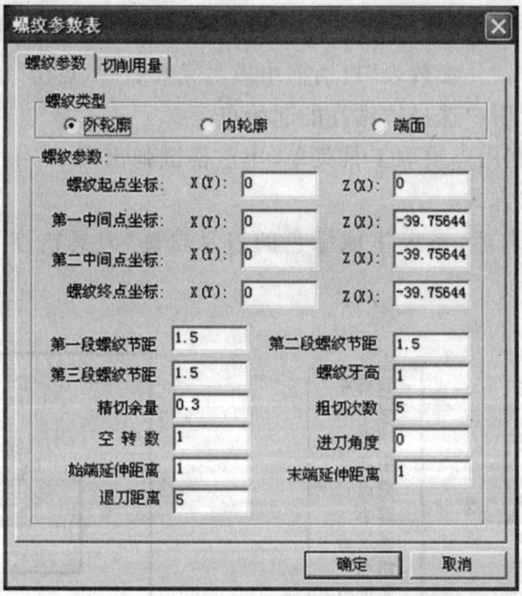

图 9-43　螺纹参数表(螺纹固定循环)界面

三、参数说明

该螺纹切削固定循环功能仅针对西门子 840C/840 控制器。详细的参数说明和代码格式说明请参考西门子 840C/840 控制器的固定循环编程说明书。

1. 螺纹参数

(1)螺纹类型

①外轮廓。用于加工外螺纹。

②内轮廓。用于加工内螺纹。

③端面。用于加工端面。

(2)螺纹参数。螺纹参数表中的螺纹起点、终点、第一中间点、第二中间点坐标及螺纹长度来自于前面的拾取结果,用户可以进一步修改。

①螺纹节距。进行螺纹节距的设定,可根据实际加工的需要分别设置各段螺纹的节距,最

多可设定三段螺纹的节距。

②螺纹牙高。按照需要设定待加工螺纹的牙高。

③精切余量。螺纹深度减去粗切深度为精切余量。

④粗切次数。螺纹粗切的次数。控制系统自动计算保持固定的切削截面时各次进刀的深度。

⑤空转数。粗切完成进行一次精切后系统将运行一定的空转数，该空转数在此设定。

⑥进刀角度。刀具可以垂直于切削的方向进刀，也可以沿着侧面进刀。角度无符号输入并且不能超过螺纹角的一半。

⑦始端延伸距离。刀具切入点与螺纹始端的距离。

⑧末端延伸距离。刀具退刀点与螺纹末端的距离。

⑨退刀距离。在进行一次切削加工之后，进行下一行切削前退刀的距离。

2. 切削用量

单击对话框中的“切削用量”标签，即进入切削用量参数表，如图 9－44 所示。该参数表用于对螺纹固定循环加工中进刀量以及主轴转速等参数进行设定。

具体参数定义请参照轮廓粗车或轮廓精车切削用量参数的说明。但在螺纹固定循环车削加工中，不再需要进行样条拟合的选择。

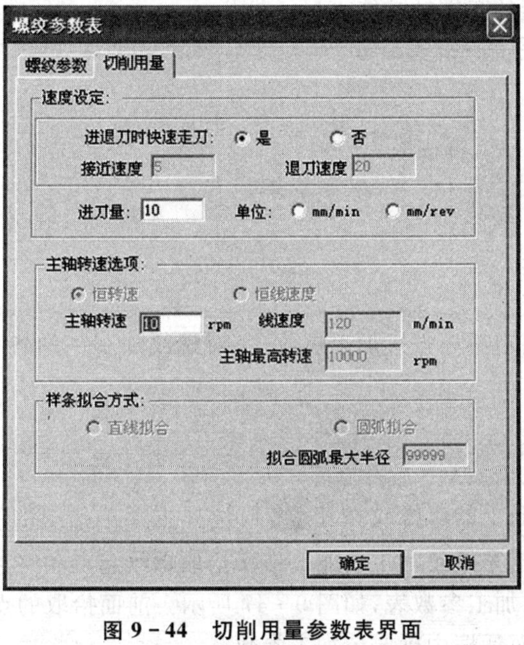

图 9－44　切削用量参数表界面

四、加工实例

【例 9－4】图 9－45 所示为待加工零件图，采用螺纹固定循环功能加工出右端的螺纹。螺纹加工不分段，节距为 1.5 mm，牙高 1 mm。

【解】操作步骤：

(1)绘制加工零件图。

(2)拾取起始点和终点，系统提示用户分别选择被加工螺纹的起始点和终点。因待切削的螺纹只有一段，故当系统提示用户拾取螺纹第一个中间点时，按右键确定，此时弹出图 9－43 所示的螺纹参数表。

(3)在螺纹参数表中,分别进行螺纹参数和切削用量的设置。设置完成后选择“确定”按钮,系统生成螺纹加工轨迹,如图 9-46 所示。

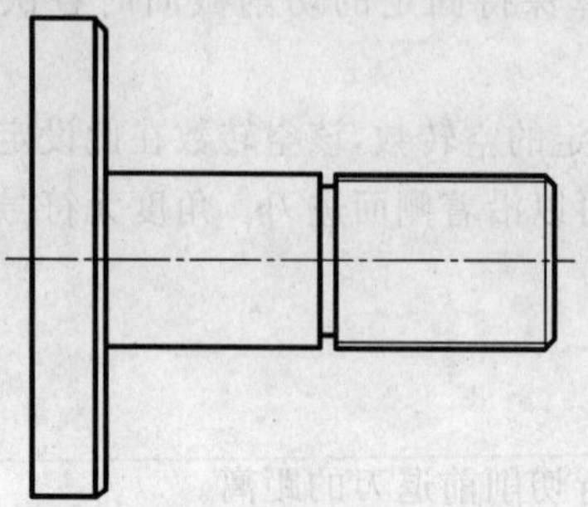

图 9-45　待进行螺纹加工零件图

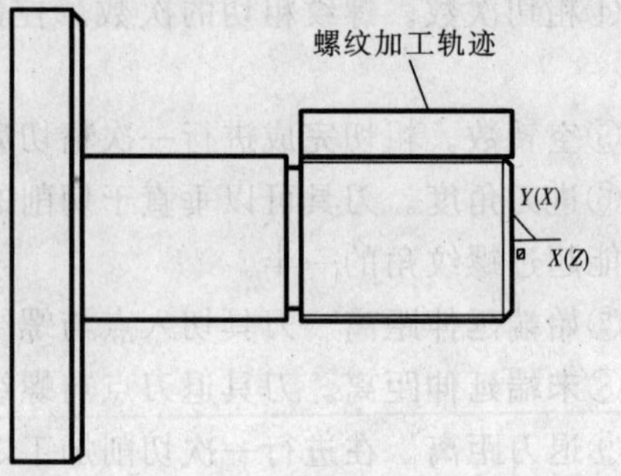

图 9-46　生成螺纹加工轨迹

(4)在“加工”下拉菜单中选取“代码生成”功能项,拾取刚生成的刀具轨迹,即可生成加工指令。

注意:螺纹固定循环只能加工一些较为简单的螺纹结构,对于像双线螺纹等比较复杂的螺纹结构要使用到下面介绍的车螺纹功能。

第十节　车　螺　纹

一、车螺纹的功能

车螺纹功能采用非固定循环方式加工螺纹,可对螺纹加工中的各种工艺条件、加工方式进行更为灵活的控制。

二、操作步骤

(1)单击数控车工具条上的车螺纹按钮或选择主菜单条中的“加工”,在其下拉菜单中单击“车螺纹”菜单项,激活车螺纹加工功能。依次拾取螺纹起点和终点。

(2)拾取完成后,弹出加工参数表,如图 9-47 所示。前面拾取的点的坐标也将显示在参数表中,用户可在该参数表对话框中确定各加工参数。

(3)各参数填写完成后,选择“确定”按钮,即生成螺纹车削刀具轨迹。

(4)在“加工”下拉菜单中选取“代码生成”功能项,拾取刚生成的刀具轨迹,即可生成螺纹加工指令。

三、参数说明

1. 螺纹参数

(1)螺纹类型

①外轮廓。用于加工外螺纹。

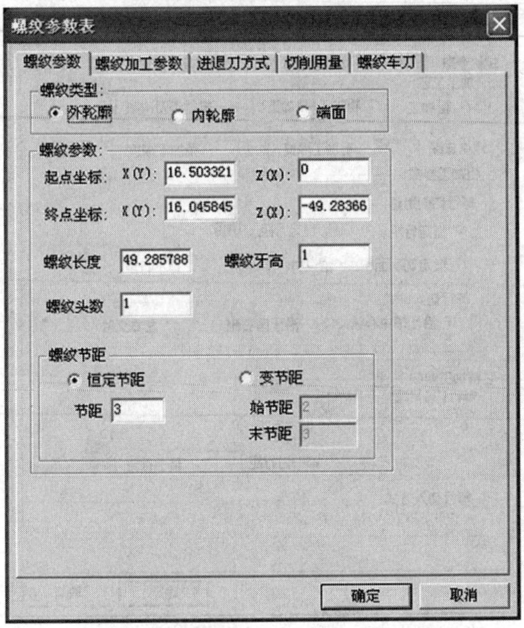

图 9-47 螺纹参数表(车螺纹)界面

②内轮廓。用于加工内螺纹。

③端面。用于加工端面。

(2)螺纹参数。螺纹参数表中的螺纹起点坐标、终点坐标、螺纹长度等来自前面的拾取结果,用户可以进一步修改。

①螺纹牙高。按照需要设定待加工螺纹的牙高。

②螺纹头数。按照需要设定待加工螺纹的头数。

(3)螺纹节距。进行螺纹节距的设定,可根据实际加工的需要分别设置不同螺纹的节距。

①恒定节距。在所加工的螺纹长度上螺纹节距保持一给定的恒定值。

②变节距。当所加工的螺纹节距要求变化时,可设置此项。通过设定始节距和末节距来控制节距的变化。

2. 螺纹加工参数

单击对话框中的“螺纹加工参数”标签,即进入螺纹加工参数表,如图 9-48 所示。该参数表用于对螺纹加工中的工艺条件和加工方式进行设定。

(1)加工工艺

①粗加工。指直接采用粗切方式加工螺纹。

②粗加工+精加工。指根据指定的粗加工深度进行粗切后再采用精切方式(更小的行距)切除剩余余量(精加工深度)。

③末行走刀次数。为了提高加工质量,最后一个切削行有时需要重复走刀多次,此时需要指定重复走刀次数。

④螺纹总深。系统根据零件图自动判断所加工螺纹的总深度。

⑤粗加工深度。指螺纹粗加工的切深量。在只进行粗加工的情况下,粗加工深度要等于螺纹总深。

⑥精加工深度。指螺纹精加工的切深量。在粗加工+精加工的情况下,粗加工深度和精加工深度之和要等于螺纹总深。

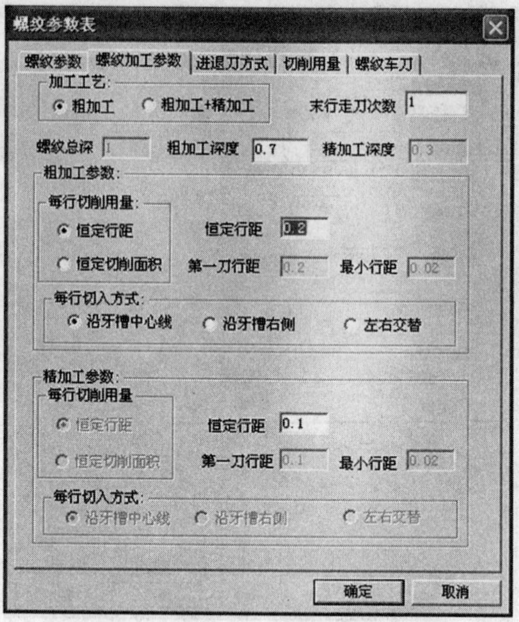

图 9-48 螺纹加工参数表(车螺纹)界面

(2)粗加工参数

①每行切削用量。系统提供了两种方式来设置每行的切削用量。一是恒定行距,切削时保持每行的距离恒定。二是恒定切削面积,为保证每次切削的切削面积恒定,各次切削深度将逐步减小,直至等于最小行距。用户需指定第一刀行距及最小行距。

②每行切入方式。指刀具在螺纹始端切入时的切入方式。系统提供了三种方式供用户选择。一是沿牙槽中心线,二是沿牙槽右侧,三是左右交替。

(3)精加工参数。精加工时各参数的定义和设置与粗加工时的参数定义和设置基本相同。

3. 进退刀方式

(1)单击对话框中的"进退刀方式"标签,即进入进退刀方式参数表,如图 9-49 所示。该参数表用于对车螺纹加工中进刀和退刀方式进行设定。

粗加工、精加工的进刀和退刀方式相同,均有垂直和矢量两种方式可供选择。

(2)垂直。指刀具直接进刀到每一切削行的起始点或者从终点直接退刀。

(3)矢量。进刀时在每一切削行前加入一段与系统 X 轴(机床 Z 轴)正方向成一定夹角的进刀段。刀具进刀到该进刀段的起点,再沿该进刀段进刀至切削行。退刀时定义相同。

"长度"定义矢量(进刀段或退刀段)的长度。"角度"定义矢量(进刀段或退刀段)与系统 X 轴正方向的夹角。

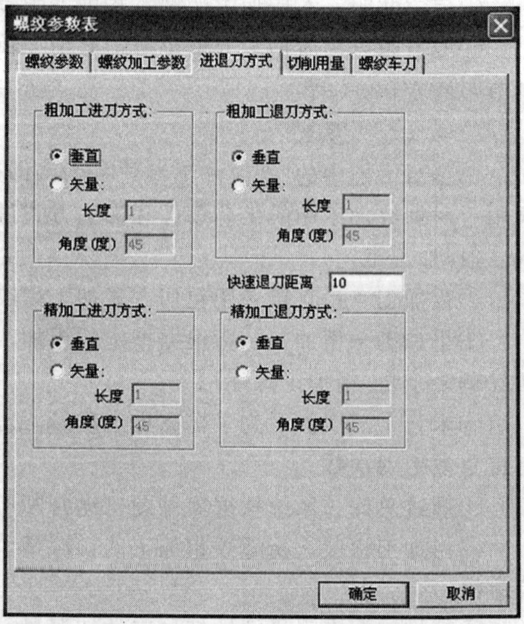

图 9-49 进退刀方式参数表(车螺纹)界面

4. 切削用量

单击对话框中的“切削用量”标签，即进入切削用量参数表，如图 9－50 所示。该参数表用于对螺纹加工中刀具的进刀量以及主轴转速等参数进行设定。

具体参数定义请参照轮廓粗车或轮廓精车切削用量参数的说明。但在车螺纹加工中不再需要进行样条拟合的选择。

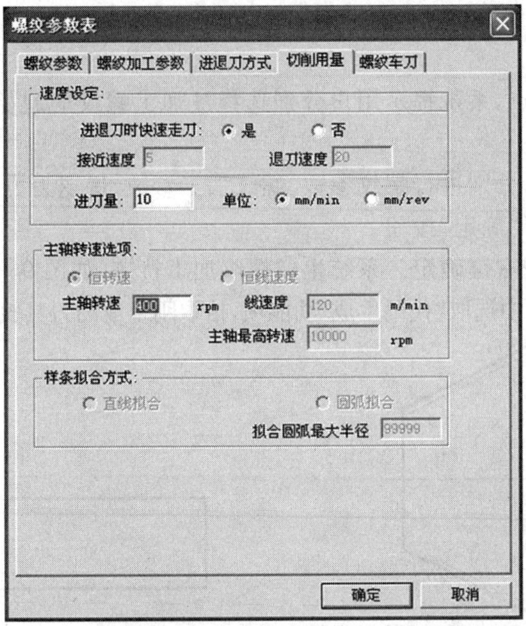

图 9－50 切削用量参数表(车螺纹)界面

5. 螺纹车刀

单击对话框中的“螺纹车刀”标签，即进入螺纹车刀参数表，如图 9－51 所示。该参数表用

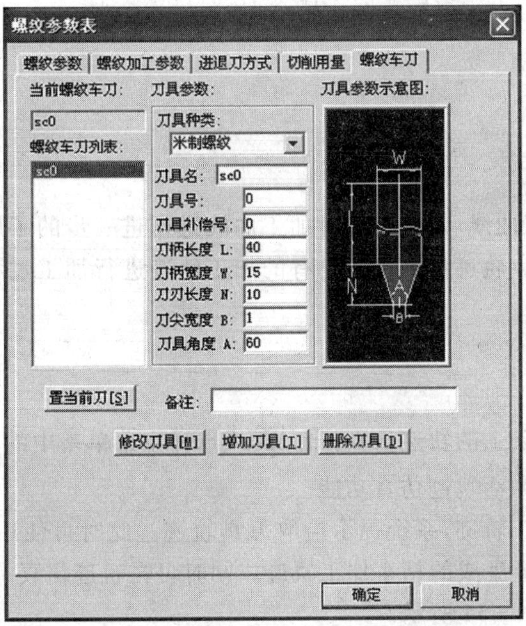

图 9－51 螺纹车刀参数表

于对螺纹加工中的刀具参数进行设定。

四、加工实例

【例 9-5】图 9-52 所示为待加工零件图,车削右端的锥面螺纹。螺纹加工不分段,节距为 3 mm,牙高 2 mm,螺纹头数为 1。

【解】操作步骤:

(1)绘制加工零件图。

(2)拾取起始点和终点,系统提示用户分别选择被加工螺纹的起始点和终点。此时弹出图 9-47 所示的螺纹参数表。

(3)在螺纹参数表中,分别进行螺纹参数、螺纹加工参数、进退刀方式、切削用量和螺纹车刀的设置。设置完成后选择"确定"按钮。

(4)选择进退刀点,按右键确定。系统生成螺纹加工轨迹,如图 9-53 所示。

(5)在"加工"下拉菜单中选取"代码生成"功能项,拾取刚生成的刀具轨迹,即可生成加工指令。

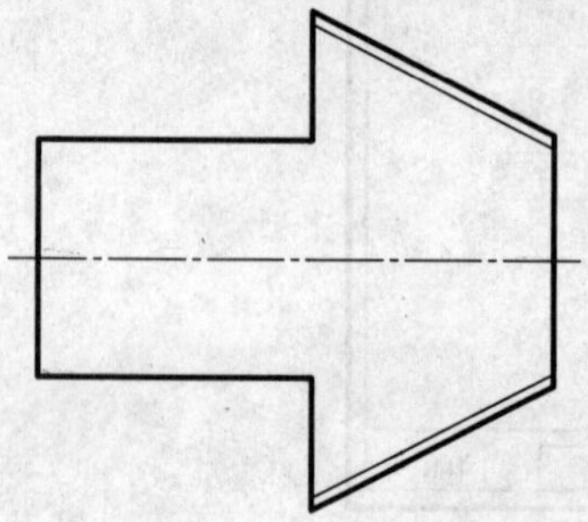

图 9-52 待进行加工的锥面螺纹

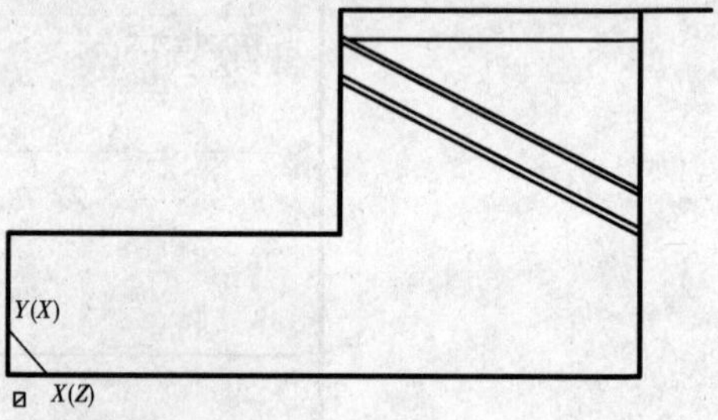

图 9-53 生成螺纹加工轨迹

第十一节 轨迹仿真

一、轨迹仿真功能

当系统生成刀具加工曲线后,用户想对加工曲线进行进一步的了解,看到加工的实际效果时,可采用轨迹仿真功能。轨迹仿真可对已有的加工轨迹进行加工过程模拟,以检查加工轨迹的正确性。

二、操作步骤

(1)单击数控车工具条上的轨迹仿真按钮或选择主菜单条中的"加工",在其下拉菜单中单击"轨迹仿真"菜单项,激活轨迹仿真功能。

(2)拾取要仿真的加工轨迹,系统提示拾取刀具轨迹。此时可使用系统提供的选择拾取工具,例如在此选择图 9-28 生成的精车加工轨迹。同时可在轨迹仿真的立即菜单中设定仿真的类型和仿真的步长,如图 9-54 所示。

(3)右击结束拾取,系统即开始仿真。仿真过程中可按键盘左上角的 ESC 键终止仿真。

三、轨迹仿真方式

(1)动态仿真。动态仿真时模拟动态的切削过程，不保留刀具在每一个切削位置的图像。

(2)静态仿真。静态仿真过程中保留刀具在每一个切削位置的图像，直至仿真结束。

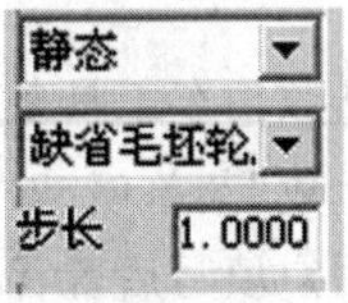

图 9－54　轨迹仿真的立即菜单设置

四、注意事项

(1)对系统生成的加工轨迹，仿真时用生成轨迹时的加工参数，即轨迹中记录的参数；对从外部反读进来的加工轨迹，仿真时用系统当前的加工参数。

(2)轨迹仿真分为动态仿真和静态仿真，仿真时可指定仿真的步长，用来控制仿真的速度。当步长设为 0 时，步长值在仿真中无效；当步长大于 0 时，仿真中每一个切削位置之间的间隔距离即为所设的步长。

第十二节　参 数 修 改

一、参数修改功能

当对生成的轨迹不满意时，可以用参数修改功能对轨迹的各种参数进行修改，以生成新的加工轨迹。

二、操作步骤

(1)单击数控车工具条上的参数修改按钮或选择主菜单条中的“加工”，在其下拉菜单中单击“参数修改”菜单项，即激活了参数修改功能。

(2)选择刀具轨迹，系统提示拾取刀具轨迹。在此拾取图 9－28 生成的轮廓加工轨迹。拾取轨迹后系统将弹出图 9－20 所示的精车参数表。用户可在该参数表中对加工参数、进退刀方式、切削用量和轮廓车刀等各种参数进行重新设定。参数修改完毕，点击“确定”按钮，即依据新的参数重新生成该轨迹。

第十三节　代 码 生 成

一、代码生成的功能

代码生成就是按照当前机床类型的配置要求，把已经生成的加工轨迹转化生成 G 代码数据文件，即 CNC 数控程序。有了数控程序，就可以直接输入机床进行数控加工。

二、操作步骤

(1)单击数控车工具条上的代码生成按钮或选择主菜单条中的“加工”,在其下拉菜单中单击“代码生成”菜单项,即激活了代码生成功能。系统将会弹出一个需要用户输入文件名的对话框,要求用户填写后置程序文件名。

例如,对于第十节“加工实例”中的车螺纹,系统弹出“选择后置文件”对话框,选择后置文件“程序 2_车螺纹”(空文件“程序 2_车螺纹”预先建立),如图 9-55 所示。此外系统在信息提示区给出当前生成的数控程序所适用的数控系统和机床系统信息,“生成 LATHE1 机床的加工指令”,表明当前所调用的机床配置和后置设置情况。

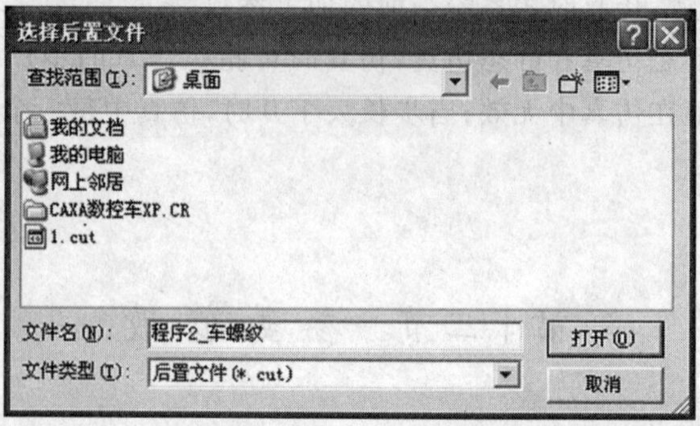

图 9-55 “选择后置文件”对话框

(2)点击“打开”按钮,系统提示拾取加工轨迹。拾取图 9-53 中所示的加工轨迹,该加工轨迹变为被拾取颜色。右击结束拾取,系统即生成数控程序。拾取时可使用系统提供的拾取工具,可以同时拾取多个加工轨迹,被拾取轨迹的代码将生成在文件“程序 2_车螺纹”中,生成的先后顺序与拾取的先后顺序相同。

若在步骤(1)中空文件“程序 2_车螺纹”没有预先建立,也可在图 9-55 对话框中直接输入文件名,例如输入“程序 3_车螺纹”,此时按“打开”按钮后系统将提示用户是否创建该文件,如图 9-56 所示,点击“是”确定,系统将自动建立文件“程序 3_车螺纹”,选择刀具轨迹后,程序代码将保存在文件“程序 3_车螺纹”中。

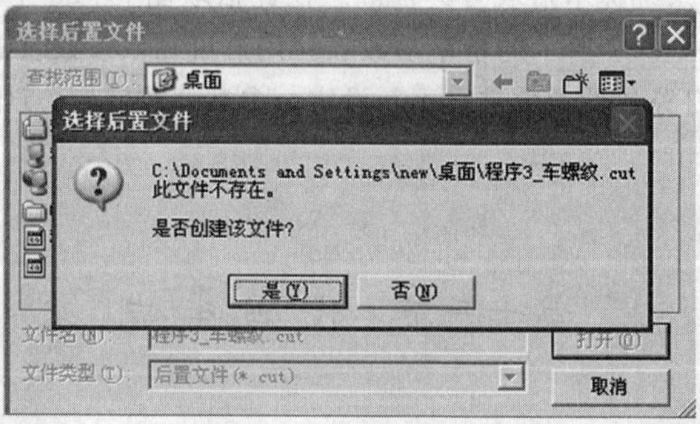

图 9-56 创建后置文件界面

第十四节　查看代码

一、查看代码的功能

查看代码功能是查看编辑生成代码的内容。

二、操作步骤

(1)单击数控车工具条上的查看代码按钮或选择主菜单条的“加工”,在其下拉菜单中单击“查看代码”菜单项,即激活了查看代码功能。系统将会弹出一个需要用户输入文件名的对话框,要求用户填写后置程序文件名,如图 9-57 所示。

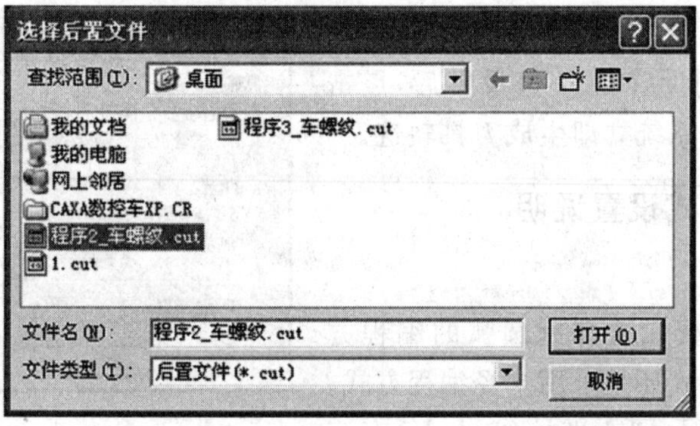

图 9-57　“选择后置文件”对话框(查看代码)

(2)选择文件“程序 2_车螺纹.cut”,点击“打开”按钮,系统即用 Windows 提供的“记事本”显示代码的内容。当代码文件较大时,则要用“写字板”打开,用户可在其中对代码进行修改。

第十五节　代码反读

一、代码反读的功能

代码反读就是把生成的 G 代码文件反读进来,生成刀具轨迹,以检查生成的 G 代码的正确性。如果反读的刀位文件中包含圆弧插补,需用户指定相应的圆弧插补格式,否则可能得到错误的结果。若后置文件中的坐标输出格式为整数,且机床分辨率不为 1 时,反读的结果是不对的,亦即系统不能读取坐标格式为整数且分辨率为非 1 的情况。

二、操作步骤

(1)单击数控车工具条上的代码反读按钮或选择主菜单条中的“加工”,在其下拉菜单中单击“代码反读”菜单项,即激活了代码反读功能。系统弹出一个需要用户选取数控程序的对话框。如图 9-58 所示。

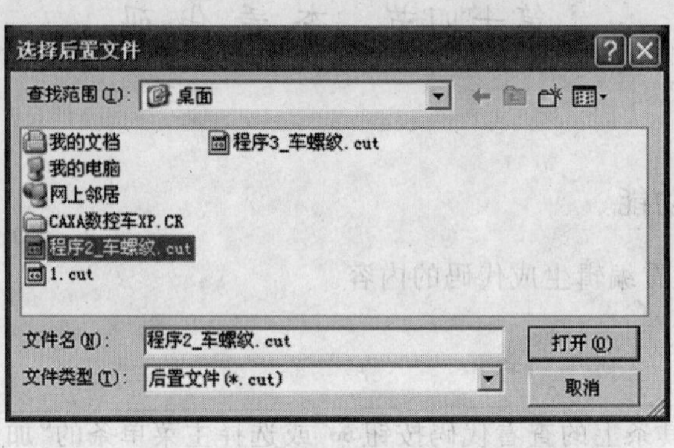

图 9-58 选择后置文件对话框(代码反读)

(2)系统要求用户选取需要校对的 G 代码程序,如继续选择“程序 2_轮廓精车”。点击“打开”按钮,系统弹出“反读代码格式设置”对话框,如图 9-59 所示。

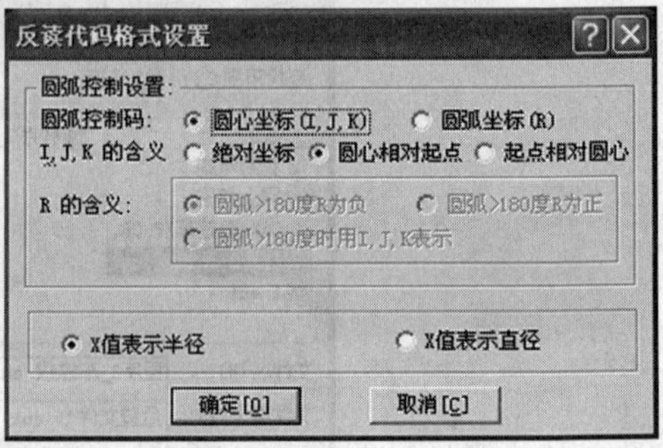

图 9-59 反读代码格式设置对话框

(3)进行圆弧控制设置和 X 值设置后,点击“确定”按钮进行确认,系统立即生成刀具轨迹。

三、反读代码格式设置说明

1. 圆弧控制设置

圆弧控制设置主要设置控制圆弧的编程方式,即采用圆心编程方式还是采用半径编程方式。当采用圆心编程方式时,圆心坐标(I,J,K)有三种含义。

(1)绝对坐标。采用绝对编程方式,则圆心坐标(I,J,K)的坐标值为相对于工件零点绝对坐标系的绝对值。

(2)圆心相对起点。圆心坐标以圆弧起点为参考点取值。

(3)起点相对圆心。圆弧起点坐标以圆心坐标为参考点取值。

按圆心坐标编程时,圆心坐标的各种含义是针对不同的数控机床而言的。不同机床之间,其圆心坐标编程的含义就不同。但对于特定的机床,其含义只有其中的一种。当采用半径编程时,采用半径正负区别的方法来控制圆弧是劣圆弧或优圆弧。

2. 圆弧半径 R 的含义

(1)劣圆弧。圆弧小于 180°,R 为正值。

(2)优圆弧。圆弧大于 180°,R 为负值。

3. X 值

(1)X 值表示半径。软件系统采用半径进行编程。

(2)X 值表示直径。软件系统采用直径进行编程。

习　题　九

9.1　思考题

(1)CAXA 数控车系统中的轮廓精车需要毛坯轮廓吗?

(2)轮廓粗车和轮廓精车在选择切削用量方面有什么不同?

(3)CAXA 数控车系统中的轮廓粗车和轮廓精车的刀具轨迹有什么不同?

9.2　填空题

(1)由机床进行半径补偿,在生成加工轨迹时,假设刀尖半径为 0,按________编程,不进行刀尖半径补偿计算。所生成代码在用于实际加工时,应根据________由机床指定补偿值。

(2)反向走刀时,选择“否”,是指刀具按缺省方向走刀,即刀具从 Z 轴________向向 Z 轴________向移动。

(3)用户根据需要来控制加工精度。对轮廓中的直线和圆弧,机床可精确地加工;对由样条曲线组成的轮廓,系统将按给定的精度,把样条曲线转化成____段来满足用户所需要的加工精度。

9.3　上机练习题

(1)使用 CAXA 数控车 XP 的加工功能,完成图 9-60 所示零件的几何造型和轮廓精加工,毛坯外径尺寸为ϕ45,工件坐标系原点设置在零件的左端面回转中心处,换刀点在 X60(半径尺寸),Z150 的位置。

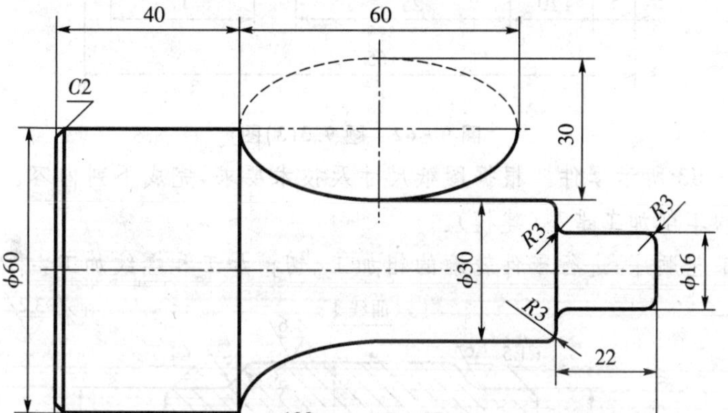

图 9-60　题 9.3(1)图

(2)使用 CAXA 数控车的加工功能,加工图 9-61 所示零件。根据图纸尺寸及技术要求,完成下列内容。

①完成零件的车削加工造型(建模)。

②根据加工工艺顺序,进行零件的轮廓粗、精加工,生成加工轨迹。

③进行机床参数设置和后置处理,生成 NC 加工程序。

④将零件造型、加工轨迹和 NC 加工程序文件,以 ZDBC 作为文件名,保存到机器中。

(3)图 9-62 所示为典型车削零件。按图纸要求,使用 CAXA 数控车软件完成零件的几何造型、外槽和螺纹加工。

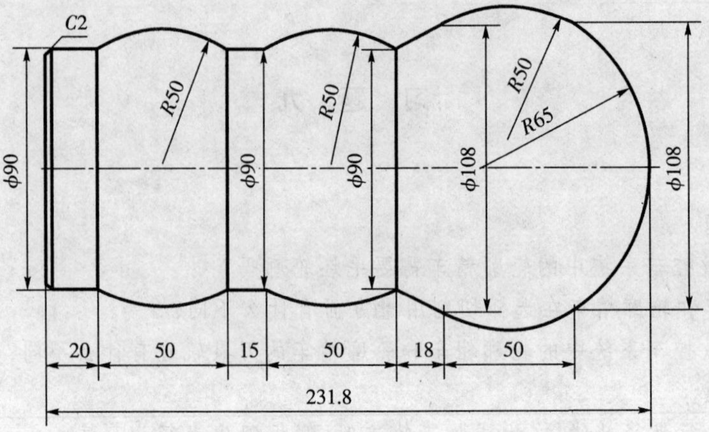

图 9-61 题 9.3(2)图

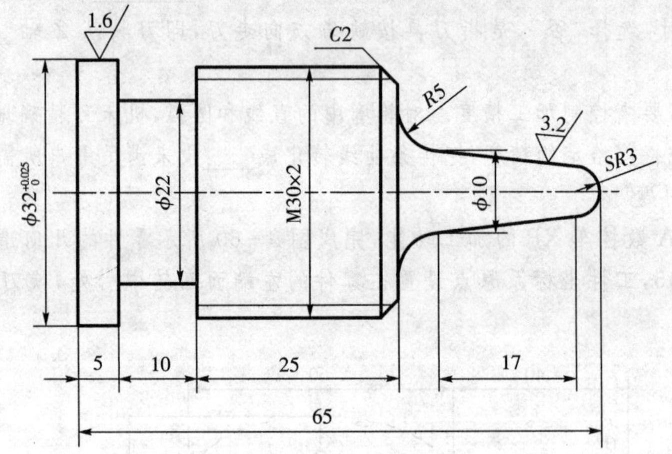

图 9-62 题 9.3(3)图

(4)加工图 9-63 所示零件。根据图纸尺寸及技术要求,完成下列内容。

①完成零件的车削加工造型(建模)。

②根据加工工艺顺序,进行零件轮廓的粗加工、切槽加工和螺纹加工,并生成加工轨迹。

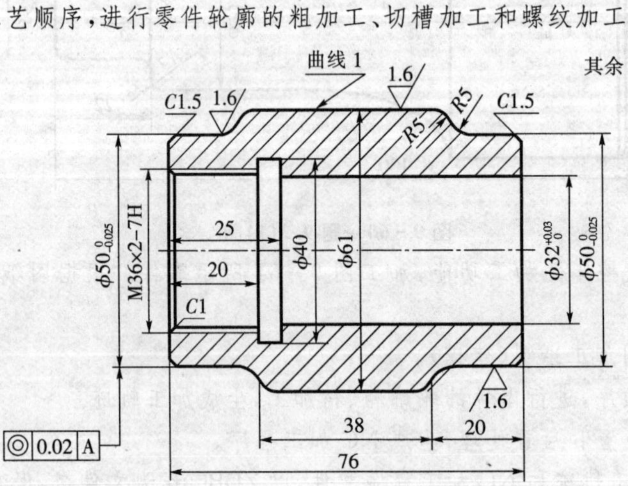

图 9-63 题 9.3(4)图

第十章　数控车削加工实例

学习目标：

1. 熟悉自动编程的基本步骤和方法。
2. 熟练掌握用 CAXA 数控车进行车削零件的建模的方法。
3. 熟练掌握用 CAXA 数控车的加工功能编制 NC 代码的方法。

实例 1　外轮廓加工

加工图 10－1 所示的零件，完成零件的工艺分析和加工程序的编制。

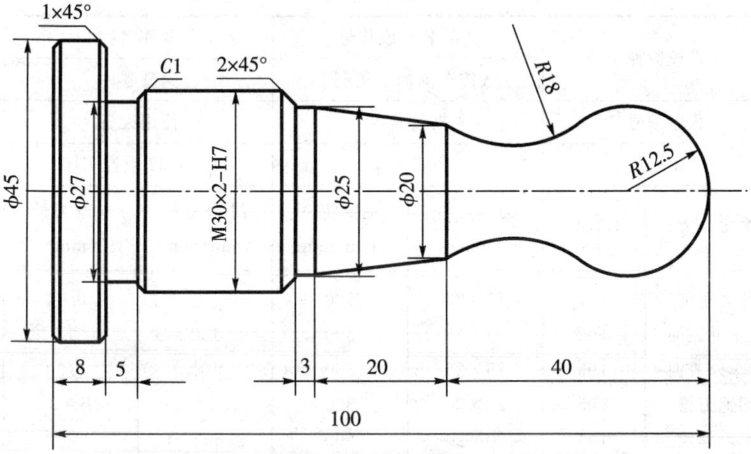

图 10－1　零件图

一、分析加工零件的图纸和工艺

该零件包括复杂的外形面加工、切槽加工、螺纹加工和切断等典型工序，尺寸要求不高，没有形位公差的要求。坯料为ϕ 50 的棒料。

二、加工路线和装夹方法的确定

零件全部由数控车加工。依次车削零件的右端面、外圆粗车、外圆精车、退刀槽、螺纹，最后切断。

三、选择刀具

(1)车端面选择硬质合金 45°端面刀。

(2)外圆的粗车、精车选择 YT15 硬质合金 93°偏刀。

(3)螺纹的加工选用 60°螺纹车刀。

(4)切断处理采用切断刀。

将所选定的刀具参数填入表 10－1 数控加工刀具卡片中,以便编程和操作管理。

表 10－1 数控加工刀具卡片

产品名称或代号		数控车削加工实例 1	零件名称	零件 1	零件图号	ZDBC01
序号	刀具号	刀具规格名称	数量	加工表面	刀尖半径(mm)	备注
1	T01	硬质合金 45°端面刀	1	车端面	0.5	
2	T02	硬质合金 93°偏刀	1	粗车外表面	1	右手
3	T03	硬质合金 93°偏刀	1	精车外表面	0.5	右手
4	T04	60°螺纹车刀	1	车螺纹		
5	T05	切断刀	1	切退刀及切断	B=3	
编制		审核	批准		共 1 页	第 1 页

表 10－2 数控加工工序卡片

单位名称	××学校数控中心		产品名称或代号		零件名称		零件图号
			数控车削加工实例 1		典型零件		ZDBC01
工序号	程序编号		夹具名称		使用设备		车间
001	SL－01		三爪卡盘		CK6132 数控车床		×××
工步号	工步内容	刀具号	刀具规格 (mm)	主轴转速 (mm/min)	进给速度 (mm/min)	背吃刀量 (mm)	备注
1	端面车削	T01	20×20	500		0.4	手动
2	粗车外表面	T02	25×25	500	150	1	自动
3	精车外表面	T03	25×25	800	100	0.5	自动
4	切退刀槽	T05	20×20	320		$B=3$	手/自动
5	车削螺纹	T04	20×20	500	2(mm/r)		自动
6	切断	T05	20×20	320	80	$B=3$	手动
编制		审核	批准		年 月 日	共 1 页	第 1 页
×××		×××	×××				

四、选择切削用量

(1)主轴转速:按表 10－2 选择。

(2)进给速度:粗车外圆时,进给量选择 150 mm/min,精车外圆时选择 100 mm/min,车螺纹选择 2 mm/r,切断时选择 80 mm/min。

将前面分析的各项内容综合成数控加工工艺卡片,见表 10－2。

五、编制加工程序

1. 粗加工

(1)轮廓建模。在 CAXA 数控车系统中绘制粗加工部分的外轮廓和毛坯轮廓,如图 10-2 所示。

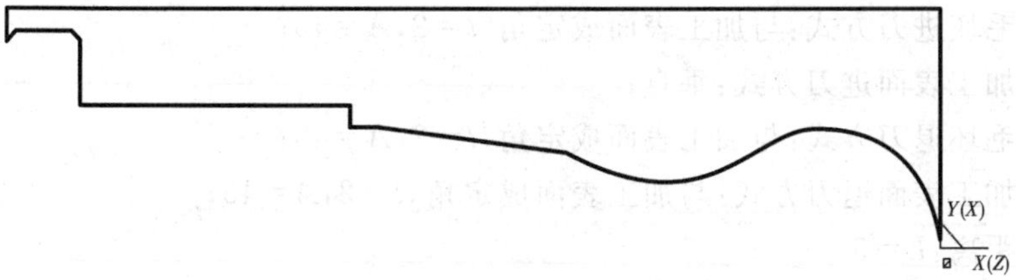

图 10-2　粗加工轮廓和毛坯轮廓

(2)确定粗车参数。确定刀具参数、进退刀参数、切削用量参数和粗加工参数,并填写"粗车参数表"对话框。

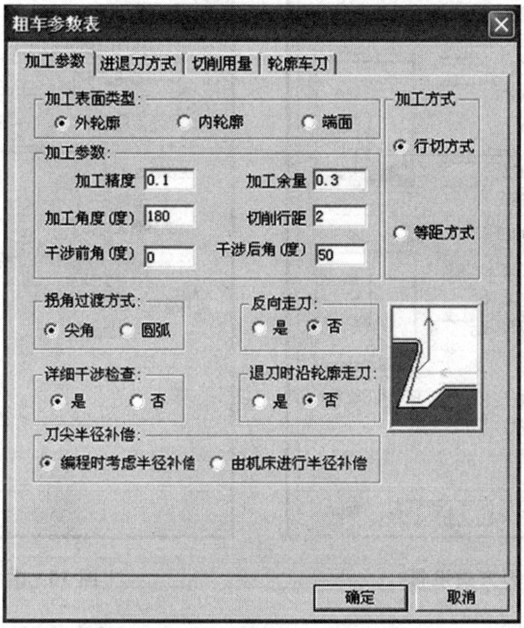

图 10-3　加工参数设置

①加工参数(图 10-3)。

加工表面类型:外轮廓;

加工方式:行切方式;

加工精度:0.1;

加工余量:0.3;

加工角度:180;

切削行距:2;

干涉前角:0;

干涉后角:50;

拐角过渡方式:尖角;

反向走刀:否;

详细干涉检查:是;

退刀时沿轮廓走刀:否;

刀尖半径补偿:编程时考虑半径补偿。

②进退刀方式(图 10-4)。

每行相对毛坯进刀方式:与加工表面成定角,$l=2$,$A=45$;

每行相对加工表面进刀方式:垂直;

每行相对毛坯退刀方式:与加工表面成定角,$l=2$,$A=45$;

每行相对加工表面退刀方式:与加工表面成定角,$l=2$,$A=45$;

快速退刀距离:$L=5$。

③切削用量(图 10-5)。

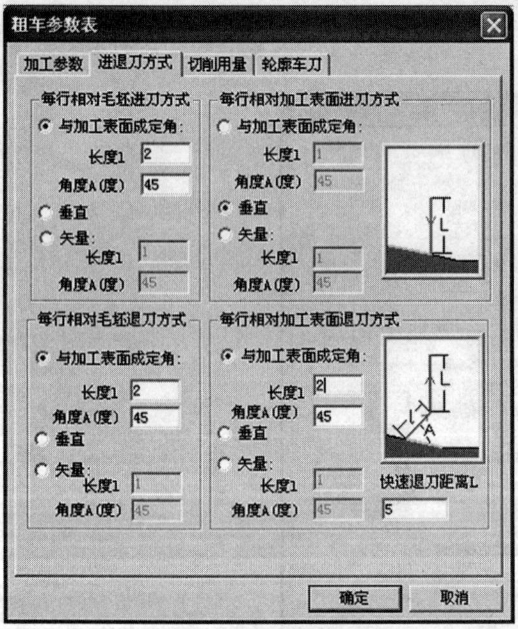

图 10-4　进退刀方式设置

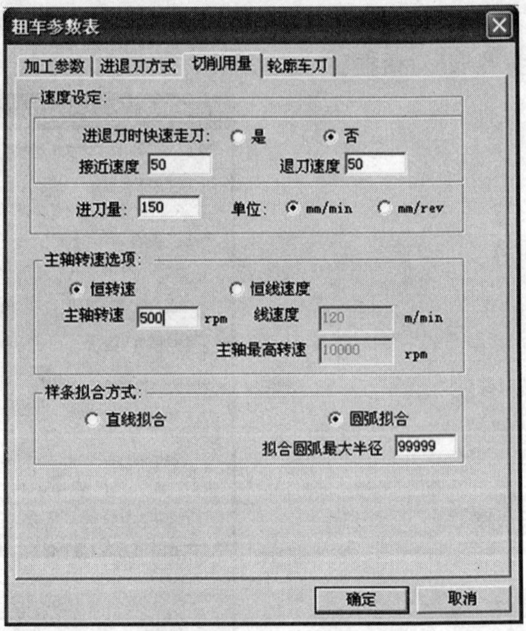

图 10-5　切削用量设置

速度设定:

进退刀时快速走刀:否;

接近速度:50,退刀速度:50;

进刀量:150;

主轴转速选项:恒转速;

主轴转速:500;

样条拟合方式:圆弧拟合。

④轮廓车刀(图 10-6)。

刀具名:93 度右手外圆车刀;

刀具号:2;

刀具补偿号:1;

刀柄长度:120;

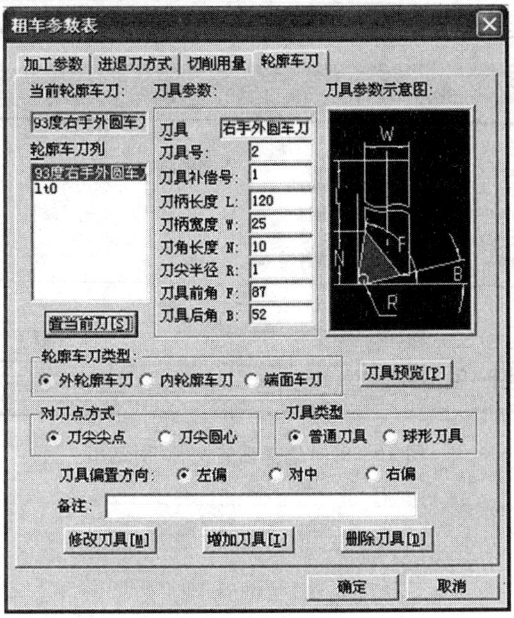

图 10-6　轮廓车刀设置

刀柄宽度:25;

刀角长度:10;

刀尖半径:1;

刀具前角:87;

刀具后角:52;

轮廓车刀类型:外轮廓车刀;

对刀点方式:刀尖尖点;

刀具类型:普通刀具;

刀具偏置方向:左偏。

(3)以单个拾取方式分别拾取加工轮廓和毛坯轮廓。

(4)确定进退刀点。拾取轮廓后,系统提示输入进退刀点。该零件的进退刀点设置在 $X(Z)30$,$Y(X)100$ 处。

(5)生成刀具粗加工轨迹,如图 10-7 所示。利用系统提供的模拟仿真功能进行刀具轨迹的模拟,以验证刀具路径是否正确。

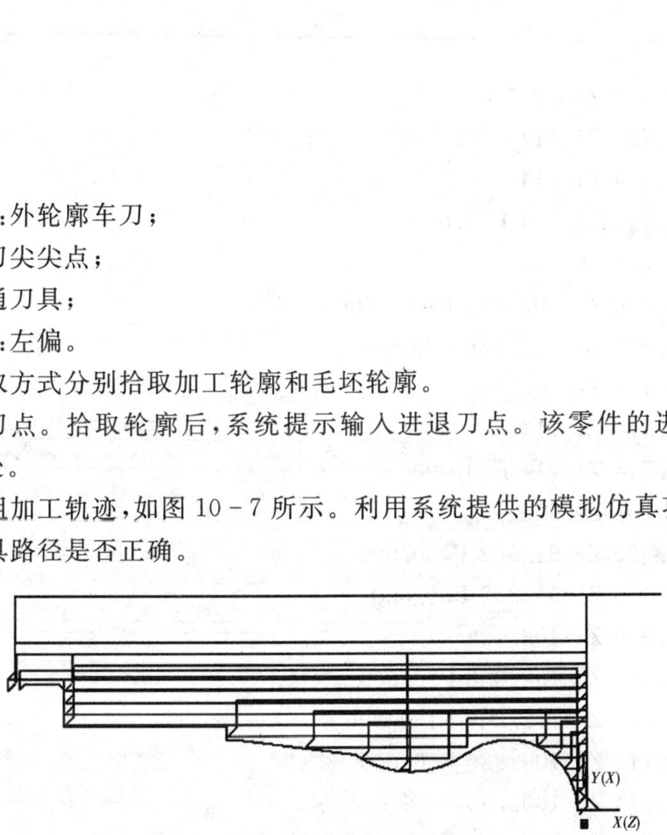

图 10-7　粗加工刀具轨迹

(6)代码生成。选择“代码生成”子菜单项,系统弹出“选择后置文件”对话框,根据所使用数控车床数控系统的程序文件格式,输入相应的文件名。在本例中输入文件名“程序 1”,如图

10－8所示。点击“确定”按钮，即可生成所选轮廓的粗加工指令代码。

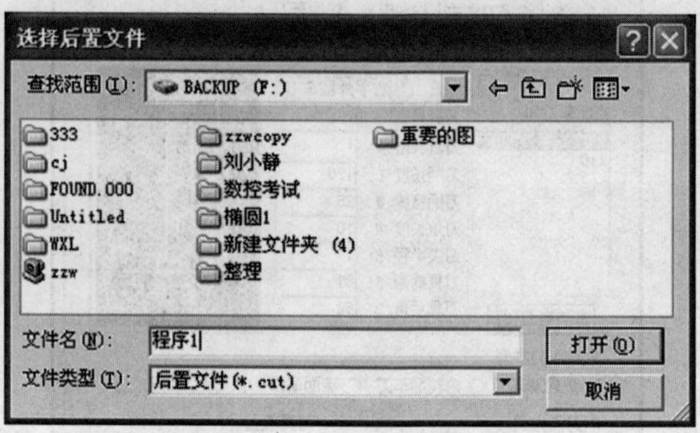

图10－8 “选择后置文件”对话框

粗加工程序如下：

```
%
01240
N10 G50 S0
N12 G00 G97 S320 T0200
N14 M03
N16 M08
N18 G00 X37.756 Z15.226
N20 G00 X37.756 Z1.714
N22 G00 X29.714 Z1.714
N24 G01 X24.714 Z1.714 F50.000
N26 G01 X23.300 Z0.300
N28 G01 X23.300 Z-102.300 F150.000
N30 G01 X24.714 Z-100.886 F50.000
N32 G01 X29.714 Z-100.886
N34 G00 X29.714 Z1.714
N36 G01 X22.714 Z1.714 F50.000
N38 G01 X21.300 Z0.300
N40 G01 X21.300 Z-91.962 F150.000
N42 G01 X23.300 Z-91.962 F50.000
N44 G00 X23.300 Z-102.038
N46 G01 X21.300 Z-102.038 F50.000
N48 G01 X21.300 Z-102.300 F150.000
N50 G01 X22.714 Z-100.886 F50.000
N52 G01 X27.714 Z-100.886
N54 G00 X27.714 Z1.714
N56 G01 X22.714 Z1.714 F50.000
N58 G01 X21.300 Z0.300
N60 G01 X21.300 Z-91.962 F150.000
```

```
N62 G01 X22.714 Z-90.547 F50.000
N64 G01 X27.714 Z-90.547
N66 G00 X27.714 Z1.714
N68 G01 X20.714 Z1.714 F50.000
N70 G01 X19.300 Z0.300
N72 G01 X19.300 Z-91.700 F150.000
N74 G01 X20.714 Z-90.286 F50.000
N76 G01 X25.714 Z-90.286
N78 G00 X25.714 Z1.714
N80 G01 X18.714 Z1.714 F50.000
N82 G01 X17.300 Z0.300
N84 G01 X17.300 Z-91.700 F150.000
N86 G01 X18.714 Z-90.286 F50.000
N88 G01 X23.714 Z-90.286
N90 G00 X23.714 Z1.714
N92 G01 X16.714 Z1.714 F50.000
N94 G01 X15.300 Z0.300
N96 G01 X15.300 Z-91.700 F150.000
N98 G01 X16.714 Z-90.286 F50.000
N100 G01 X21.714 Z-90.286
N102 G00 X21.714 Z1.714
N104 G01 X14.714 Z1.714 F50.000
N106 G01 X13.300 Z0.300
N108 G01 X13.300 Z-62.700 F150.000
N110 G01 X14.714 Z-61.286 F50.000
N112 G01 X19.714 Z-61.286
N114 G00 X19.714 Z1.714
N116 G01 X12.714 Z1.714 F50.000
N118 G01 X11.300 Z0.300
N120 G01 X11.300 Z-7.243 F150.000
N122 G01 X13.300 Z-7.243 F50.000
N124 G00 X13.300 Z-19.757
N126 G01 X11.300 Z-19.757 F50.000
N128 G01 X11.300 Z-48.919 F150.000
N130 G01 X12.714 Z-47.505 F50.000
N132 G01 X17.714 Z-47.505
N134 G00 X17.714 Z1.714
N136 G01 X12.714 Z1.714 F50.000
N138 G01 X11.300 Z0.300
N140 G01 X11.300 Z-7.243 F150.000
```

```
N142 G01 X12.714 Z-5.829 F50.000
N144 G01 X17.714 Z-5.829
N146 G00 X17.714 Z1.714
N148 G01 X10.714 Z1.714 F50.000
N150 G01 X9.300 Z0.300
N152 G01 X9.300 Z-4.316 F150.000
N154 G01 X10.714 Z-2.902 F50.000
N156 G01 X15.714 Z-2.902
N158 G00 X15.714 Z1.714
N160 G01 X8.714 Z1.714 F50.000
N162 G01 X7.300 Z0.300
N164 G01 X7.300 Z-2.475 F150.000
N166 G01 X8.714 Z-1.061 F50.000
N168 G01 X13.714 Z-1.061
N170 G00 X13.714 Z1.714
N172 G01 X6.714 Z1.714 F50.000
N174 G01 X5.300 Z0.300
N176 G01 X5.300 Z-1.222 F150.000
N178 G01 X6.714 Z0.192 F50.000
N180 G01 X11.714 Z0.192
N182 G00 X11.714 Z1.714
N184 G01 X4.714 Z1.714 F50.000
N186 G01 X3.300 Z0.300
N188 G01 X3.300 Z-0.387 F150.000
N190 G01 X4.714 Z1.027 F50.000
N192 G01 X9.714 Z1.027
N194 G00 X9.714 Z1.714
N196 G01 X2.714 Z1.714 F50.000
N198 G01 X1.300 Z0.300
N200 G01 X1.300 Z0.107 F150.000
N202 G01 X2.714 Z1.521 F50.000
N204 G01 X7.714 Z1.521
N206 G00 X7.714 Z1.714
N208 G01 X0.714 Z1.714 F50.000
N210 G01 X-0.700 Z0.300
N212 G01 X-0.700 Z0.297 F150.000
N214 G01 X0.714 Z1.711 F50.000
N216 G01 X16.300 Z1.711
N218 G00 X16.300 Z-19.757
N220 G01 X11.300 Z-19.757 F50.000
```

```
N222 G01 X11.300 Z-48.919 F150.000
N224 G01 X12.714 Z-47.505 F50.000
N226 G01 X17.714 Z-47.505
N228 G00 X17.714 Z-23.036
N230 G01 X9.300 Z-23.036 F50.000
N232 G01 X9.300 Z-38.984 F150.000
N234 G01 X10.714 Z-37.570 F50.000
N236 G01 X15.714 Z-37.570
N238 G00 X15.714 Z-30.063
N240 G01 X7.300 Z-30.063 F50.000
N242 G01 X7.300 Z-31.956 F150.000
N244 G01 X8.714 Z-30.542 F50.000
N246 G01 X27.714 Z-30.542
N248 G00 X27.714 Z-100.624
N250 G01 X22.714 Z-100.624 F50.000
N252 G01 X21.300 Z-102.038
N254 G01 X21.300 Z-102.300 F150.000
N256 G01 X22.714 Z-100.886 F50.000
N258 G01 X29.714 Z-100.886
N260 G00 X37.756 Z-100.886
N262 G00 X37.756 Z15.226
N264 M09
N266 M30
%
```

(7)代码修改。由于所使用的数控系统的编程规则与软件的参数设置有差异，生成的数控程序需进一步修改。

(8)代码传输。由软件生成的加工程序，通过 R232 串行接口直接传输给数控机床的 MCU。

2.精加工

(1)轮廓建模。编制精加工程序时只需要被加工零件的表面轮廓，如图 10－9 所示。

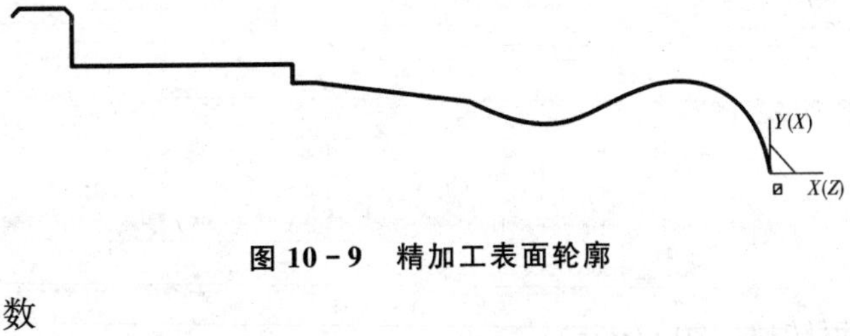

图 10－9 精加工表面轮廓

(2)确定精车参数

①加工参数(图 10－10)。

加工表面类型：外轮廓；

加工精度：0.01；

加工余量:0;

切削行数:1;

切削行距:0.5;

干涉前角:0°;

干涉后角:50°;

最后一行加工次数:1;

拐角过渡方式:尖角;

反向走刀:否;

刀尖半径补偿:编程时考虑半径。

②进退刀方式(图 10-11)。

每行相对加工表面进刀方式:与加工表面成定角,$l=2$,$A=45$;

每行相对加工表面退刀方式:与加工表面成定角,$l=2$,$A=45$;

快速退刀距离:$L=5$。

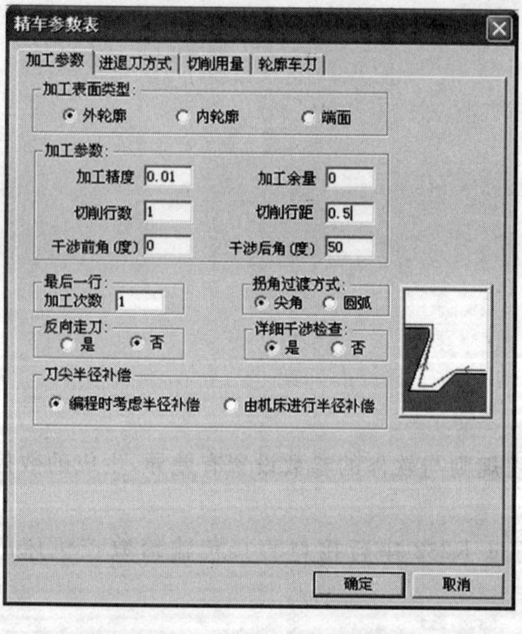

图 10-10 加工参数设置

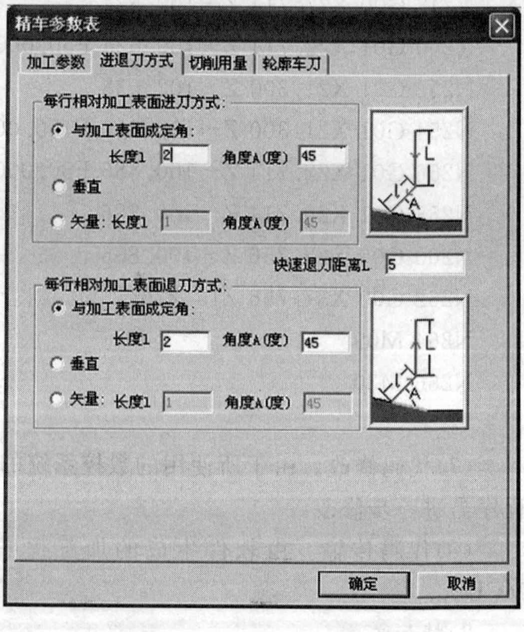

图 10-11 进退刀方式设置

③切削用量(图 10-12)。

速度设定:

进退刀时快速走刀:否;

接近速度:50;

退刀速度:50;

进刀量:100;

主轴转速选项:恒转速(320 r/min);

样条拟合方式:圆弧拟合。

④轮廓车刀(图 10-13)。

刀具名:93 度右手外圆车刀;

刀具号:3;

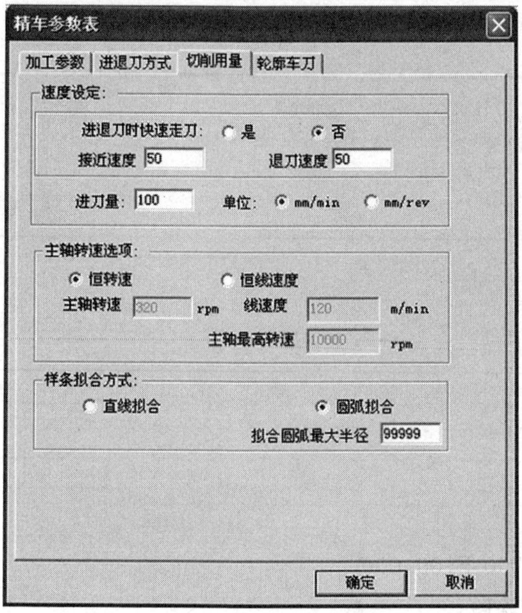

图 10-12　切削用量设置

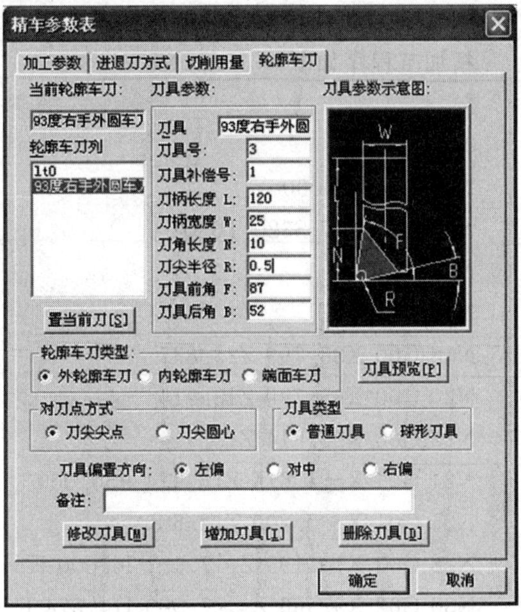

图 10-13　轮廓车刀设置

刀具补偿号:1;

刀柄长度:120;

刀柄宽度:25;

刀角长度:10;

刀尖半径:0.5;

刀角前角:87;

刀角后角:52;

轮廓车刀类型:外轮廓车刀;

对刀点方式:刀尖尖点;

刀具类型:普通刀具;

刀具偏置方向:左偏。

(3)以链拾取方式拾取精加工轮廓。

(4)确定退刀点。拾取轮廓后,系统提示输入进退刀点。该零件的进退刀点设置在 X(Z) 30,Y(X)半径值 45 处。

(5)生成刀具精加工轨迹,如图 10-14 所示。利用系统提供的模拟仿真功能进行刀具轨迹的模拟。

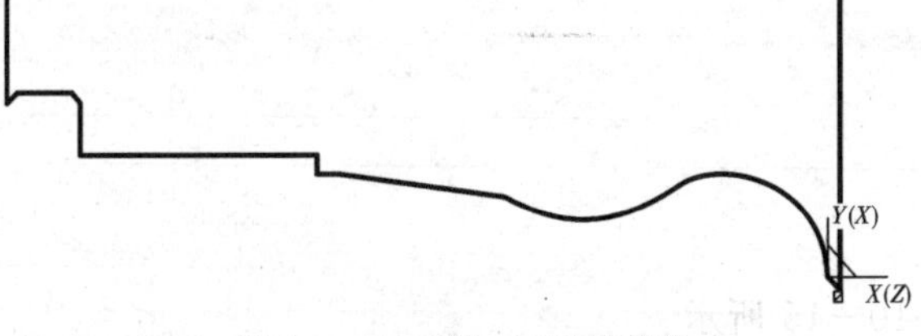

图 10-14　精加工刀具轨迹

(6)代码生成。选择“代码生成”子菜单项,系统弹出“选择后置文件”对话框,输入文件名“程序 2”,生成所选轮廓的精加工指令代码。

精加工程序如下:

```
%
01234
N10 G50 S10000
N12 G00 G97 S320 T0301
N14 M03
N16 M08
N18 G00 X35.799 Z23.837
N20 G00 X35.799 Z13.914
N22 G00 X28.914 Z13.914
N24 G01 X-1.614 Z13.914 F50.000
N26 G01 X-0.200 Z12.500
N28 G03 X10.199 Z-7.491 I0.000 K-12.700 F100.000
N30 G02 X9.966 Z-27.589 I14.574 K-10.219
N32 G03 X9.998 Z-27.675 I-0.166 K-0.111
N34 G01 X12.498 Z-47.675
N36 G03 X12.500 Z-47.700 I-0.198 K-0.025
N38 G01 X12.500 Z-50.500
N40 G01 X14.093 Z-50.500
N42 G03 X14.234 Z-50.559 I0.000 K-0.200
N44 G01 X14.941 Z-51.266
N46 G03 X15.000 Z-51.407 I-0.141 K-0.141
N48 G01 X15.000 Z-79.500
N50 G01 X21.593 Z-79.500
N52 G03 X21.734 Z-79.559 I0.000 K-0.200
N54 G01 X22.441 Z-80.266
N56 G03 X22.500 Z-80.407 I-0.141 K-0.141
N58 G01 X22.500 Z-87.700
N60 G01 X23.914 Z-86.286 F50.000
N62 G01 X28.914 Z-86.286
N64 G00 X35.799 Z-86.286
N66 G00 X35.799 Z23.837
N68 M09
N70 M30
%
```

3. 切槽加工

(1)轮廓建模,如图 10-15 所示。

(2)确定切槽加工参数

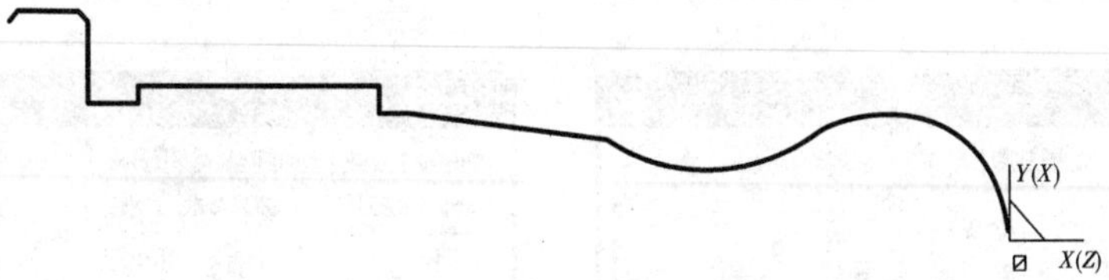

图 10-15　切槽轮廓

①切槽加工参数(图 10-16)。

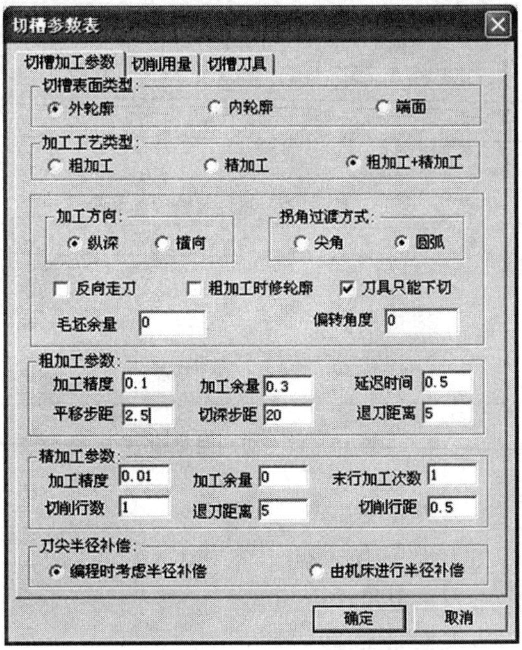

图 10-16　切槽加工参数设置

加工表面类型:外轮廓;
加工工艺类型:粗加工+精加工;
加工方向:纵深;
拐角过渡方式:圆弧;
刀具只能下切;
毛坯余量:0;
偏转角度:0;
粗加工参数:
加工精度:0.1;
加工余量:0.3;
延迟时间:0.5;
平移步距:2.5;
切深步距:20;
退刀距离:5。
精加工参数:
加工精度:0.01;
加工余量:0;
末行加工次数:1;
切削行数:1;
退刀距离:5;
切削行距:0.5。
刀尖半径补偿:编程时考虑半径补偿。
②切削用量(图 10-17)。
速度设定:
进退刀时快速走刀:是;
进刀量:100;
主轴转速选项:恒转速;
主轴转速:320。
③切槽刀具(图 10-18)。
刀具名:切槽刀;
刀具号:5;
刀具补偿号:1;
刀具长度:30;

刀具宽度:3;

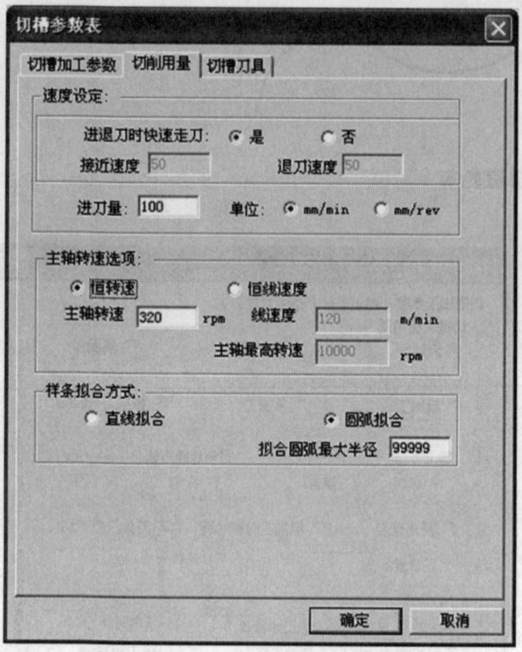

图 10-17　切削用量设置

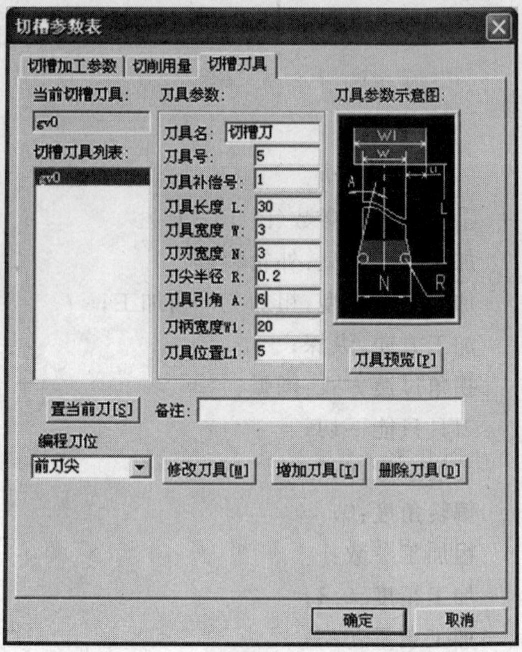

图 10-18　切槽刀具设置

刀刃宽度:3;

刀尖半径:0.2;

刀具引角:6;

刀柄宽度:20;

刀具位置:5;

编程刀位:前刀尖。

(3)以单个拾取方式拾取精加工轮廓。

(4)确定进退刀点。拾取轮廓后,系统提示输入进退刀点。该零件的进退刀点设置在 $X(Z)30$,$Y(X)45$(半径值)处。

(5)生成刀具精加工轨迹,如图 10-19 所示。利用系统提供的模拟仿真功能进行刀具轨迹的模拟。

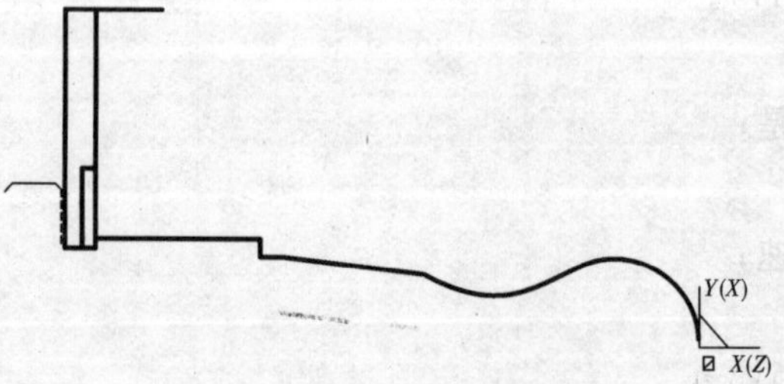

图 10-19　切槽刀具轨迹

(6)代码生成。选择"代码生成"子菜单项,系统弹出"选择后置文件"对话框,输入文件名"程序 3",生成切槽加工指令代码。

切槽加工程序如下:

```
%
01242
N10 G50 S10000
N12 G00 G97 S320 T0501
N14 M03
N16 M08
N18 G00 X46.980 Z-77.671
N20 G00 X46.980 Z-87.300
N22 G00 X24.725 Z-87.300
N24 G00 X19.725 Z-87.300
N26 G01 X13.800 Z-87.300 F100.000
N28 G04 X0.500
N30 G00 X24.725 Z-87.300
N32 G00 X24.725 Z-89.200
N34 G00 X19.725 Z-89.200
N36 G01 X13.800 Z-89.200 F100.000
N38 G04 X0.500
N40 G00 X24.725 Z-89.200
N42 G00 X24.725 Z-87.000
N44 G00 X19.725 Z-87.000
N46 G00 X14.725 Z-87.000
N48 G01 X13.500 Z-87.000 F100.000
N50 G01 X13.500 Z-91.800
N52 G00 X19.725 Z-91.800
N54 G00 X46.980 Z-91.800
N56 G00 X46.980 Z-77.671
N58 M09
N60 M30
%
```

4.螺纹加工

(1)轮廓建模,确定螺纹的起点和终点。

(2)确定螺纹参数

①螺纹参数(图 10-20)。

螺纹类型:外轮廓;

螺纹参数:

起点坐标:*X*(*Y*):14.925 *Z*(*X*):-62.99999;

终点坐标:*X*(*Y*):14.925 *Z*(*X*):-86.99999;

螺纹长度:28;

螺纹牙高:0.975;

螺纹头数:1;

螺纹节距:恒定节距;

节距:1.5。

②螺纹加工参数(图 10-21)。

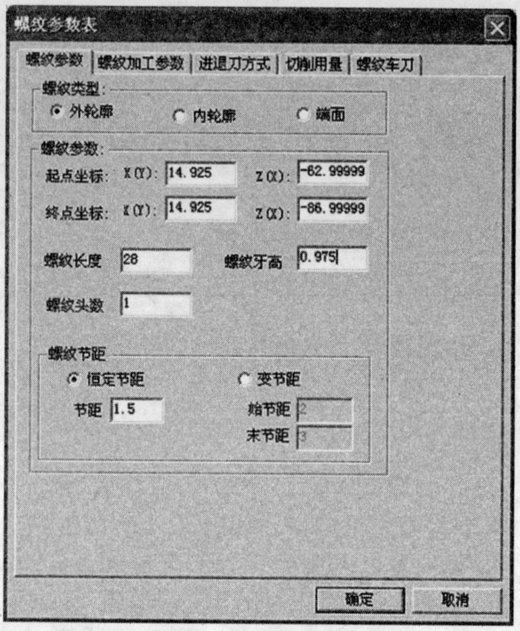

图 10-20 螺纹参数设置

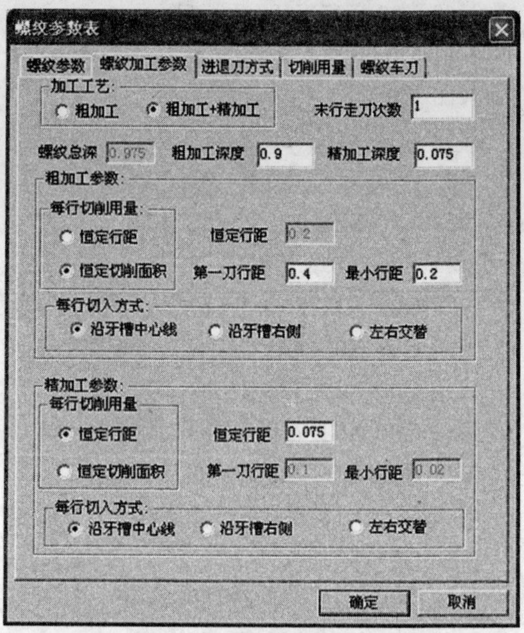

图 10-21 螺纹加工参数设置

加工工艺:粗加工+精加工;

末行走刀次数:1;

螺纹总深:0.975;

粗加工深度:0.9;

精加工深度:0.075;

粗加工参数:

每行切削用量:恒定切削面积;

第一刀行距:0.4;

最小行距:0.2;

每行切入方式:沿牙槽中心线;

精加工参数:

每行切削用量:恒定行距;

恒定行距:0.075;

每行切入方式:沿牙槽中心线。

③进退刀方式(图 10-22)。

粗加工进刀方式:垂直;

粗加工退刀方式:垂直;

快速退刀距离:5;

精加工进刀方式:垂直;

精加工退刀方式:垂直。

④切削用量(图 10－23)。

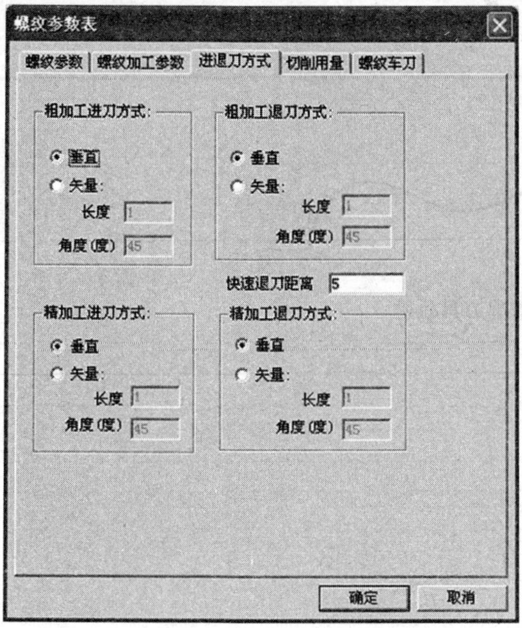

图 10－22　进退刀方式设置

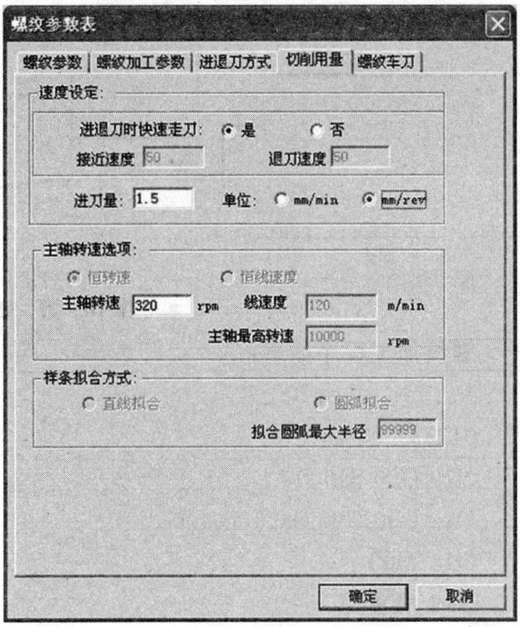

图 10－23　切削用量设置

速度设定：

进退刀时快速走刀：是；

进刀量：1.5；

主轴转速选项：恒转速；

主轴转速：320。

⑤螺纹车刀(图 10－24)。

刀具种类：米制螺纹；

刀具名：60 度普通螺纹刀具；

刀具号：4；

刀具补偿号：1；

刀柄长度：100；

刀柄宽度：20；

刀刃长度：15；

刀尖宽度：0.5；

刀具角度：60。

(3)确定进退刀点。系统提示输入进退刀点，该零件的进退刀点设置在 $Z(X)$ 30，$X(Y)$ 45半径值处。

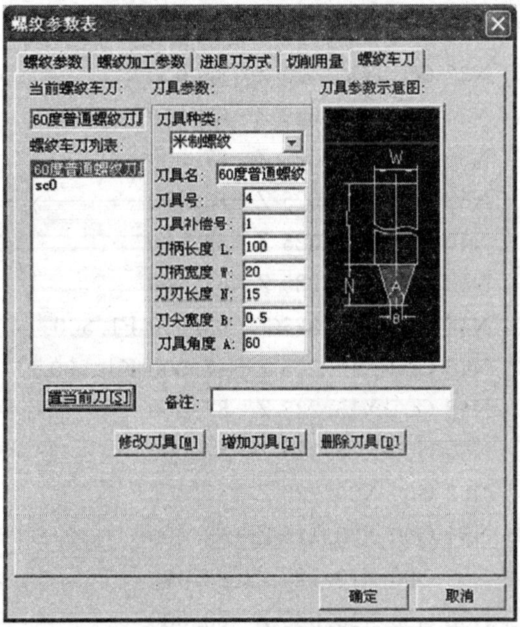

图 10－24　螺纹车刀设置

(4)生成刀具加工轨迹，如图 10－25 所示。利用系统提供的模拟仿真功能进行刀具轨迹的模拟。

(5)代码生成。选择“代码生成”子菜单项，系统弹出“选择后置文件”对话框，输入文件名

"程序 4",生成螺纹加工指令代码。

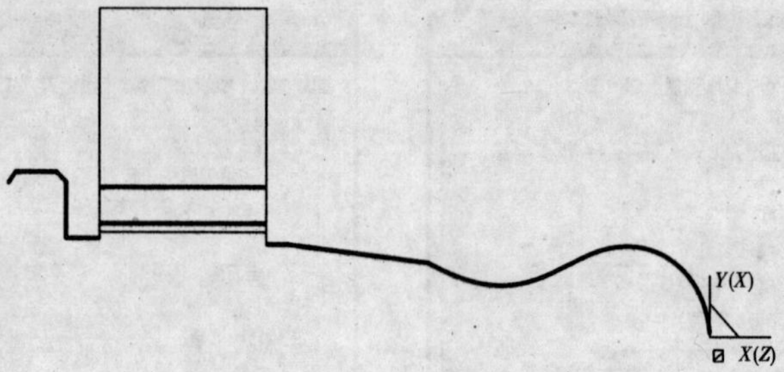

图 10-25 螺纹车削刀具轨迹

螺纹加工程序如下:

```
%
01243
N10 G50 S10000
N12 G00 G97 S320 T0400
N14 M03
N16 M08
N18 G00 X29.654 Z-61.167
N20 G00 X29.654 Z-63.000
N22 G00 X20.525 Z-63.000
N24 G00 X15.525 Z-63.000
N26 G00 X15.425 Z-63.000
N28 G01 X14.525 Z-63.000 F1.500
N30 G33 X14.525 Z-87.000 K1.500
N32 G01 X15.425 Z-87.000
N34 G00 X15.525 Z-87.000
N36 G00 X20.525 Z-87.000
N38 G00 X20.325 Z-63.000
N40 G00 X15.325 Z-63.000
N42 G00 X15.225 Z-63.000
N44 G01 X14.325 Z-63.000 F1.500
N46 G33 X14.325 Z-87.000 K1.500
N48 G01 X15.225 Z-87.000
N50 G00 X15.325 Z-87.000
N52 G00 X20.325 Z-87.000
N54 G00 X20.125 Z-63.000
N56 G00 X15.125 Z-63.000
N58 G00 X15.025 Z-63.000
N60 G01 X14.125 Z-63.000 F1.500
N62 G33 X14.125 Z-87.000 K1.500
N64 G01 X15.025 Z-87.000
```

```
N66 G00 X15.125 Z-87.000
N68 G00 X20.125 Z-87.000
N70 G00 X20.025 Z-63.000
N72 G00 X15.025 Z-63.000
N74 G00 X14.925 Z-63.000
N76 G01 X14.025 Z-63.000 F1.500
N78 G33 X14.025 Z-87.000 K1.500
N80 G01 X14.925 Z-87.000
N82 G00 X15.025 Z-87.000
N84 G00 X20.025 Z-87.000
N86 G00 X20.025 Z-63.000
N88 G00 X19.950 Z-63.000
N90 G00 X14.950 Z-63.000
N92 G00 X14.850 Z-63.000
N94 G01 X13.950 Z-63.000 F1.500
N96 G33 X13.950 Z-87.000 K1.500
N98 G01 X14.850 Z-87.000
N100 G00 X14.950 Z-87.000
N102 G00 X19.950 Z-87.000
N104 G00 X29.654 Z-87.000
N106 G00 X29.654 Z-61.167
N108 M09
N110 M30
%
```

到此,整个零件的车削加工完成。

实例 2 镗孔加工

要进行镗孔加工的零件如图 10-26 所示。

一、分析加工零件的图纸和工艺

该零件内表面较为简单,仅包括圆柱内表面和圆弧内表面,尺寸要求不高,没有形位公差的要求。采用外表面车削、钻孔和镗孔等工序即可完成轮廓的加工。

二、加工路线和装夹方法的确定

零件全部由数控车床加工。加工顺序依次为端面车削、外圆车削、钻孔、镗孔。

三、选择刀具

(1)车端面选择硬质合金 45°端面刀。

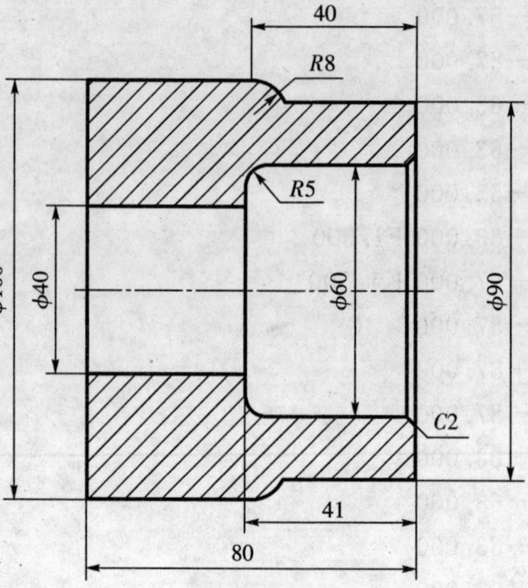

图 10-26 镗孔加工零件图

(2)外圆的粗车、精车选择 YT15 硬质合金 93°偏刀。

(3)钻φ4 中心孔选用φ4 中心钻。

(4)钻孔选择φ39 钻头。

(5)内表面的加工选用镗刀。

将所选定的刀具参数填入表 10-3 数控加工刀具卡片中,以便编程和操作管理。

表 10-3 数控加工刀具卡片

产品名称或代号		数控车削加工实例 2		零件名称	孔零件	零件图号	ZDBC02
序号	刀具号	刀具规格名称		数量	加工表面	刀尖半径(mm)	备注
1	T01	硬质合金 45°端刀面		1	车端面	0.5	
2	T02	硬质合金 93°偏刀		1	自右至左车外表面	0.2	
3	T03	φ4 中心钻		1	钻φ4 中心孔		
4	T04	φ39 钻头		1	钻孔		
5	T05	镗刀		1	镗内表面及内圆弧面	0.4	
编制	×××	审核	×××	批准	×××	共1页	第1页

四、选择切削用量

(1)主轴转速:端面车削、外轮廓和内轮廓加工选择 320 r/min,钻中心孔选择950 r/min,钻孔选择 200 r/min。

(2)进给速度:内外轮廓的加工选取相同的进给速度 40 mm/min。

将前面分析的各项内容综合成数控加工工艺卡片,见表 10-4。

表 10-4 数控加工工序卡

单位名称	××学校数控中心		产品名称或代号		零件名称		零件图号
			数控车削加工实例 2		孔零件		ZDBC02
工序号	程序编号		夹具名称		使用设备		车间
001	SL-2		三爪卡盘		CK6132 数控车床		×××
工步号	工步内容	刀具号	刀具规格(mm)	主轴转速(mm/min)	背吃刀量(mm)	刀尖半径(mm)	备注
1	端面车削	T01	20×20	320		1	手动
2	外轮廓加工	T02	25×25	320	40	0.2	自动
3	钻中心孔	T03	ϕ4	950		2	手动
4	钻孔	T04	ϕ39	200			手动
5	内轮廓加工	T05	20×20	320	40	0.8	自动
编制		审核	批准		年 月 日	共 1 页	第 1 页
×××		×××	×××				

五、编制加工程序

这里只介绍内轮廓加工的编程方法。

1. 粗加工

(1)轮廓建模。绘制内表面轮廓和毛坯轮廓(钻孔后的内轮廓),如图 10-27 所示。

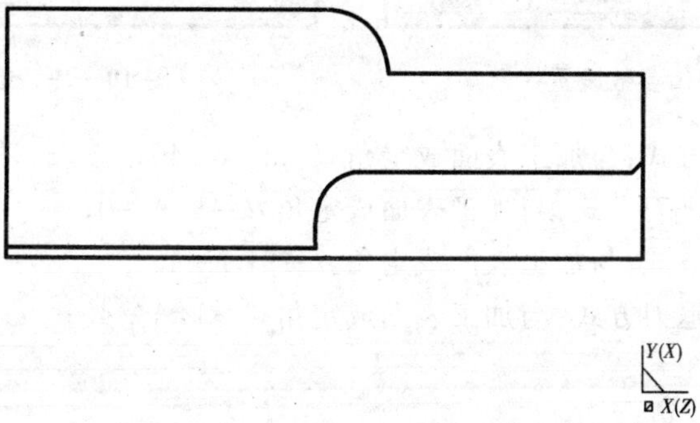

图 10-27 粗加工轮廓

(2)确定粗车参数

①加工参数(图 10-28)。

加工表面类型:内轮廓;

加工方式:行切方式;

加工精度:0.1;

加工余量:0.3;

加工角度:180;

切削行距:2;

干涉前角:0;

干涉后角:4;

拐角过渡方式:圆弧;

反向走刀:否;

详细干涉检查:是;

退刀时沿轮廓走刀:是;

刀尖半径补偿:编程时考虑半径补偿。

②进退刀方式(图 10-29)。

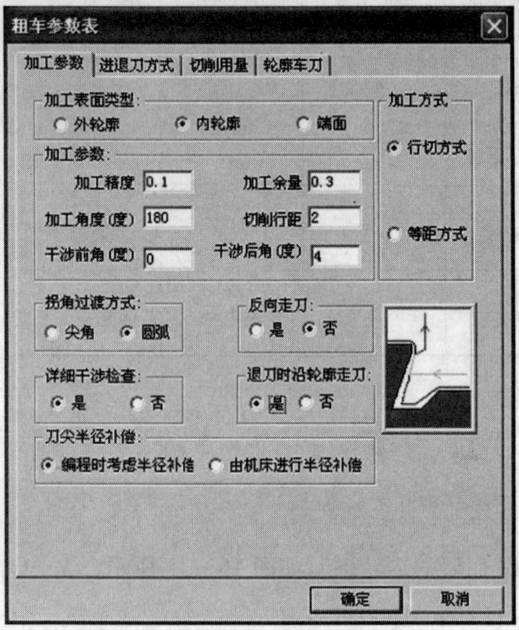

图 10-28 加工参数设置

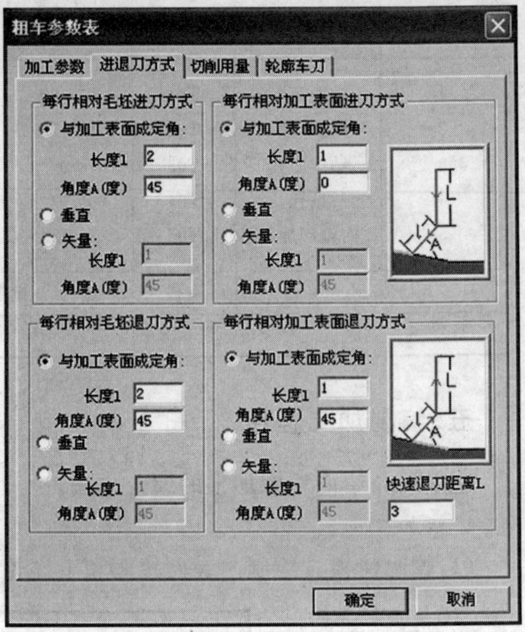

图 10-29 进退刀方式设置

每行相对毛坯进刀方式:与加工表面成定角,$l=2$,$A=45$;

每行相对加工表面进刀方式:与加工表面成定角,$l=1$,$A=0$;

每行相对毛坯退刀方式:与加工表面成定角,$l=2$,$A=45$;

每行相对加工表面退刀方式:与加工表面成定角,$l=1$,$A=45$;

快速退刀距离:$L=3$。

③切削用量(图 10-30)。

速度设定:

进退刀时快速走刀:是;

进刀量:100;

主轴转速选项:恒转速;

主轴转速:320;

样条拟合方式:圆弧拟合;

拟合圆弧最大半径:9999。

④轮廓车刀(图 10-31)。

刀具名:93 度右手内孔偏刀;

刀具号:2;

刀具补偿号:1;

刀柄长度:170;

刀柄宽度：20；

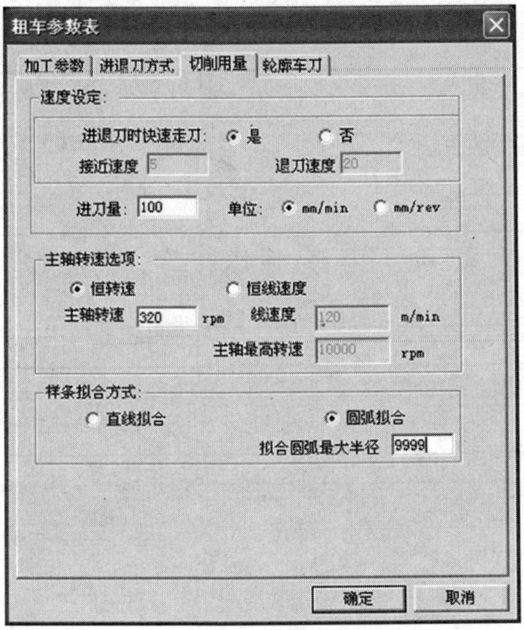

图 10-30　切削用量设置

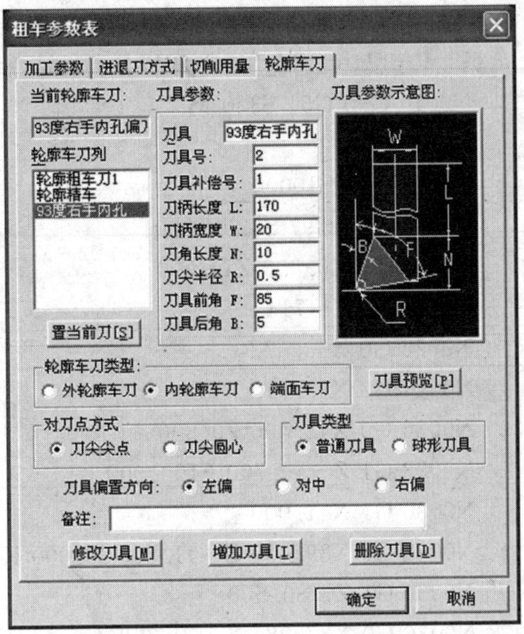

图 10-31　轮廓车刀设置

刀角长度：10；

刀尖半径：0.5；

刀具前角：85；

刀具后角：5；

轮廓车刀类型：内轮廓车刀；

对刀点方式：刀尖尖点；

刀具类型：普通刀具；

刀具偏置方向：左偏。

(3)以单个拾取方式分别拾取加工轮廓和毛坯轮廓。

(4)确定进退刀点。拾取轮廓后，系统提示输入进退刀点。该零件的进退刀点设置在 $Z120$，$X15$(半径值)处。

(5)生成刀具粗加工轨迹，如图 10-32 所示。

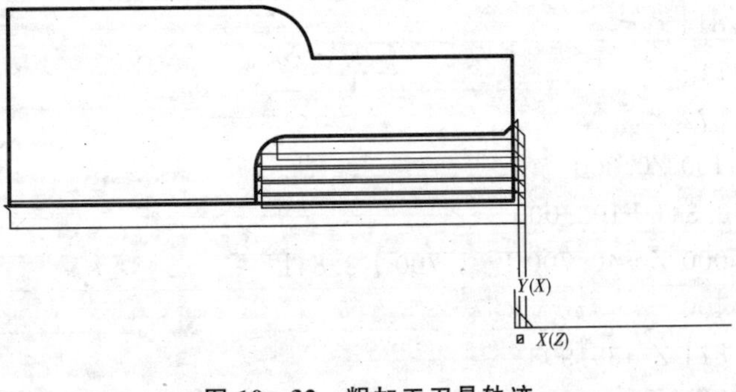

图 10-32　粗加工刀具轨迹

利用系统提供的模拟仿真功能进行刀具轨迹的模拟，以验证道具路径是否正确。

(6)代码生成。建立后置程序文件"程序 21",拾取刀具轨迹,生成加工程序。

```
%_N_NAME_MPF
;$PATH=/_N_MPF_DIR
N0010 G90 G54 S320 M3
N0012 M01
N0014 G50 S10000
N0016 G00 G97 S320 T0201
N0018 G0 X0.000 Z40.000
N0020 G0 Z1.714
N0022 G0 X33.572
N0024 G0 X39.572
N0026 G0 X42.400 Z0.300
N0028 G1 Z-40.700 F100.000
N0030 G1 X41.000
N0032 G2 X39.400 Z-41.500 I0.000 K-0.800
N0034 G1 Z-80.500
N0036 G0 X37.986 Z-79.793
N0038 G0 X31.986
N0040 G0 Z1.714
N0042 G0 X43.572
N0044 G0 X46.400 Z0.300
N0046 G1 Z-40.700 F100.000
N0048 G1 X42.400
N0050 G0 X43.814 Z-39.993
N0052 G0 X37.814
N0054 G0 Z1.714
N0056 G0 X47.572
N0058 G0 X50.400 Z0.300
N0060 G1 Z-40.700 F100.000
N0062 G1 X46.400
N0064 G0 X47.814 Z-39.993
N0066 G0 X41.814
N0068 G0 Z1.714
N0070 G0 X51.572
N0072 G0 X54.400 Z0.300
N0074 G1 Z-40.341 F100.000
N0076 G3 X51.000 Z-40.700 I-1.700 K3.841
N0078 G1 X50.400
N0080 G0 X51.814 Z-39.993
N0082 G0 X45.814
N0084 G0 Z1.714
```

```
N0086 G0 X55.572
N0088 G0 X58.400 Z0.300
N0090 G1 Z-38.487 F100.000
N0092 G3 X54.400 Z-40.341 I-3.700 K1.987
N0094 G0 X56.114 Z-39.826
N0096 G0 X50.114
N0098 G0 Z1.714
N0100 G0 X59.572
N0102 G0 X62.400 Z0.300
N0104 G1 Z-0.083 F100.000
N0106 G1 X59.869 Z-1.349
N0108 G2 X59.400 Z-1.914 I0.566 K-0.566
N0110 G1 Z-36.500
N0112 G3 X58.400 Z-38.487 I-4.200 K0.000
N0114 G0 X58.798 Z-37.507
N0116 G0 X52.798
N0118 G0 Z0.773
N0120 G0 X64.111
N0122 G0 X62.697 Z0.066
N0124 G1 X62.400 Z-0.083 F100.000
N0126 G0 Z0.917
N0128 G0 X33.572
N0130 G0 X0.000
N0132 G0 Z40.000
N0134 M5
N0136 M2
```

2.孔精加工

(1)轮廓建模。

(2)确定精加工参数

①加工参数(图10-33)

加工表面类型:内轮廓;

加工精度:0.01;

加工余量:0;

切削行数:1;

切削行距:0.5;

干涉前角:0;

干涉后角:4;

最后一行加工次数:1;

拐角过渡方式:圆弧;

反向走刀:否;

详细干涉检查:是;

刀尖半径补偿:编程时考虑半径补偿。

②进退刀方式(图 10－34)。

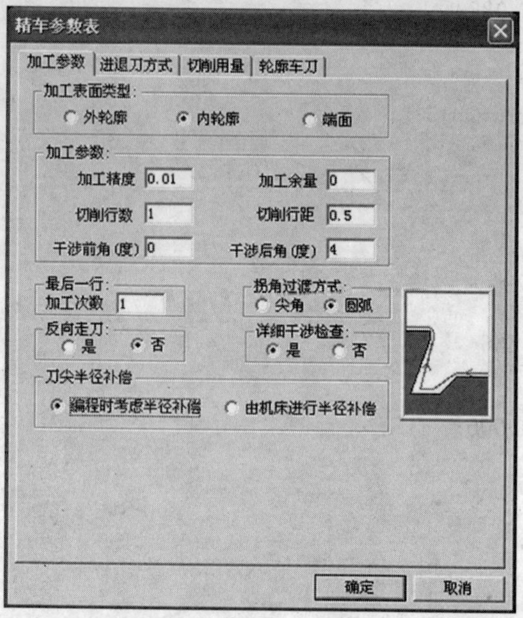

图 10－33 加工参数设置

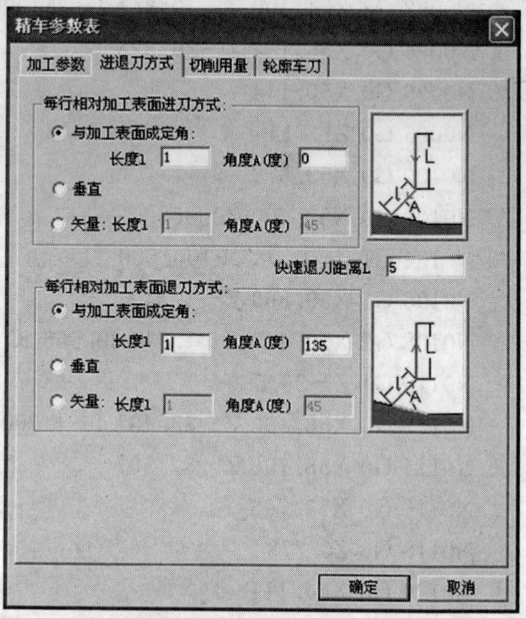

图 10－34 进退刀方式设置

每行相对加工表面进刀方式:与加工表面成定角,$l=1$,$A=0$;

每行相对加工表面退刀方式:与加工表面成定角,$l=1$,$A=135$;

快速退刀距离:$L=5$。

③切削用量(图 10－35)。

速度设定:

进退刀时快速走刀:否;

接近速度:50;

退刀速度:50;

进刀量:100;

主轴转速选项:恒转速;

主轴转速:320;

样条拟合方式:圆弧拟合。

④轮廓车刀(图 10－36)。

刀具名:93 度右手内孔偏刀;

刀具号:2;

刀具补偿号:1;

刀柄长度:170;

刀柄宽度:20;

刀角长度:12;

刀尖半径:0.2;

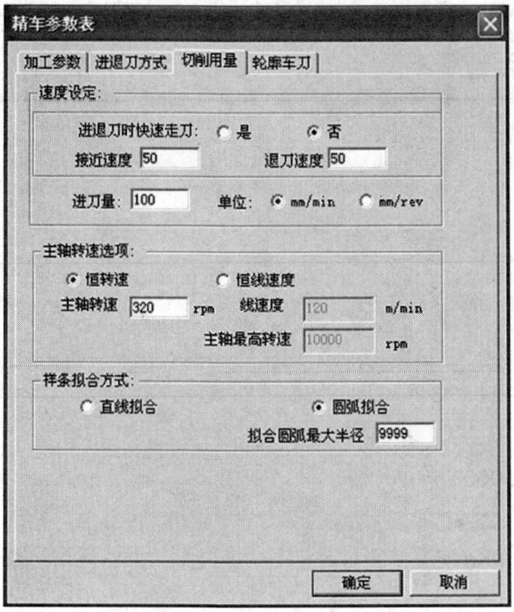

图 10-35 切削用量设置

图 10-36 轮廓车刀设置

刀具前角:85;

刀具后角:5;

轮廓车刀类型:内轮廓车刀;

对刀点方式:刀尖尖点;

刀具类型:普通刀具;

刀具偏置方向:左偏。

(3)以单个拾取方式拾取精加工轮廓。

(4)确定进退刀点。拾取轮廓后,系统提示输入进退刀点。该零件的进退刀点设置在 $X(Z)40$,$Y(X)15$(半径值)处。

(5)生成刀具精加工轨迹,如图 10-37 所示。利用系统提供的模拟仿真功能进行刀具轨迹仿真模拟。

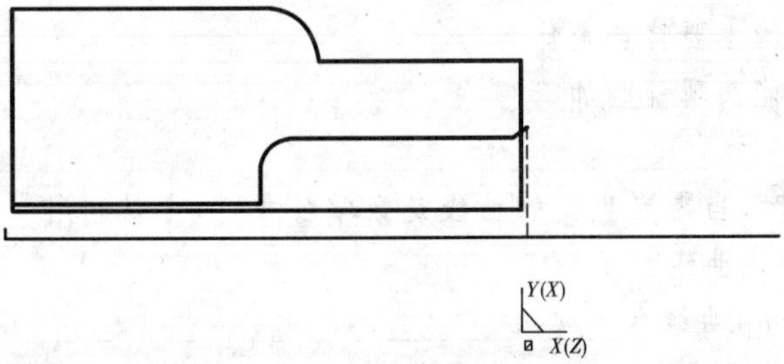

图 10-37 轮廓车刀设置

(6)代码生成。建立后置程序文件“程序 22”,拾取刀具轨迹,生成加工程序。

```
%_N_NAME_MPF
;$PATH=/_N_MPF_DIR
N0010 G90 G54 S320 M3
```

```
N0012 M01
N0014 G50 S10000
N0016 G00 G97 S320 T0201
N0018 G0 X30.000 Z40.000
N0020 G0 Z0.649
N0022 G0 X32.586
N0024 G1 X64.360 F50.000
N0026 G1 X62.946 Z-0.059
N0028 G1 X60.117 Z-1.473 F100.000
N0030 G2 X60.000 Z-1.614 I0.141 K-0.141
N0032 G1 Z-36.200
N0034 G3 X50.400 Z-41.000 I-4.800 K0.000
N0036 G1 X40.400
N0038 G2 X40.000 Z-41.200 I0.000 K-0.200
N0040 G1 Z-80.200
N0042 G1 X38.586 Z-80.907 F50.000
N0044 G1 X32.586
N0046 G0 X30.000
N0048 G0 Z40.000
N0050 M5
N0052 M2
```

习 题 十

10.1 思考题

(1)CAXA 数控车能绘制二维和三维图形,你认为这种说法正确吗?为什么?

(2)CAXA 数控车的主要特点是什么?

(3)CAXA 数控车能实现哪些加工?

10.2 填空题

(1)进行图形绘制时,当需要生成的曲线是数学公式时,可以利用________模块的________生成功能来得到所需要的曲线。

(2)CAXA 数控车中,曲线有______、________、_______、______、_______等类型。

(3)机床设置是针对不同的______、不同的_______,设置特定的数控________、数控________及______________,并生成配置文件。

(4)生成数控程序时,系统根据________的定义,生成用户所需要的特定代码格式的加工指令。

10.3 选择题

(1)在进行点的捕捉操作时,系统默认点的捕捉状态是(　　)。

A. 控制点(K)　　　　B. 屏幕点(S)　　　　C. 缺省点(F)

(2)曲线裁剪共有(　　)四种方式。

A. 快速裁剪、线裁剪、点裁剪和修剪。

B. 快速修剪、线裁剪、点裁剪和投影裁剪。

C. 快速裁剪、线裁剪、投影裁剪和修剪。

(3)模态代码就是只要指定一次功能代码格式,以后不用再指定,系统会以(　　)的功能模式,确认本程序段功能。

A. 第一次指定　　　　B. 前面最近　　　　C. 最后一次

10.4　上机练习题

(1)完成图 10-38 所示零件的自动编程。

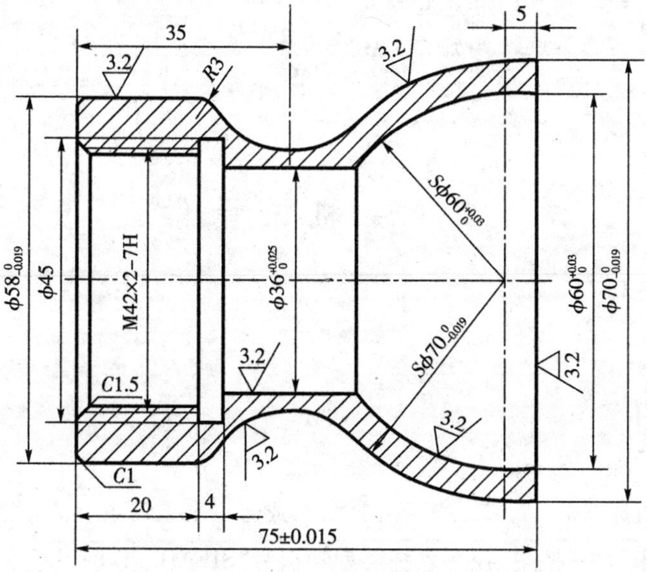

图 10-38　题 10.4(1)图

(2)完成图 10-39 所示零件的自动编程。

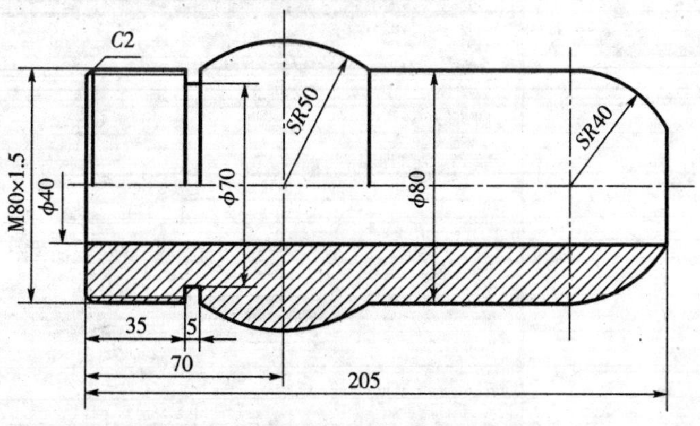

图 10-39　题 10.4(2)图

第十一章　数控加工仿真系统

学习目标：

1. 熟悉数控加工仿真系统界面。
2. 掌握数控加工仿真系统机床操作方法。
3. 了解数控机床的特点及应用范围。
4. 熟悉数控加工仿真系统零件加工方法。

第一节　机 床 操 作

一、机床准备

1. 选择机床类型

操作步骤：

(1)打开菜单“机床/选择机床...”(图 11－1)，或者点击工具条上的小图标。

(2)在“选择机床”对话框中，控制系统类型默认为“SIEMENS 810D”，此时选择“SIEMENS 802S”，机床类型选择相应的机床，厂家及型号在下拉框中选择相应的型号，按“确定”按钮，此时界面如图 11－1 所示。

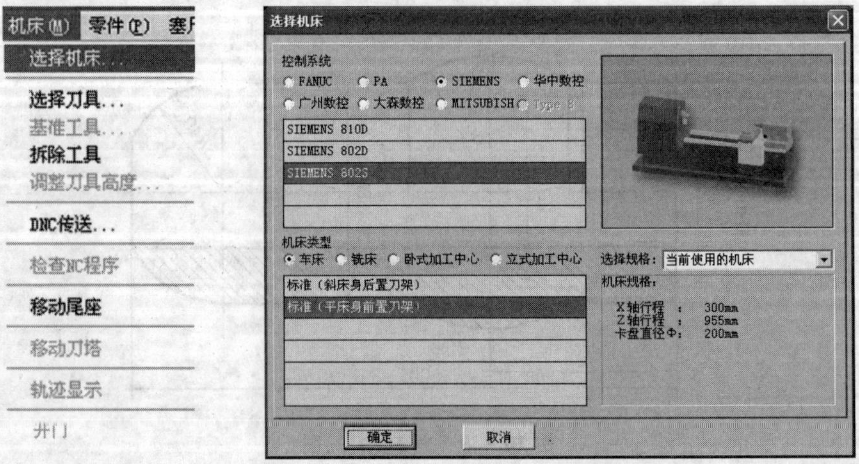

图 11－1　选择机床

2. 激活机床

操作步骤：

(1)点击工具条上的小图标，或者点击菜单“视图/控制面板切换”，此时显示整个机床操作面板。

(2)检查急停按钮是否松开至状态，若未松开，点击急停按钮，将其松开。

(3)点击操作面板上的“复位”按钮，此时机床完成加工前的准备。

3. 标准车床回零

操作步骤：

(1)检查操作面板上“手动”和“回原点”按钮是否处于按下状态，否则点击这两个按钮，使其呈按下状态，此时机床进入回零模式，此时 CRT 界面的状态栏上显示“手动 REF”。

(2)X 轴回零，按住操作面板上的 按钮，直到 X 轴完成回零，CRT 界面上的 X 轴回零灯亮。如图 11-2 所示。

(3)Z 轴回零，此时 CRT 界面上的 Z 轴回零灯亮。点击操作面板上的“主轴正转”按钮或“主轴反转”按钮，使主轴回零，此时 CRT 界面如图 11-3 所示。

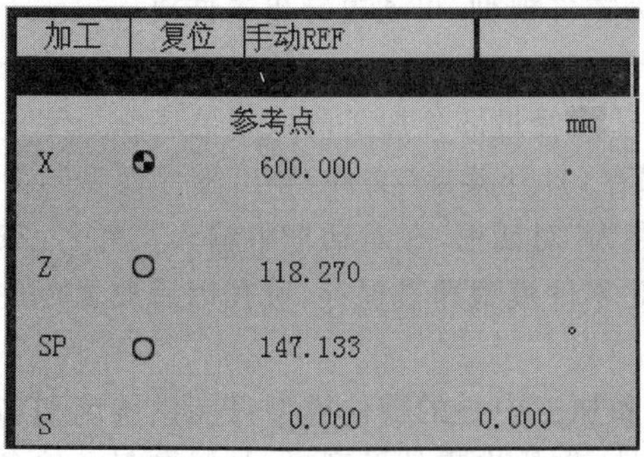

图 11-2 X 轴回参考点

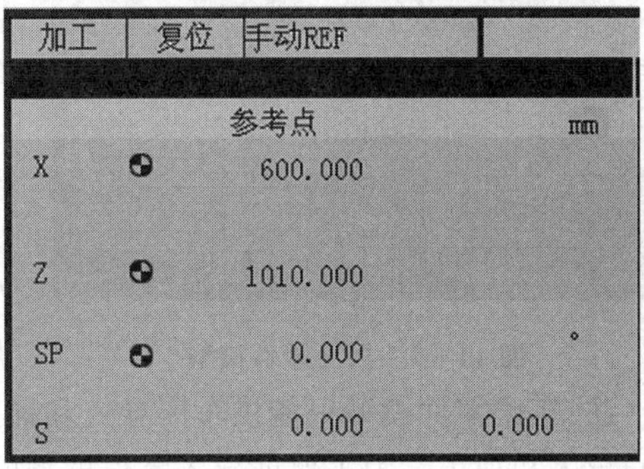

图 11-3 Z 轴及主轴回参考点

二、工件的使用

1. 定义毛坯

打开菜单“零件/定义毛坯”或在工具条上选择“”，系统打开图 11-4 对话框。

(1)名字输入。在毛坯“名字”输入框内输入毛坯名，也可以使用缺省值。

(2)选择毛坯形状。数控车床有两种形状的毛坯供选择：一种是实心圆柱毛坯，另一种是带孔的圆柱毛坯。可在对话框中在“圆柱形”和“U 形”两个单选框中选择。

(3)选择毛坯材料。毛坯材料列表框中提供了多种供加工的毛坯材料，可根据需要在“材料”下拉列表中选择毛坯材料。(目前的版本暂不考虑不同材料对仿真的影响。)

(4)参数输入。尺寸输入框用于输入尺寸。圆柱形毛坯直径的范围为 10～130 mm，长度的范围为 10～130 mm。

(5)保存退出。按“确定”按钮，保存定义的毛坯并且退出本操作。

(6)取消退出。按“取消”按钮，退出本操作，毛坯数据将不被保存。

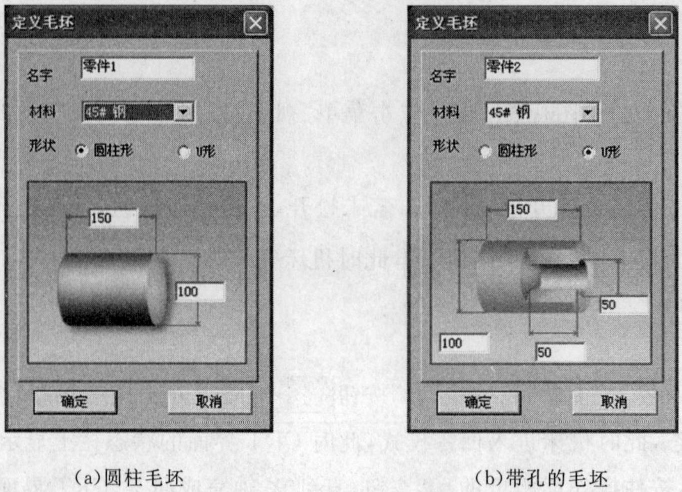

(a)圆柱毛坯　　(b)带孔的毛坯

图 11-4　毛坯的定义

2. 导出零件模型

导出零件模型相当于保存零件模型,利用这个功能,可以把经过部分加工的零件作为成型毛坯予以存放。如图 11-5 所示,此毛坯已经过部分加工,称为零件模型,可通过导出零件模型功能予以保存。

图 11-5　导出零件模型

若希望将经过部分加工的成型毛坯作为零件模型予以保存,打开菜单"文件/导出零件模型",系统弹出"另存为"对话框,在对话框中输入文件名,按保存按钮,此零件模型即被保存,可在以后放置零件时调用。

注:车床零件模型只能供车床导入和加工,铣床和加工中心的零件模型只能供铣床和加工中心导入和加工。为了保证导入零件模型的可加工性,在导出零件模型时,最好在起文件名时合理标识机床类型。

3. 导入零件模型

机床在加工零件时,除了可以通过"定义毛坯"功能定义毛坯外,还可以对已经加工过的毛坯进行再加工。曾经加工的毛坯称为零件模型,可以通过导入零件模型的功能调用零件模型。

打开菜单"文件/导入零件模型",系统将弹出"打开"对话框,在此对话框中选择并且打开所需的后缀名为".PRT"的零件文件,则选中的零件模型被放置在工作台面上。此类文件为已通过"文件/导出零件模型"保存的成型毛坯文件。

注:车床零件模型只能供车床导入和加工,铣床和加工中心的零件模型只能供铣床和加工中心导入和加工。

4. 放置零件

操作步骤:

(1)打开菜单"零件/放置零件"命令或者在工具条上选择图标,系统将弹出操作对话框,如图 11-6 所示。

(2)对于经过保存的项目或零件,对话框的零件列表中会显示零件对应的模型文件名,若在对话框中选择"选择模型"单选框,则可以将经过加工的零件放置到机床上,如图 11-7 所示。

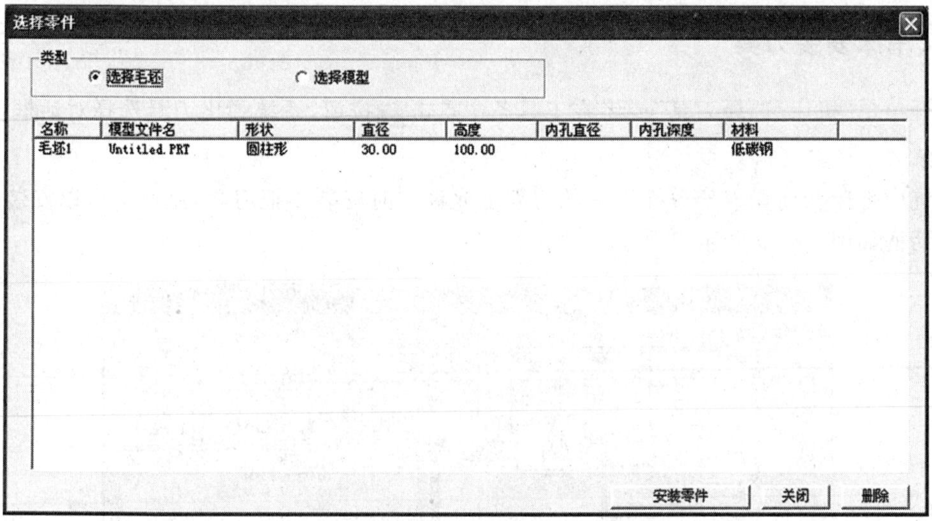

图 11-6 放置零件

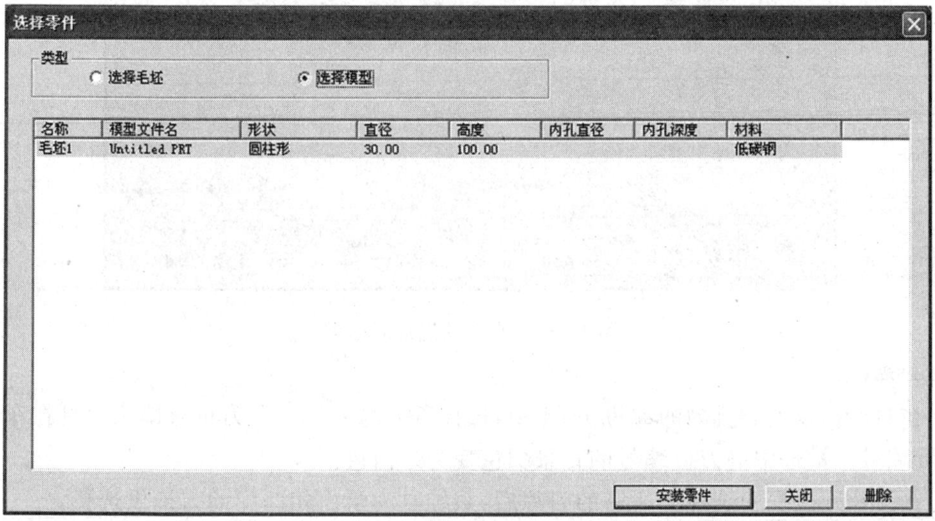

图 11-7 移动零件

5. 调整零件位置

放置好零件之后，可以用“位置调整工具箱”调整它的位置，也可以使用“零件/移动零件”菜单打开“位置调整工具箱”来调整零件的位置。“位置调整工具箱”界面如图 11-8 所示。

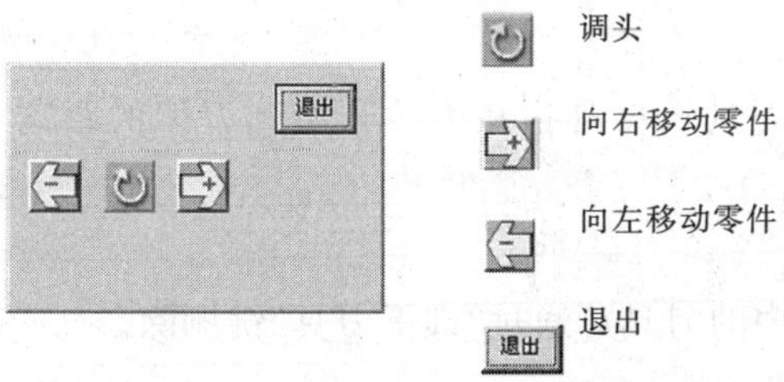

图 11-8 “位置调整工具箱”界面

三、车床安装刀具

打开菜单“机床/选择刀具”或者在工具条中点击按钮，系统弹出刀具选择对话框。

1. 装刀

系统中平床身前置刀架数控车床的刀架上允许同时安装 4 把刀具，尾座上可以安装一把钻头。对话框如图 11－9 所示。

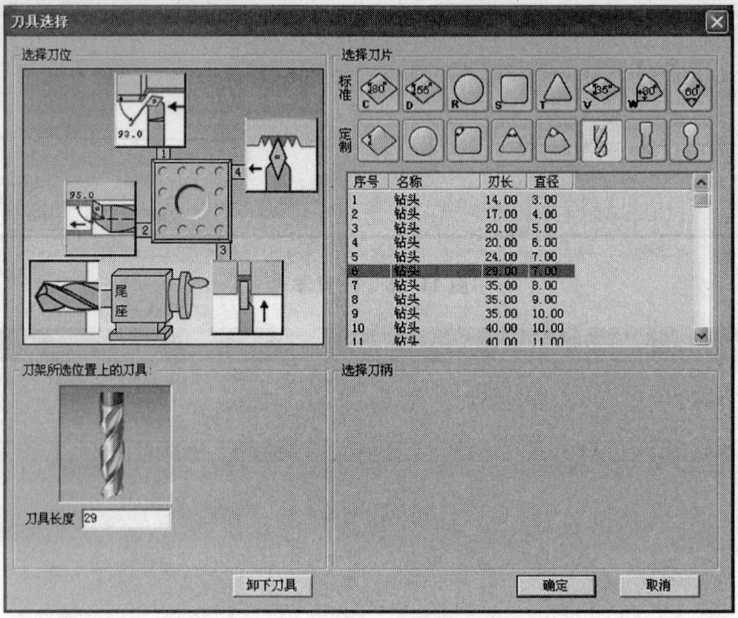

图 11－9　车刀的选择对话框

操作步骤：

(1)在对话框左上侧排列的编号 1～4 中，选择所需的刀位号。刀位号即为刀具在车床刀架上的位置编号。被选中的刀位编号的背景颜色变为牙白色。

(2)在刀片列表框中选择了所需的刀片后，系统自动给出相匹配的刀柄供选择。

(3)指定加工方式，可选择内圆加工或外圆加工。

(4)选择刀柄。当刀片和刀柄都选择完毕后，刀具被确定，并且输入到所选的刀位中。刀位号左下侧对应的图片框中显示装配完成的完整刀具。

2. 刀尖半径修改

允许操作者修改刀尖半径，刀尖半径范围为 0～5.9 mm。

3. 刀具长度修改

允许修改刀具长度。刀具长度是指从刀尖开始到刀架的距离。刀具长度的范围为 20～500 mm。

4. 删除当前刀具

在当前选中的刀位号中的刀具可通过“卸下刀具”键删除。

5. 确认选刀

选择完刀具，完成刀尖半径、刀具长度修改后，按“确定”键完成选刀，刀具按所选刀位安装在刀架上；按“取消”键退出选刀操作。

第二节 零件加工

一、操作面板

SIEMENS 802S 车床操作面板见图 11－10。操作面板上，1 为自定义按钮，其中 T1 为手动换刀。2 为手动方式按钮，从左至右依次为增量方式、手动方式、回参考点。3 为自动按钮，从左至右依次为自动方式、单段运行、MDA 方式。4 为主轴按钮，从左至右依次为主轴正转、主轴停止和主轴反转。5 为手动移动刀架按钮，依次为 X、Z 正负方向移动和加速键。6 为循环控制按钮，从左至右依次为复位、循环暂停和循环启动。7 为急停按钮。8 为主轴倍率旋钮。9 为进给倍率旋钮。

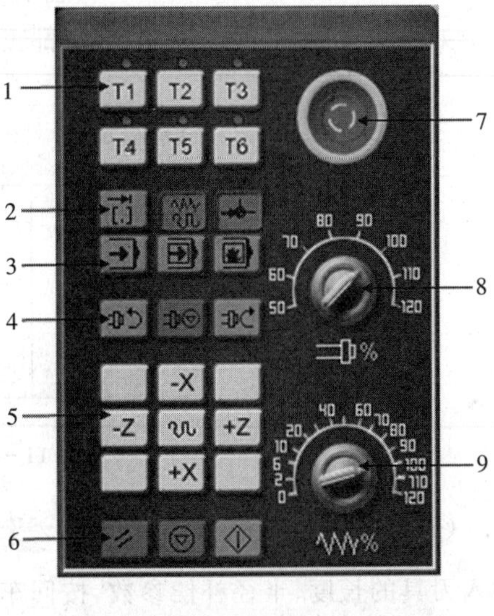

图 11－10 SIEMENS 802S 操作面板

二、设置刀具参数

1. 新建刀具

操作步骤：

(1)点击操作面板上的按钮，CRT 界面下方显示软键菜单条。

(2)按软键“参数”，在弹出的下级子菜单中按软键“刀具补偿”，在弹出的下级子菜单中按扩展键 > ，在子菜单中按软键“新刀具”，CRT 界面弹出“已有刀具表”和“新刀具”对话框，分别如图 11－11 和图 11－12 所示。

图 11－11 “已有刀具表”对话框

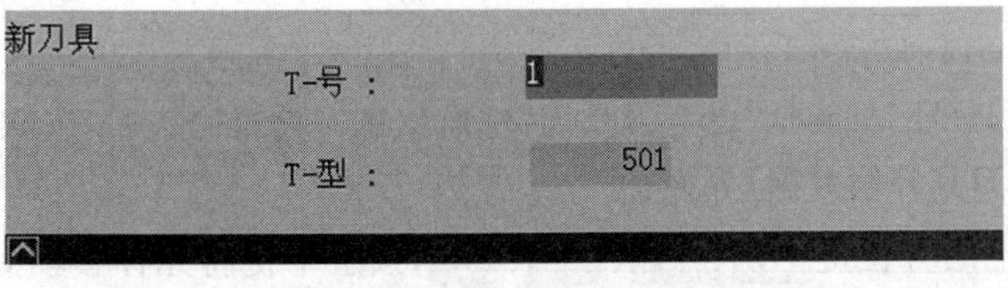

图 11－12 “新刀具”对话框

(3)点击数字键，在“T－号”栏中输入刀号，如“1”，在“T－型”中输入刀具类型号(铣刀 1××，钻头 2××，车刀 5××)。设置完成后，按软键“确认”。

(4)如果输入的“T-号”或“T-型”不正确,系统将弹出如图11-13所示的“错误报告”对话框,按软键“确认”,可重新进行输入。

图11-13 “错误报告”对话框

如果输入的“T-号”或“T-型”都正确,系统弹出如图11-14所示的“刀具补偿数据”界面。

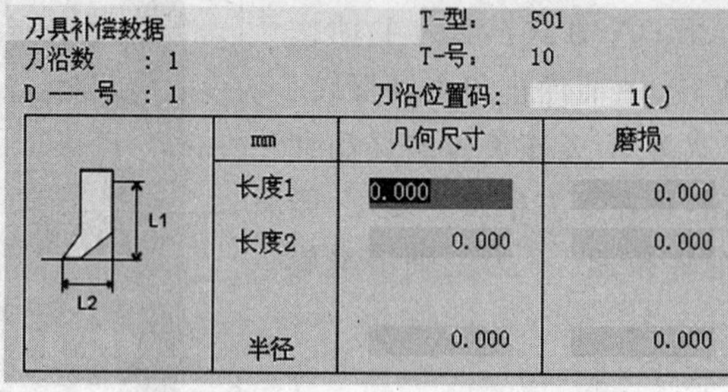

图11-14 “刀具补偿数据”界面

(5)点击键盘上的方位键、、、,按上下键将光标移动到“几何尺寸”项上,输入刀具的长度、半径补偿参数,按回车键确认。完成刀沿数据设置。

(6)将光标移动到“刀沿位置码”上,点击,选择1至9的刀沿位置码。

(7)将光标移动到“磨损”项上,输入刀具的长度磨损参数和半径磨损参数。

注:

(1)输入的“T-号”与已有的刀具号重复,系统认为错误,将弹出对话框警告。

(2)图11-14中长度1、长度2的几何尺寸一般是通过对刀得到的。

2.新刀沿

操作步骤:

(1)点击操作面板上的按钮,CRT界面下方显示软键菜单条。

(2)按软键“参数”,在弹出的下级子菜单中按软键“刀具补偿”,在弹出的下级子菜单中按扩展键 > ,在子菜单中按软键“新刀沿”,CRT界面弹出“已有刀具表”和“新刀沿”对话框,分别如图11-11和图11-15所示。

(3)新刀沿的“T-号”只能是“已有刀具表”中的信息。设置完成后,按软键“确认”。进入如图11-14所示的“刀具补偿数据”界面。

(4)点击键盘上的方位键、、、,按上下键将光标移动到“几何尺寸”项上,输入刀具的长度、半径补偿参数,按回车键确认,完成刀沿数据设置。

(5)将光标移动到“刀沿位置码”上,点击,选择1至9的刀沿位置码。

(6)将光标移动到“磨损”项上,输入刀具的长度磨损参数和半径磨损参数。

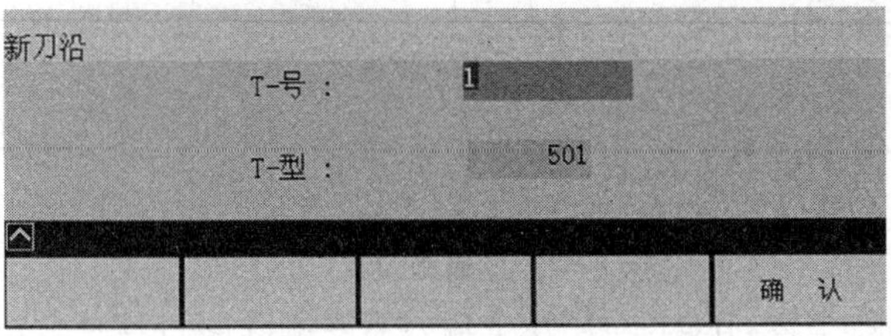

图 11－15　“新刀沿”对话框

3.复位刀沿

操作步骤：

（1）点击操作面板上的按钮，CRT 界面下方显示软键菜单条。

（2）按软键“参数”，在弹出的下级子菜单中按软键“刀具补偿”，在弹出的下级子菜单中按扩展键>，在子菜单中按软键“复位刀沿”，输入的刀沿参数被还原，均归零。

4.移到相邻的刀具/刀沿

（1）点击操作面板上的按钮，CRT 界面下方显示软键菜单条。

（2）按软键“参数”，在弹出的下级子菜单中按软键“刀具补偿”。

（3）当新建了一个以上的刀具时，按软键“T≫”命令，即可进入当前刀具的下一个；按软键“≪T”命令，可进入当前刀具的上一个。

当一个刀具有两个以上的刀沿时，同样按“≪D”“D≫”也可以在不同刀沿间切换。

5.搜索刀具

如果刀具号太多，选用“≪T”或“T≫”命令太慢，则用“搜索”命令直接选择所需的刀具。

操作步骤：

（1）点击操作面板上的按钮，CRT 界面下方显示软键菜单条。

（2）按软键“参数”，在弹出的下级子菜单中按软键“刀具补偿”，在弹出的下级子菜单中按扩展键>，在子菜单中按软键“搜索”。CRT 界面弹出如图 11－11 所示的“已有刀具表”和如图 11－16 所示的“搜索刀具”对话框。

图 11－16　“搜索刀具”对话框

（3）点击键盘上的数字键，在“T－号”栏中输入需要搜索的刀具号。按软键“确认”。进入如图 11－14 所示的“刀具补偿数据”界面。可对已设置的刀具信息进行修改。

注：要搜索的刀具号需是在“已有刀具表”中显示的刀具号。

6.删除刀具

操作步骤：

（1）点击操作面板上的按钮，CRT 界面下方显示软键菜单条。

（2）按软键“参数”，在弹出的下级子菜单中按软键“刀具补偿”，在弹出的下级子菜单中按扩展键>，在子菜单中按软键“删除刀具”。弹出如图 11－17 所示的“删除刀具”对话框。

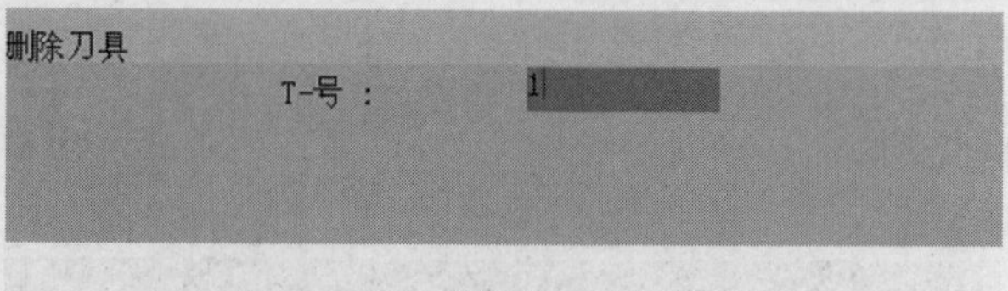

图 11-17　“删除刀具”对话框

(3)点击键盘上的数字键,在“T-号”栏中输入需要删除的刀具号。按软键“确认”。选中的刀具被删除,其下一个刀具则自动变为当前刀具。

也可以用“T≫”或“≪T”“搜索”命令选择需要删除的刀具号,则此刀具为当前刀具。执行“删除刀具”命令,当前刀具即被删除。其下一个刀具则自动变为当前刀具。继续按“删除”,可以连续删除。

三、设置工件坐标系原点(对刀)

数控程序一般按工件坐标系编程,对刀过程就是建立工件坐标系与机床坐标系之间对应关系的过程。常见的是将工件右端面中心点设为工件坐标系原点。

下面分别说明车床对刀的方法。

注:SIEMENS 802S 提供了多种观察机床的视图。可点击菜单“视图”进行选择,也可点击主菜单工具栏上的小图标进行选择。

点击“视图/俯视图”或、“视图/右侧视图”或、“视图/前视图”或、“视图/左侧视图”或,可得到相应的观察视图。机床的显示方式如图 11-18 所示。

点击“视图/复位”或点击,机床回复初始位置。用户可以根据需要自行调节。

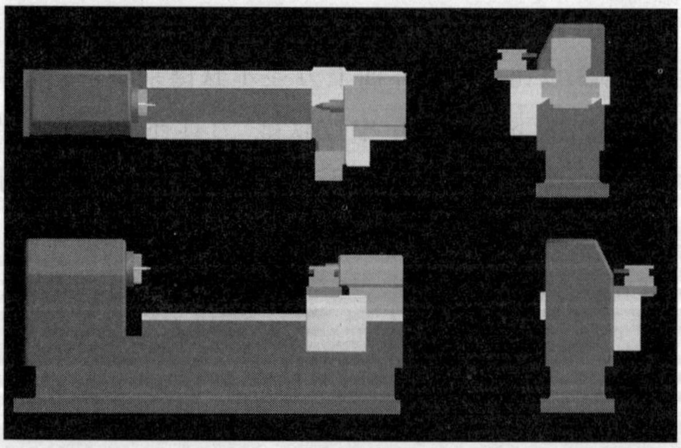

图 11-18　四种视图方式

1. 单把刀具对刀

SIEMENS 802S 提供了三种对刀方法:直接使用机床坐标系的长度偏移法,采用测量的方法设定 G54,手工方式设定。下面分别介绍前两种。(注:下面介绍对刀方式时均采用卡盘底面中心为机床坐标系原点。)

(1)长度偏移法

操作步骤:

①点击操作面板上的按钮,CRT 界面下方显示软键菜单条。按软键“参数”,在弹出的下级子菜单中按软键“刀具补偿”,点击 > 按钮,在显示的菜单中按软键“新刀具”。弹出如图

11－19 所示的对话框。

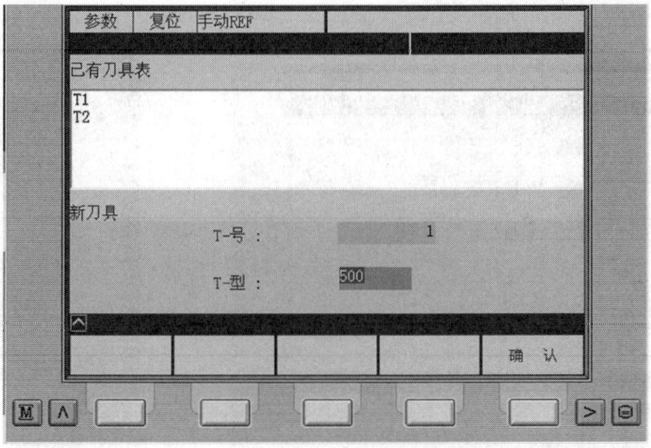

图 11－19　新建刀具参数设置界面

②在“T－号”栏中输入刀具号(如:“1”)。点击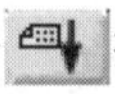按钮,光标移到“T－型”栏中,输入刀具类型(此处为车床,输入“500”)。按软键“确认”。完成新刀具的建立。此时弹出如图 11－20 所示的参数设置界面。

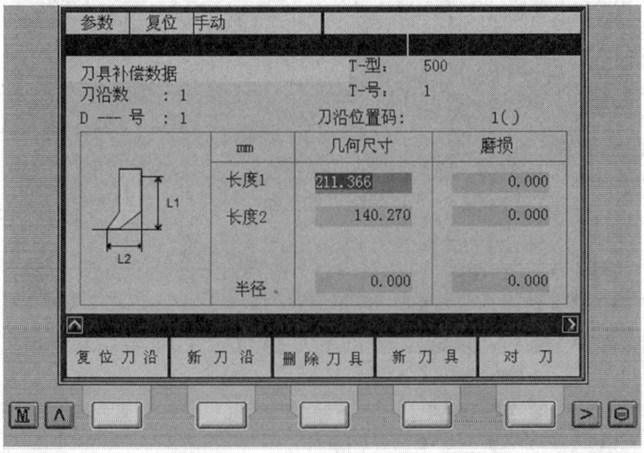

图 11－20　刀具参数设置界面

③点击操作面板中按钮,使“手动”呈按下状态,此时机床切换到手动状态。

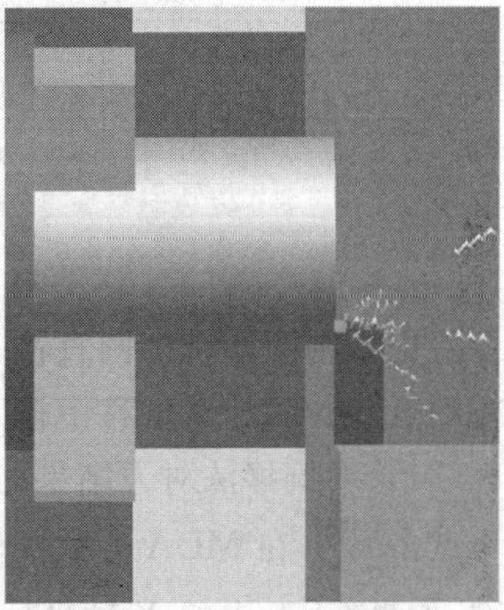

图 11－21　手动切端面

④点击主轴正转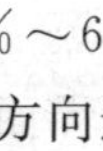,将进给倍率开关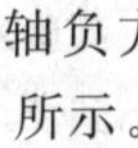调到 10%～20%(实际机床为 2%～6%),使机床向 X 轴负方向移动,切端面,然后沿 X 轴正方向退出,如图 11－21 所示。

⑤点“对刀”软键,进入如图 11－22 所示界面,Z 向对刀界面如果不在则点“轴＋”。在偏移中输入 0,回车,计算,确认,Z 向对刀完成。

⑥点击,使机床向 Z 轴负方向移动,手动切外圆,如图

11－23 所示。点击 +Z 原路返回,点击 主轴停止。点击“测量”“剖面图测量”,如图 11－24 所示。

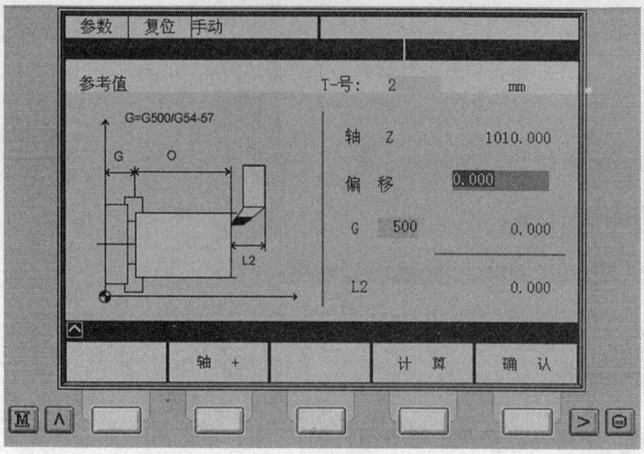

图 11－22 Z 向对刀界面

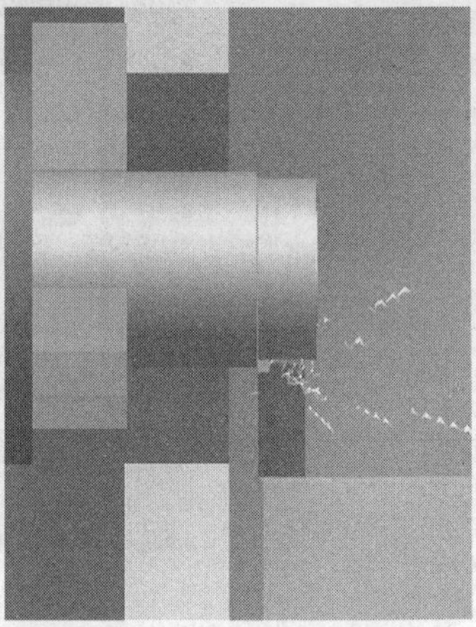

图 11－23 手动切外圆

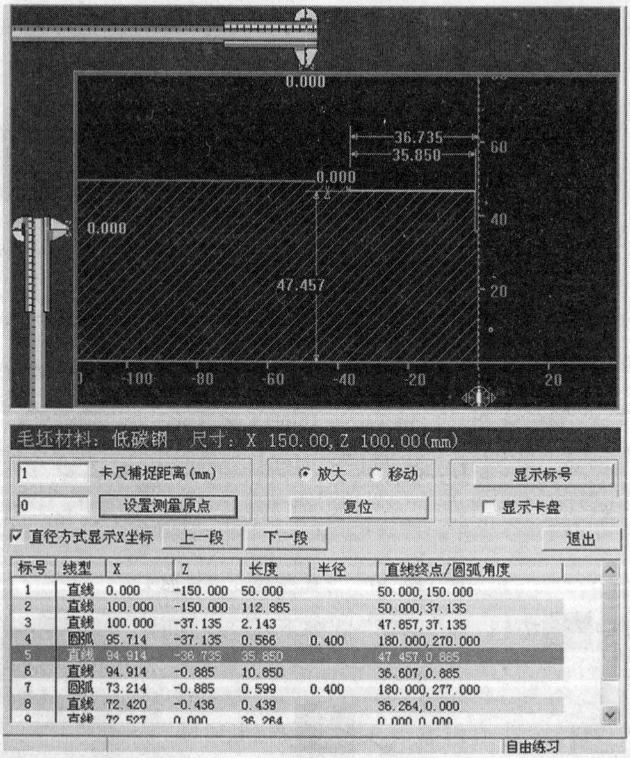

图 11－24 测量外圆直径

⑦记下刚刚所车外圆直径,点“对刀”软键,进入如图 11－25 所示界面,X 向对刀界面如果不在则点“轴＋”。在偏移中输入刚刚记下的外圆尺寸,回车,计算,确认,X 向对刀完成。

(2)长度偏移法对刀结果的验证

点击 ,在 MDA 方式的输入窗口中,输入刚对完的刀号,点循环启动 ,点“工件坐标”软键,如果 CRT 中的 X 轴坐标等于刚刚输入 X 向对刀的偏移值,则 X 向对刀正确,再用直尺测量当前刀尖离端面的距离(仿真系统中不能测量,Z 向可以目测),等于 Z 轴坐标值,则当前刀

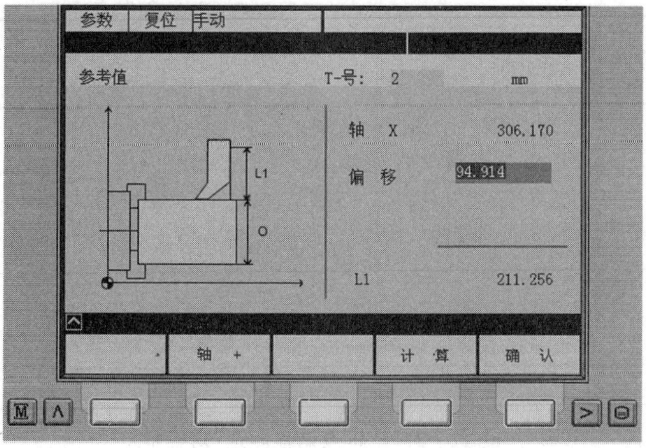

图 11-25　X 向对刀

具对刀正确。

(3)测量方法设定 G54

操作步骤:

①点击操作面板上的按钮,CRT 界面下方显示软键菜单条。按软键“参数”,在弹出的下级子菜单中按软键“刀具补偿”,点击按钮,在显示的菜单中按软键“新刀具”,建立新刀具。

②点击按钮回到上级菜单,按软键“零点偏移”,再按软键“测量”,弹出如图 11-26 所示的“刀号”对话框,点击键盘输入已建立的刀具号(此处输入“1”),按软键“确认”,弹出如图 11-27 所示的“零点偏移测定”对话框,此时对话框右上部分显示的为 X 轴。点击按钮,将光标移动到“零偏”栏中。

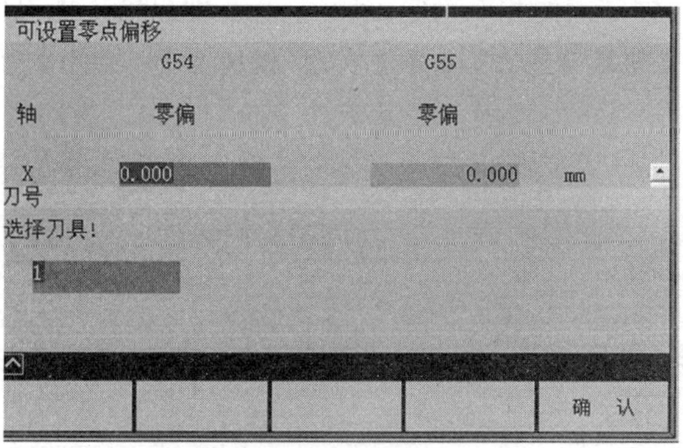

图 11-26　“刀号”对话框

③在手动方式下,将刀具退至工件端面,试切端面,保持 Z 轴方向不移动,再按软键“测量”,进入“零点偏移测定”界面,此时对话框右上部分显示的为 Z 轴。点击按钮,将光标移动到“零偏”栏中,输入“0”,按软键“计算”,再按软键“确认”。此时 G54 中 Z 轴的零偏位置已被设定完成。

类似的方法,试切零件外圆,点击按钮,使主轴停止转动,点击菜单“测量/剖面图测量”,点击试切外圆时所切线段,选中的线段由红色变为黄色。记下下面对话框中对应的 X 的值,记为 X1,保持 X 轴方向不移动,点击键盘,在“零偏”栏中输入－X1 的值,按软键“计算”,再按软

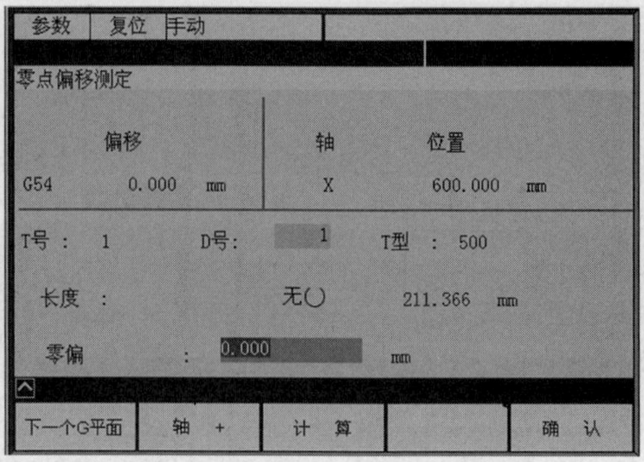

图 11－27　"零点偏移测定"对话框

键"确认"。此时 G54 中零偏位置已被设定完成。

注:对其他的工件坐标系有类似的设定方法。在"零点偏移测定"对应的软键中按软键"下一个 G 平面",可以选择 G54～G57。

2. 多把刀对刀

以两把刀对刀为例进行讲解,两把以上的刀的对刀方法与之类似。

操作步骤:

①建立两把新刀具。先用第一把刀对刀,采用长度偏移法,在第一把刀的"刀具补偿数据"对话框中设定"长度 1""长度 2"和"半径"数据。

②对第二把刀对刀。按软键"T≫"进入第二把刀的"刀具补偿数据"对话框,同样设定"长度 1""长度 2"和"半径"数据。

此时完成了两把刀具的对刀,同样,这种对刀方法不用设工件坐标系。

注:①两把刀具的 Z 向零点的相对确定,最好重合。即以第一把刀作为基准刀。

②系统默认显示的是机床坐标系,可通过软键"机床坐标/工件坐标"切换机床坐标系和工件坐标系。

③机床坐标系的原点可以设在卡盘中心点,也可以设在回零参考点。对刀方式与前述相同。

四、设置参数

1. G54～G57 参数设置

操作步骤:

点击操作面板上的按钮,CRT 界面下方显示软键菜单条。按软键"参数",在弹出的下级子菜单中按软键"零点偏移",CRT 界面显示如图 11－28 所示的"可设置零点偏移"界面。

(1)直接输入零点偏移值

①在键盘上点击 + 或 + ,选择所需的工件坐标系 G54～G57。

②点击键盘上的方位键、、、,选择需要设置的零点偏移坐标轴。

③点击键盘上的数字键,输入零点偏移值,点击按钮确认。

(2)通过测量输入零点偏移值

操作步骤:

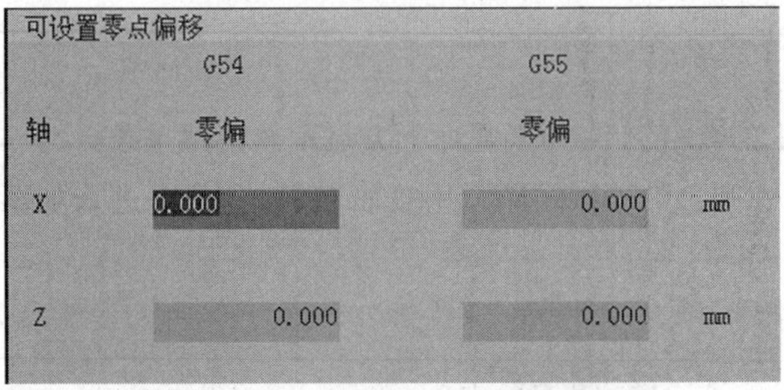

图 11-28 “可设置零点偏移”界面

①进入“可设置零点偏移”界面后，按软键“测量”，弹出“选择刀具”界面，如图 11-29 所示。

图 11-29 “选择刀具”界面

②输入所需的刀号，按软键“确认”，则弹出如图 11-30 所示的“零点偏移测定”界面，界面中“偏移”栏内显示直接输入零点偏移值时输入的工件坐标系的偏移值；“轴 位置”栏中显示当前坐标轴的位置；界面下半部分是可通过测量设置的零点偏移。

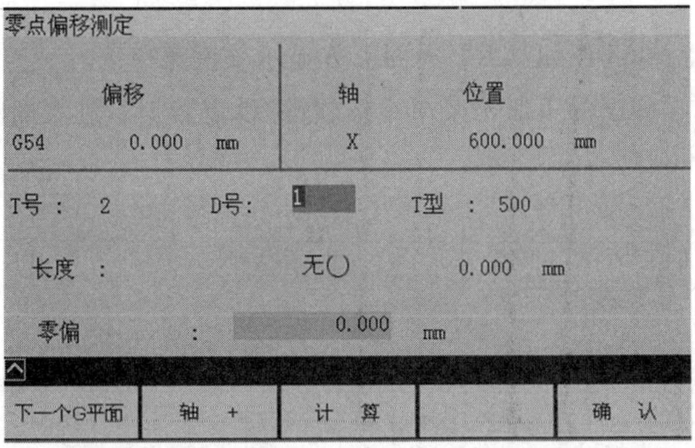

图 11-30 “零点偏移测定”界面

③D 号默认的是“1”，可通过点击键盘修改。完成 D 号设置后，点击方位键 ，将光标移到“长度(半径)”栏中，点击键盘上的  按钮，选择长度补偿的设定方式（选择“无”表示无长度补偿，选择“+”表示正方向进行长度补偿，选择“-”表示负方向进行长度补偿）。

④完成刀具补偿方式设定后，点击方位键 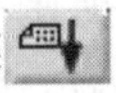，将光标移到“零偏”栏中，点击键盘上的数字键输入所需的零偏值。

⑤完成设置后，按软键“计算”，计算结果（刀具长度或半径+零偏）将填入偏移值内，“确认”后保存结果返回上级菜单，结果将自动填入相应的位置。

注：通过“测量”设置零点偏移值时，按软键“下一个 G 平面”，可改变要测量的零点偏移的工件坐标系；按软键“轴+”，可改变要测量的零点偏移的坐标轴。

2. 设置 R 参数

操作步骤：

①点击操作面板上的按钮，CRT 界面下方显示软键菜单条。

②按软键“参数”，在弹出的下级子菜单中按软键“R 参数”，进入如图 11－31 所示的“R 参数”设置界面。

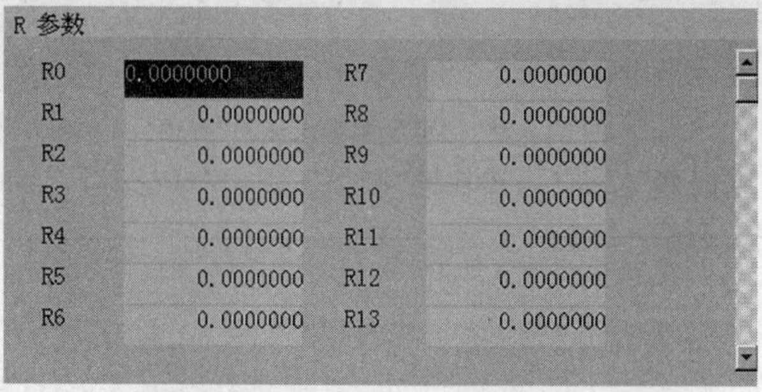

图 11－31 “R 参数”设置界面

③点击方位键、、、，在同一页上移动光标的位置，点击＋/可在不同页间切换。在光标停留处点击键盘上的数字键，输入 R 参数的值，按确认。

3. 设定数据

操作步骤：

①点击操作面板上的按钮，CRT 界面下方显示软键菜单条。

②按软键“参数”，在弹出的下级子菜单中按软键“设定数据”，进入如图 11－32 所示的数据设定界面。

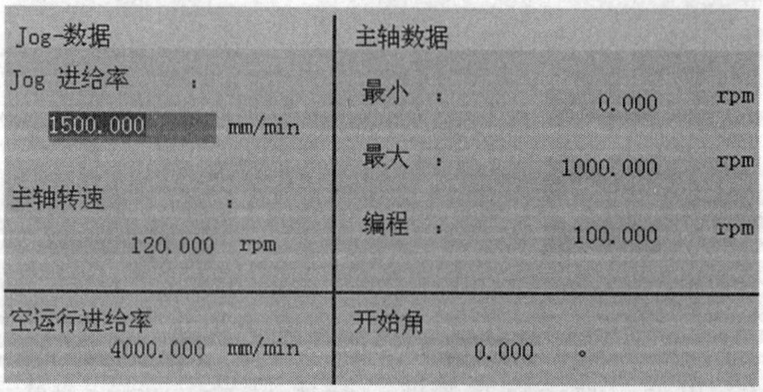

图 11－32 数据设定界面

③在子菜单中按软键“Jog－数据”，光标停留在“Jog－数据”栏中，点击键盘上的方位键、，光标在“Jog 进给率”/“主轴转速”项中切换，在光标停留处，点击键盘上的数字键，输入所需的 Jog 进给率或主轴转速，点击确认。

④在子菜单中按软键“主轴数据”，光标停留在“主轴数据”栏中，点击键盘上的方位键、，光标在“最大”/“最小”/“编程”项中切换，点击键盘上的数字键，输入所需的主轴最大/最小/编程值，点击确认。

⑤在子菜单中按软键“空运行进给率”，光标停留在“空运行进给率”栏中，点击键盘上的数字键，输入所需的空运行进给率，点击确认。

⑥在子菜单中按软键“开始角”，光标停留在“开始角”栏中，点击键盘上的数字键，输入所需的开始角的值，点击 确认。

五、手动加工零件

1. 手动连续方式

操作步骤：

①点击操作面板上的手动按钮 ，使其呈按下状态。点击操作面板上的 +X 按钮，机床向 X 轴正向移动；点击 -X，机床向 X 轴负方向移动。同理，点击 +Z、-Z，机床在 Z 轴正、负方向移动，可以根据加工零件的需要，点击适当的按钮，移动机床。

②点击操作面板上的 和 按钮，使主轴转动；点击 按钮，使主轴停止转动。

注：刀具切削零件时，主轴需转动。加工过程中刀具与零件发生非正常碰撞（非正常碰撞包括车刀的刀柄与零件发生碰撞，铣刀与夹具发生碰撞等）后，系统弹出警告对话框，同时主轴自动停止转动，调整到适当位置，继续加工时需使主轴重新转动。

2. 手动/点动（手轮）方式

操作步骤：

①点击操作面板上的手动按钮 ，使其呈按下状态，选择适当的点动距离。初始状态下，点击 按钮，进给倍率为 0.001 mm。再次点击，进给倍率为 0.01 mm。通过点击 按钮，进给倍率可在 0.001～1 mm 切换。

②选择适当的点动距离后，点击操作面板上的 +X 按钮一次，机床向 X 轴正向移动一个点动距离；点击 -X，机床向 X 轴负向以点动方式移动。点击 +Z、-Z，机床在 Z 轴分别向正向和负向以点动方式移动。可以根据加工零件的需要，点击适当的按钮，移动机床。

③点击操作面板上的 和 按钮，使主轴转动；点击 按钮，使主轴停止转动。

也可采用手轮方式控制机床移动，按软键“手轮方式”，进入“工件坐标”选择界面，按软键“X”，选择手轮移动的坐标轴为 X 轴，此时 CRT 界面上选中的坐标轴下面显示√，按软键“确认”，完成坐标轴的选择。通过点击 按钮，点动距离在 0.001～1 mm 切换。在手轮 上按住鼠标左键，机床向负方向运动；在手轮 上按住鼠标右键，机床向正方向运动。

六、数控程序处理

1. 导入数控程序

操作步骤：

①点击菜单“机床/DNC 传送”，弹出如图 11-33 所示的打开文件对话框。

②在打开文件对话框中选择需要导入的数控程序。

③按软键“通讯”，在目录列表中点击键盘上的方位键 、 ，将光标停留在“零件程序和子程序...”上，按软键“输入启动”。此时选中的数控程序已被导入。

④按软键“程序”，在数控程序目录中点击键盘上的方位键 、 ，就能找到导入的数控程序。

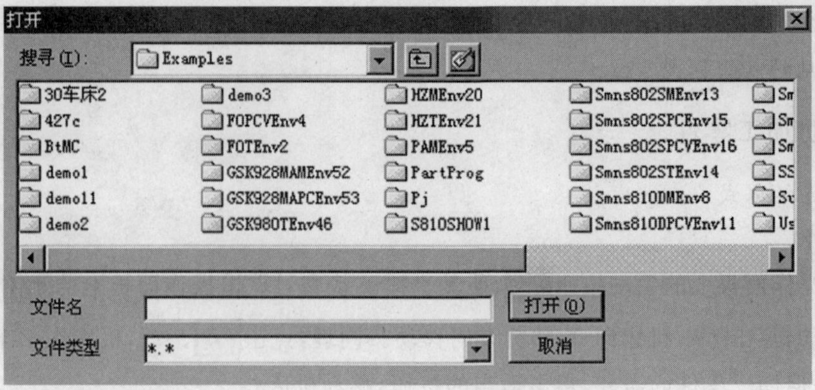

图 11－33　打开文件对话框

注: 已输入程序前面必须加:%_N_程序名_MPF

　　　　　　　　　　　　;$PATH=/_N_MPF_OIR

2. 数控程序管理

(1)显示数控程序目录

操作步骤:

①点击操作面板上的按钮,CRT 界面下方显示软键菜单条。

②按软键"程序",在弹出的下级子菜单中按软键"程序",经过 DNC 传送的数控程序名显示在 CRT 界面上,即显示了目录。如图 11－34 所示。

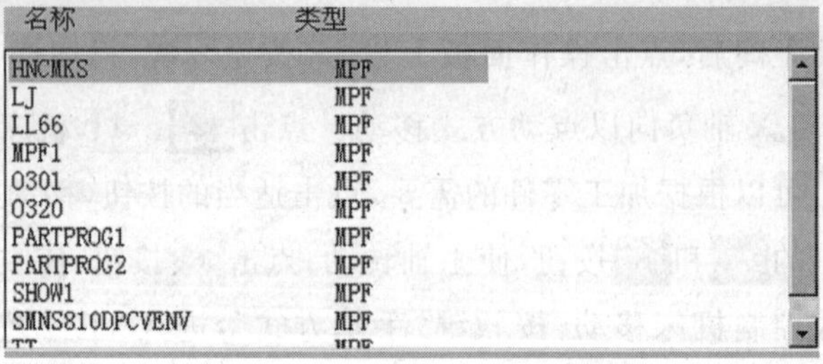

图 11－34　程序列表

(2)选择一个数控程序

操作步骤:

①点击操作面板上的"自动"按钮,使其呈按下状态。CRT 界面上显示了数控程序目录。

②点击键盘上的方位键、,光标在数控程序名中移动。将光标停留在所要选择的数控程序名上,按软键"选择",数控程序被选中,可以用于自动加工。此时 CRT 界面右上方显示选中的数控程序名。

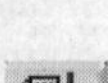

图 11－35　程序选择"错误报告"界面

注: 当数控程序正在运行时,即 CRT 界面的状态栏显示"运行"时不能选择程序,否则将弹出如图 11－35 所示的"错误报告"界面。按软键"确认"取消错误报告。

(3)打开一个数控程序。CRT 界面上显示了数控程序目录。点击键盘上的方位键、,光标在数控程序名中移动。将光标停留在所要选择的数控程序名上，按软键“打开”，数控程序被打开，可以用于编辑。

(4)新建一个数控程序

操作步骤：

①点击操作面板上的按钮，CRT 界面下方显示软键菜单条。

②按软键“程序”，在弹出的下级子菜单中按扩展键，在子菜单中按软键“新程序”，弹出如图 11－36 所示的“新程序”对话框。

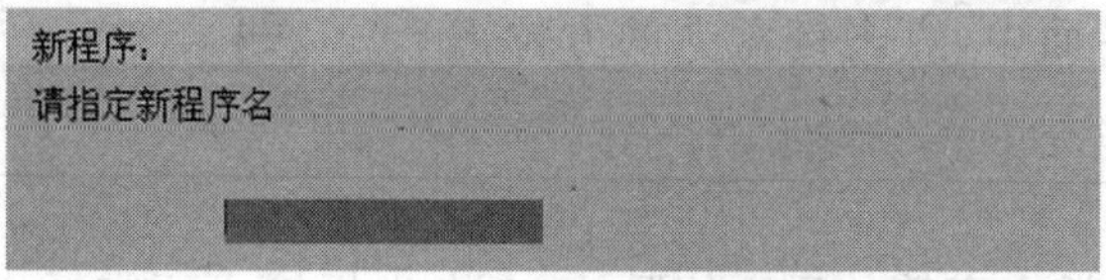

图 11－36　“新程序”对话框

③点击键盘上的数字/字母键，在“请指定新程序名”栏中输入新建的数控程序的程序名，按软键“确认”。完成了数控程序的新建。此时 CRT 界面上显示一个空的程序编辑界面。

注：数控程序名需以 2 个英文字母开头，或以字母 L 开头，或跟不大于 7 位的数字。

(5)删除一个数控程序。CRT 界面上显示了数控程序目录。点击键盘上的方位键、，光标在数控程序名中移动。将光标停留在所要删除的数控程序名上，按软键“删除”，选中的数控程序被删除。

(6)重命名。CRT 界面上显示了数控程序目录。

操作步骤：

①点击键盘上的方位键、，光标在数控程序名中移动。将光标停留在所要重命名的数控程序名上，按软键“重命名”，弹出如图 11－37 所示的“改换程序名”对话框。

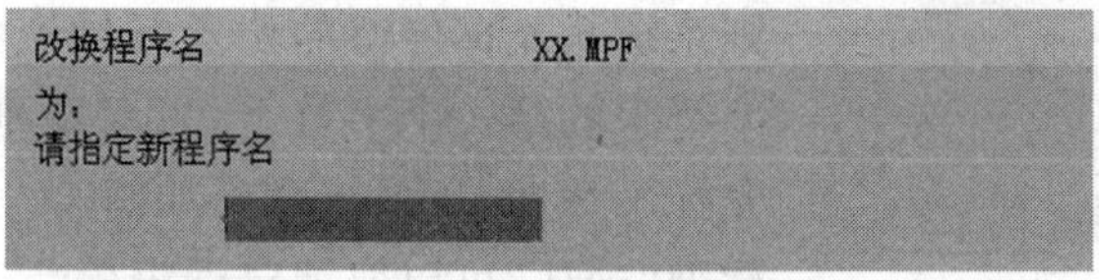

图 11－37　“改换程序名”对话框

②点击键盘上的数字/字母键，在“请指定新程序名”栏中输入新的程序名，按软键“确认”。

(7)拷贝。CRT 界面上显示了数控程序目录。

操作步骤：

①点击键盘上的方位键、，光标在数控程序名中移动。将光标停留在所要复制的数控程序名上，按软键“拷贝”，弹出如图 11－38 所示的“复制”对话框。

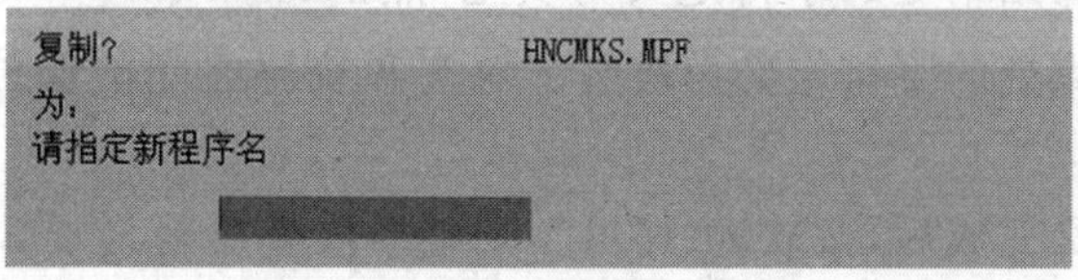

图 11－38　“复制”对话框

②点击键盘上的数字/字母键，在“请指定新程序名”栏中输入复制的目标文件名，按软键“确认”。

七、编辑数控程序

1. 进入编辑状态

CRT 界面上显示了数控程序目录。点击键盘上的方位键、,将光标在数控程序名中移动。将光标停留在所要编辑的数控程序名上,按软键“打开”。此时 CRT 界面上显示被选中的数控程序内容。

2. 移动光标

在数控程序编辑界面中,点击键盘上的方位键、、、,使光标移动到所需位置。

3. 插入字符

将光标移动到所需插入字符的后一位置处,点击光标输入所需插入的字符,字符被插在光标前面。

4. 删除字符

将光标移动到所需删除字符的后一位置处,点击键盘上的按钮,可将字符删除。

5. 搜索

操作步骤:

①在数控程序编辑界面中,按软键“搜索”,弹出如图 11-39 所示的对话框。

图 11-39 “搜索文本”对话框

图 11-40 搜索文本“错误报告”界面

②点击键盘输入所要查找的字符串,按软键“确认”,则系统从光标停留的位置开始查找,找到后,光标停留在字符串的第一个字符上,且对话框消失。若没有找到,则光标不移动,且系统弹出如图 11-40 所示的错误报告,按软键“确认”可以取消错误报告。

③需要继续查找同一字符时,按软键“继续搜索”,则系统从光标停留的位置继续开始查找。

6. 块操作

(1)定义块。在数控程序编辑界面中,将光标移动到需要设置成块的开头或结尾处,按软键“编辑”,再按软键“标记”,此字符处光标由红色变为黑色,点击或,将光标向后移动,则起始的字符定义为块头,结束处的字符定义为块尾;点击或,将光标向前移动,则起始的字符定义为块尾,结束处的字符定义为块头。块头和块尾之间的部分被定义为块,可进行整体的块操作。

(2)复制块。块定义完成后,按软键“拷贝”,则整个块被复制。

(3)粘贴块。块复制完成后,将光标移动到需要粘贴块的位置,按软键“粘贴”,整个块被粘贴在光标处。

(4)删除块。块定义完成后,按软键“删除”,则整个块被删除。

7. 插入固定循环等

操作步骤：

①在数控程序编辑界面，将光标移动到需要插入固定循环等特殊语句的位置，点击键盘上的按钮，弹出如图 11－41 所示的列表。

②点击键盘上的方位键、，选择需要插入的特殊语句的种类，点击确认。

③若选择了“LCYCL”，则弹出如图 11－42 所示的下级列表。

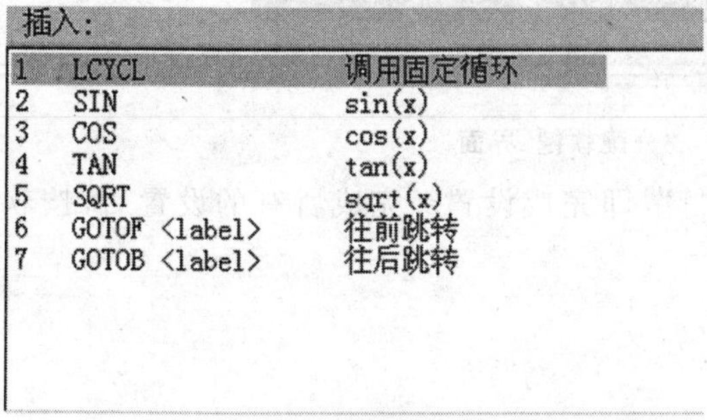

图 11－41 插入固定循环界面

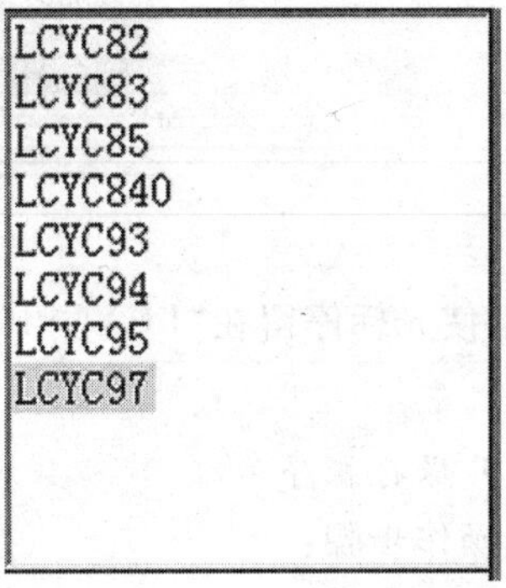

图 11－42 插入循环列表界面

④点击键盘上的方位键、，选择需要插入的固定循环的语句，点击确认。则进入如图 11－43 所示的该语句参数设置界面。完成参数设置后，按软键“确认”，该语句被插入指定位置。

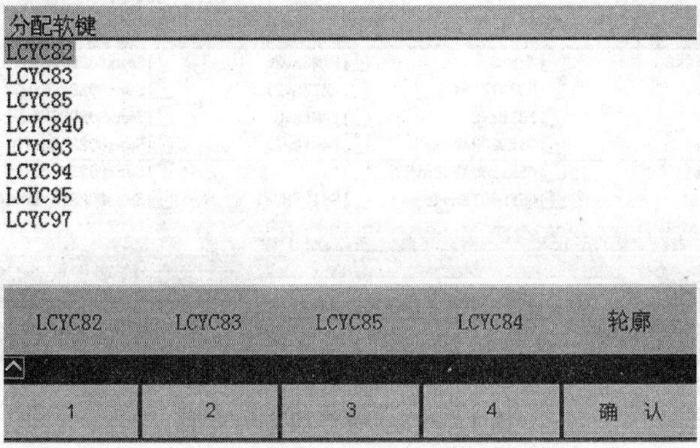

图 11－43 插入循环语句界面

注：①界面右侧为可设定的参数栏，点击键盘上的方位键、，使光标在各参数栏中移动，输入参数后，点击确认。

②若选择了其他特殊语句，语句自动被插入在指定位置，可在编辑界面再进行修改。

8. 分配软键

操作步骤：

①在数控程序编辑界面，按软键“编辑”，在弹出下级子菜单时，点击扩展按钮 >，CRT 界面下方显示软键“分配软键”。按此软键，弹出如图 11－44 所示的“分配软键”界面。

②列表中显示的是可供分配的软键名（均为固定循环）。界面下半部分显示的是现有的软键分配情况。如希望将“LCYC840”作为第一个软键，则在列表中点击键盘上的方位键或

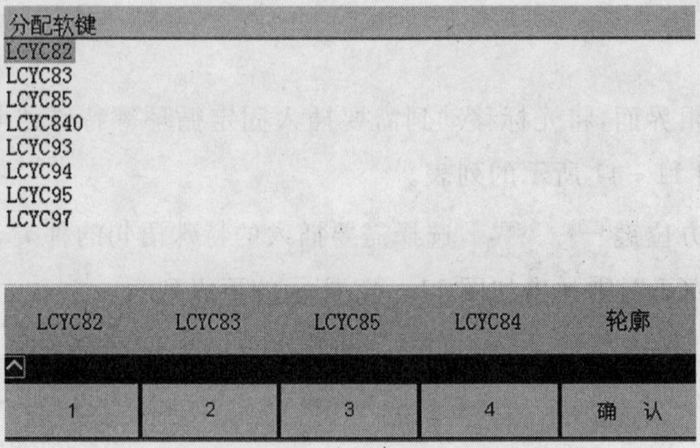

图 11 - 44 “分配软键”界面

,使光标停留在“LCYC840”上,按软键“1”,即完成设置。完成所有的设置后,按软键“确认”。

9. 保存程序

操作步骤:

①按软键“通讯”,将光标定位在“零件程序和子程序...”上。

②按软键“显示”,显示数控程序目录。

③点击键盘上的方位键、,将光标移动到需要导出的数控程序的位置。

④按软键“输出启动”,弹出如图 11 - 45 所示的“另存为”对话框。

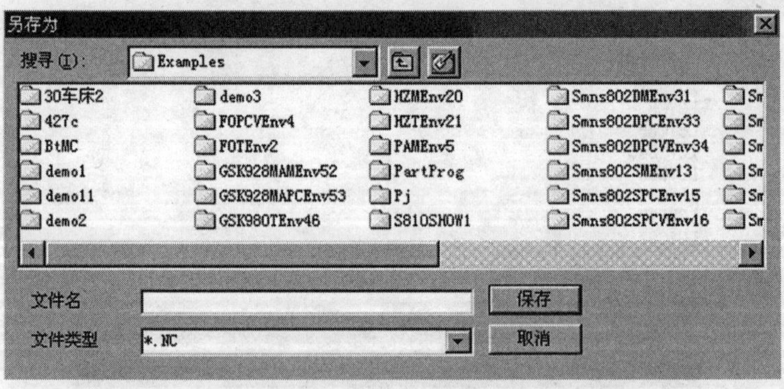

图 11 - 45 保存程序的界面

⑤选择适当的保存路径,填写适当的文件名后,按“保存”按钮,完成修改后的数控程序的保存操作。按“取消”按钮,则放弃此项操作。

八、自动加工

1. 自动/连续方式

(1)自动加工流程

操作步骤:

①检查机床是否回零。若未回零,先将机床回零。

②选择一个供自动加工的数控程序。

③点击操作面板上的“自动模式”按钮,使其呈按下状态,机床进入自动加工模式。

④点击操作面板上的“运行开始”按钮。

(2)中断运行

操作步骤：

数控程序在运行过程中可根据需要暂停、停止、急停或重新运行。

数控程序在运行过程中，点击“循环保持”按钮，程序暂停运行，机床保持暂停运行时的状态。再次点击“运行开始”按钮，程序从暂停行开始继续运行。

数控程序在运行过程中，点击“复位”按钮，程序停止运行，机床停止，再次点击“运行开始”按钮，程序从暂停行开始继续运行。

数控程序在运行过程中，按“急停”按钮，程序中断运行。继续运行时，先将“急停”按钮松开，再点击“运行开始”按钮，余下的数控程序从中断行开始作为一个独立的程序执行。

注：在自动加工时，如果点击切换机床进入手动模式，将出现警告框 016913，点击键盘上的可取消警告，继续操作。

2. 自动/单段方式

操作步骤：

①检查机床是否回零。若未回零，先将机床回零。

②选择一个供自动加工的数控程序。

③点击操作面板上的“自动模式”按钮，使其呈按下状态，机床进入自动加工模式。

④点击操作面板上的“单段”按钮，使其呈按下状态，机床进入单段加工模式。

每点击一次“运行开始”按钮，数控程序执行一行。

注：数控程序执行后，想回到程序开头，可点击操作面板上的“复位”按钮。

九、检查运行轨迹

检查“系统管理/系统设置”菜单中“SIEMENS 属性”是否选中“PRT 有效时显示加工轨迹”，若未选中则选择它。

操作步骤：

①点击菜单“系统管理/系统设置”，弹出如图 11-46 所示的界面：

②点击“SIEMENS 属性”选项，检查“PRT 有效时显示加工轨迹”选项前面是否有“√”，若没有则点击此选项，使其被选中。按“应用”，再按软键“退出”，完成设定操作。

③点击 CRT 界面下方的按钮，将控制面板切换到加工界面下。

④点击操作面板上的“自动模式”按钮，使其呈按下状态，机床进入自动加工模式。

⑤按软键“程序控制”，点击键盘上的方位键或，将光标移到“PRT 程序测试有效”选项上，点击按钮，将此选项打上“√”，按软键“确认”，即选中了查看轨迹模式，原来显示机床处变为一坐标系，可通过“视图”菜单中的动态旋转、动态放缩、动态平移等方式对三维运行轨迹进行全方位的动态观察。

⑥在自动运行或 MDA 模式下，选择一个可供加工的数控程序。

⑦点击操作面板上的“运行开始”按钮，则程序开始运行，可以观察运行轨迹。

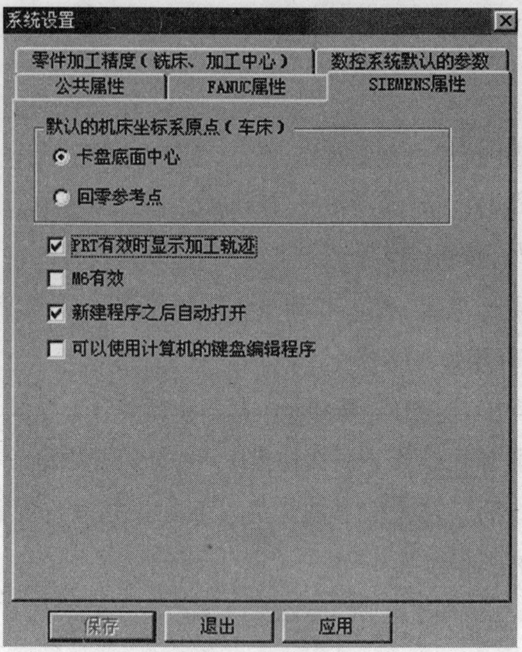

图 11-46 “系统设置”界面

注:①检查运行轨迹时,暂停运行、停止运行、单段执行等同样有效。

②点击操作面板上的复位按钮,可使程序重置。

十、MDA 模式

操作步骤:

①点击操作面板上的 MDA 模式按钮,使其呈按下状态,机床进入 MDA 模式,此时 CRT 界面出现 MDA 程序编辑窗口。

②输入完一段程序后,点击操作面板上的“运行开始”按钮,运行程序。

习 题 十 一

11.1 练习进入 SIEMENS 802S 车床数控加工仿真系统。

11.2 练习回参考点操作。

11.3 练习定义圆柱形和带孔圆柱毛坯。

11.4 练习选择安装外圆车刀、镗刀、外切槽刀和螺纹刀。

11.5 练习一把刀和多把刀对刀。

11.6 练习输入一个程序,并运行程序。

11.7 练习导入和导出数控程序。

11.8 练习导入和导出零件模型。

附　录

附录1　数控机床安全操作规程

1.进入数控实训场地后,应服从安排,不得擅自启动或操作车床数控系统。

2.按规定穿戴好劳动保护用品。

3.不准穿高跟鞋、拖鞋上岗,不允许戴手套和围巾进行操作。

4.开机床前,应该仔细检查车床各部分机构是否完好,各传动手柄、变速手柄的位置是否正确,还应按要求认真对数控机床进行润滑保养。

5.操作数控系统面板时,对各按键及开关的操作不得用力过猛,更不允许用扳手或其他工具进行操作。

6.完成对刀后,要做模拟换刀试验,以防止正式操作时发生撞坏刀具、工件或设备等事故。

7.在数控车削过程中,因观察加工过程的时间多于操作时间,所以一定要选择好操作者的观察位置,不允许随意离开实训岗位,以确保安全。

8.操作数控系统面板及操作数控机床时,严禁两人同时操作。

9.自动运行加工时,操作者应集中思想,左(右)手手指应放在程序停止按钮上,眼睛观察刀尖运动情况,右(左)手控制修调开关,控制机床拖板运行速率,发现问题及时按下程序停止按钮,以确保刀具和数控机床安全,防止各类事故发生。

10.实训结束时,除了按规定保养数控机床外,还应认真做好交接班工作,必要时应做好文字记录。

附录2　数控车床操作主要步骤(SINUMERIK 802S数控系统)

1.开机,回参考点。

2.正确、合理地输入程序。

3.按对刀方法进行正确对刀并进行对刀精确性检查和调整。

4.选择所需要加工的程序名。

5.将车刀移至安全位置(车刀刀尖离工件端面100～150 mm)。

6.按自动加工键(ROV)、程序控制软键,调整、选择"空运行(DRY)""程序测试有效(PRT)",按程序启动键进行程序测试。主菜单画面要进行确认是否已经选中ROV、DRY、

PRT。

7. 观察程序检测过程是否有报警,若有,则进行调整;若没有,则继续进行后续的操作。

8. 按程序控制软键,去除“程序测试有效(PRT)”。

9. 在所测试程序的第一程序段中加入 G54 指令并在零点偏移 G54 参数 Z 位置输入加工零件总长的 1.5 倍数值。

10. 按程序启动键进行“空运行”测试。观察刀具运行轨迹是否正确、合理,若不正确则进行调整。

11. 去除“空运行(DRY)”,在主菜单画面必须确认是否已经去除。

12. 去除第一程序段中加入的 G54 指令。

13. 按单步运行键(SBL)。(操作熟练后可不进行。)

14. 仔细核对程序名是否正确,仔细核对运行模式是否正确。

15. 按程序启动键进行零件加工。这时,请操作者注意:眼睛注意车刀运行轨迹,左手手指放在 NC 停止键上,右手控制修调开关。若有不正常情况应及时按下 NC 停止键。

附录 3 数控机床操作加工注意事项(SINUMERIK 802S 数控系统)

一、数控车床程序输入阶段

1. 程序输入应正确,避免字母、数字和符号的输入错误。

2. 程序输入应符合系统格式。

二、数控车床零件加工操作准备阶段

1. 检查数控系统是否已回参考点。

2. 安装车刀,确认车刀安装的刀位和程序中编程所需的刀号一致。

3. 对刀。(应将零件端面和外圆用车刀手动加工一刀。)

4. 车刀对刀完毕后,应确认对刀的正确性,确认精车刀对刀的精确性。

5. 将车刀移至安全位置,选择程序“空运行(DRY)”和“程序测试有效(PRT)”。

6. 关闭“空运行(DRY)”和“程序测试有效(PRT)”,确认是否已经关闭。

三、数控车床零件加工操作阶段

1. 仔细检查和确认是否符合自动加工运行模式。

2. 掌握倍率修调开关的运用方法并灵活运用。在程序启动以前、程序运行中间停止以及其他特殊情况下,都应把倍率修调开关拨为零,以便观察和安全操作。

3. 若使用零点偏移 G54 参数,应确认所设参数数值是否正确,程序是否相对应。

4. 零件经过粗加工和半精加工后,正确测量各级尺寸。(此时按手动键。)

5. 将所测量的尺寸确定合理的数值,调整 G54 参数 X 的值进行数据补偿。

6. 按自动加工键,搜索到需要加工的程序段,按二次程序启动键继续加工。

7. 切削参数选择参见下表:

切削参数表

加工方式	转速(r/min)	切削深度(mm)	进给率(mm/r)	备注
手动加工	450	0.5～1	修调开关控制	
自动加工(粗车)	450	1.5～2	0.10	
自动加工(精车)	1000	0.20～0.25	0.1	
自动加工(精车切槽)	350		0.05	
自动加工(圆弧)	1000		0.05	
自动车削螺纹(粗精车)	1000			

四、数控车床零件加工结束阶段

1. 加工结束后，检查各级尺寸，去毛刺等。

2. 若有个别尺寸比要求尺寸大，已无法采用程序操作进行加工，此时可采用 MDA 方式单段输入程序进行操作加工或用手动方式结合增量操作键进行操作加工。(手动方式仅限于加工外圆和内孔。)

附录 4　SINUMERIK 802S 数控车床指令表

地址	含　义	赋　值	说　明	编　程
D	刀具补偿号	0～9 整数，不带符号	用于某个刀具 T__的补偿参数；D0 表示补偿值为 0，一个刀具最多有 9 个 D 号	D__
F	进给量(与 G4 一起可以编程暂停时间)	0.001～99999.999	刀具的进给速度，对应 G94 或 G95，单位分别为 mm/min 或 mm/r	F__
G	G 功能(准备功能字)	已事先规定	G 功能按 G 功能组划分，一个程序段中只能有一个 G 功能组中的一个 G 功能指令。G 功能按模态有效(直到被同组中其他功能替代)或者以程序段方式有效	G—
I	插补参数	±0.001～999.999 螺纹0.001～20000.000	*X* 轴尺寸，在 G2 和 G3 中为圆心坐标，在 G33 中则表示螺距大小	参见 G2、G3 和 G33
K	插补参数	±0.001～999.999 螺纹 0.001～20000.000	*Z* 轴尺寸，在 G2 和 G3 中为圆心坐标，在 G33 中则表示螺距大小	参见 G2、G3 和 G33

续表

地址	含　义	赋　值	说　明	编　程
L	子程序名及子程序调用	7位十进制整数,无符号	可以选择 L1～L9999999,子程序调用需要一个独立的程序段	L__自身程序段 注意: L0001 不等于 L1
M	辅助功能	0～99,整数,无符号	用于进行开头操作,如打开冷却液,一个程序段中最多有5个M功能	M__
N	副程序段	0～99999999,整数,无符号	与程序段段号一起标识程序段,N位于程序段开始	[例]N20
:	主程序段	0～99999999,整数,无符号	指明主程序段,用字符":"取代副程序段的地址符"N"。主程序段中必须包含其加工所需的全部指令	[例]:20
R0～R249	计算参数	±0.0000001～99999999	R0 到 R99 可以自由使用,R100 到 R249 作为加工循环中传送参数	
P	子程序调用次数	1～9999,整数,无符号	在同一程序段中多次调用子程序	[例]N10 L888 P3 调用三次
计算功能：+、-、*、/四则运算				
计算功能：SIN()	正弦		单位是度	[例]R1=SIN(15.88)
计算功能：COS()	余弦		单位是度	[例]R2=COS(R3)
计算功能：TAN()	正切		单位是度	[例]R4=TAN(R5)
计算功能：SQRT()	平方根			[例]R6=SQRT(R8)
计算功能：ABS()	绝对值			[例]R8=ABS(R9)
计算功能：TRUNC()	取整			[例]R10=TRUNC(11)
RET	子程序结束	0.001～99999.999	代替 M02 使用,保证路径连续运行	RET__自身程序段
S	主轴转速,在G96、G04中有其他含义	0.001～99999.999	主轴转速单位是 r/min,在G96中S作为恒切削速度(m/min),在G04中作为暂停时间	S__
T	刀具号	1～6(或4),无符号	可以用T指令直接更换刀具,也可以由M06进行,这可由机床数据设定	T__

附录6　辅助功能 M 代码表

地址	含　义	说　明	编　程
M0	程序停止	用 M0 停止程序的执行，按启动键加工继续执行	
M1	程序有条件停止	与 M0 一样，但仅在“条件停”(M1)有效功能被软键或接口信号触发后才生效	
M2	程序结束	在程序的最后一段被写入	
M30	—	预定，没用	
M17	—	预定，没用	
M3	主轴顺时针旋转		
M4	主轴逆时针旋转		
M5	主轴停		
M6	更换刀具	在机床数据有效时用，用 M6 更换刀具，其他情况下直接用 T 指令进行	
M40	自动变换齿轮级		
M41	主轴转速低速挡		
M42	主轴转速高速挡		
M8	冷却液开		
M9	冷却液关		

参考文献

[1] 王永章.数控技术.北京:高等教育出版社,2001.

[2] 高枫.数控车削编程与操作训练.北京:高等教育出版社,2005.

[3] 杨士军. CAXA数控车削加工.北京:国防工业出版社,2006.

[4] 劳动和社会保障部教材办公室组织编写.数控加工工艺学.北京:中国劳动和社会保障出版社,2005.

[5] 邓文英.金属工艺学.北京:高等教育出版社,2000.

[6] 范悦.CAXA数控车V2实例教程.北京:北京航空航天大学出版社,2002.

[7] 宛剑业,马英强,吴永国,等.CAXA数控车实用教程.北京:化学工业出版社,2005.

[8] 宋放之.数控工艺培训教程(数控车部分).北京:清华大学出版社,2003.